应用型高等院校"十三五"规划教材/计算机类

U0223454

主　编　唐　友　刘胜达
副主编　黄　斌　武青海
参　编　王嘉博　林　建

C语言程序设计

C Programming Language

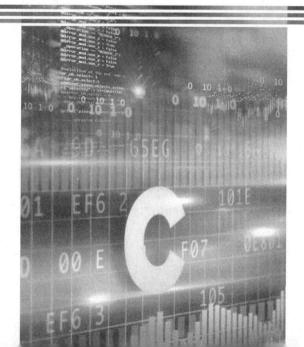

哈尔滨工业大学出版社

内 容 简 介

本书以教育部高等学校计算机类专业基础教学基本要求为指导,全面系统地介绍了 C 语言程序设计的有关内容。全书共 13 章,分别为 C 语言概述,C 语言程序设计的基本知识,顺序结构,选择结构,循环结构,函数,数组,指针,编译预处理和动态存储分配,结构体、共用体和枚举,位运算,文件以及项目实战——学生成绩管理系统等内容。

本书适合作为各级各类院校学生的计算机类专业的基础教材,也可作为从事计算机专业的研究人员参考使用。

图书在版编目(CIP)数据

C 语言程序设计/唐友,刘胜达主编. —哈尔滨:哈尔滨
工业大学出版社,2020.6(2022.8 重印)
ISBN 978 - 7 - 5603 - 8563 - 1

Ⅰ.①C… Ⅱ.①唐… Ⅲ.①C 语言 - 程序设计 -
高等学校 - 教材 Ⅳ.①TP312.8

中国版本图书馆 CIP 数据核字(2019)第 241641 号

策划编辑 杜 燕
责任编辑 李长波 李青晏
封面设计 高永利
出版发行 哈尔滨工业大学出版社
社 址 哈尔滨市南岗区复华四道街 10 号 邮编 150006
传 真 0451 - 86414749
网 址 http://hitpress.hit.edu.cn
印 刷 哈尔滨市工大节能印刷厂
开 本 787mm × 1092mm 1/16 印张 22.5 字数 560 千字
版 次 2020 年 6 月第 1 版 2022 年 8 月第 2 次印刷
书 号 ISBN 978 - 7 - 5603 - 8563 - 1
定 价 56.00 元

前　言

C语言兼有高级语言和低级语言的特点,语法灵活、书写格式自由、易学易用,深受广大程序设计人员的青睐。C语言程序设计要求学生不仅要掌握程序设计的基础知识与基本原理,而且能灵活运用相关知识解决实际问题。为了加强对学生应用能力的培养,提高学生实际动手能力,我们同时组织四所高校多年从事"C语言程序设计"课程教学、具有丰富实践经验的教师和企业讲师共同编写了此书。

编者在多年教学经验的基础上,从应用型大学实际情况出发,结合企业实训要求,根据学生的认知规律,精心组织了本书的内容,力求理论联系实际、深入浅出、循序渐进,既强调基本概念、基本技术及基本方法的阐述,同时又通过案例帮助读者理解实际问题的解决。本书力求做到如下几点:

(1)实践性强。本书详尽讲解了大量的实例。在知识点讲解后面配有短小精悍的案例,形成对知识点讲解的补充。另外在最后一章还设计了综合开发实例,贯穿全书的主要知识点,方便学生了解如何使用C语言进行项目开发。

(2)紧密结合集成开发工具。在第1章对C语言的三种集成开发环境均进行了详细的安装介绍,方便读者根据自己的需求进行软件环境的选择。书中介绍的案例均采用VC++6.0作为开发工具完成,方便读者上机操作。

(3)遵循教学特点和规律。本书在内容设计上紧扣教学中的多个场景,充分考虑教师的教学需求和学生的学习需要。

全书分为13个章节,内容包括C语言概述,C语言程序设计的基本知识,顺序结构,选择结构,循环结构,函数,数组,指针,编译预处理和动态存储分配,结构体、共用体和枚举,位运算,文件以及项目实战。本书每一章还配有基本能力上机实验内容和拓展能力上机实验内容,既适合理论授课使用,同时也可以作为实验课程教材。另外每章最后还配有习题集供学生在学完相应章节的课程后进行自我测试,以巩固所学的知识点。最后一章是综合案例"学生成绩管理系统",旨在充分培养学生的创新能力、实践能力与自学能力。

本书由吉林农业科技学院唐友、黑龙江财经学院刘胜达任主编;吉林农业科技学院黄斌、武青海任副主编;西南民族大学王嘉博、大连校联科技有限公司林建任参编。编写分工如下:第1、2、3章由黄斌编写;第4、5、6章和第7章1~6节由武青海编写;第8、10、12、13章由刘胜达编写;第7章7~9节由林建编写;第9章由王嘉博编写;第11章由唐友编写;全书由唐友统稿。本书编写还得到了各单位有关领导的大力支持,在这里深表谢意。

由于编者水平有限,书中疏漏和不足之处在所难免,恳请读者提出宝贵意见。

编　者
2020年4月

目　　录

第1章 C语言概述

1.1 计算机语言

计算机语言(Computer Language)是指用于人与计算机之间通信的语言。计算机语言是人与计算机之间传递信息的媒介。计算机系统最大的特征是通过一种语言传达指令给机器。为了使电子计算机进行各种工作,就需要有一套用以编写计算机程序的数字、字符和语法规则,由这些数字、字符和语法规则组成计算机的各种指令(或各种语句),这些就是计算机能接受的语言。

计算机语言的种类非常多,总体来说可以分成机器语言、汇编语言和高级语言三大类。

1.1.1 机器语言

机器语言是指一台计算机全部指令的集合。

电子计算机使用的是由"0"和"1"组成的二进制数,二进制是计算机语言的基础。计算机发明之初,人们用计算机语言使计算机运行,就是写出一串串由"0"和"1"组成的指令序列交由计算机执行,这种计算机能够识别的语言,就是机器语言。使用机器语言是不易被人读懂的,特别是在程序有错需要修改时,更是如此。

程序是一个个的二进制文件。一条机器语言称为一条指令。指令是不可分割的最小功能单元。而且,因为每台计算机的指令系统往往不同,所以,在一台计算机上执行的程序,要想在另一台计算机上执行,必须另编程序,造成了重复工作。但由于使用的是针对特定型号计算机的语言,因此运算效率是所有语言中最高的。机器语言是第一代计算机语言。

1.1.2 汇编语言

为了减轻使用机器语言编程的难度,人们进行了一种有益的改进:用一些简洁的英文字母和符号串来替代一个特定指令的二进制串,比如,用"ADD"代表加法,"MOV"代表数据传递等,这样一来,人们很容易读懂并理解程序在干什么,纠错及维护都变得方便了,这种程序设计语言就称为汇编语言,即第二代计算机语言。然而计算机是不识别这些符号的,这就需要一个专门的程序,专门负责将这些符号翻译成二进制数的机器语言,这种翻译程序被称为汇编程序。

汇编语言同样十分依赖于机器硬件,虽然移植性不好,但效率仍十分高,针对计算机特定硬件而编制的汇编语言程序,能准确发挥计算机硬件的功能和特长,程序精练而质量高,所以至今仍是一种常用而强有力的软件开发工具。

汇编语言的实质和机器语言是相同的,都是直接对硬件操作,只不过指令采用了英文缩写的标识符,更容易识别和记忆。它同样需要编程者将每一步具体的操作用命令的形式写出来。

由于汇编程序的每一句指令只能对应实际操作过程中的一个很细微的动作,例如移动、自增,因此汇编源程序一般比较冗长、复杂、容易出错,而且使用汇编语言编程需要有更多的计算机专业知识。但汇编语言的优点也是显而易见的,用汇编语言所能完成的操作不是一般高级语言所能实现的,而且源程序经汇编生成的可执行文件比较小,执行速度很快。

1.1.3　高级语言

高级语言有 BASIC(True basic、Qbasic、Virtual Basic)、C、计算机语言 C++、PASCAL、FORTRAN、智能化语言(LISP、Prolog、CLIPS、OpenCyc、Fazzy)、动态语言(Python、PHP、Ruby、Lua)等。高级语言源程序可以用解释和编译两种方式执行,通常用后一种。

高级语言是绝大多数编程者的选择。和汇编语言相比,它不但将许多相关的机器指令合成为单条指令,而且去掉了与具体操作有关但与完成工作无关的细节,例如使用堆栈、寄存器等,大大简化了程序中的指令。由于省略了很多细节,因此编程者也不需要具备太多的专业知识。高级语言主要是相对于汇编语言而言,它并不是特指某一种具体的语言,而是包括了很多编程语言,流行的 VB、VC、FoxPro、Delphi 等,这些语言的语法和命令格式都各不相同。

在 C 语言诞生以前,系统软件主要是用汇编语言编写的计算机语言。由于汇编语言程序依赖于计算机硬件,因此其可读性和可移植性都很差,但一般的高级语言又难以实现对计算机硬件的直接操作(这正是汇编语言的优势),于是人们盼望有一种兼有汇编语言和高级语言特性的新语言——C 语言。

高级语言的发展也经历了从早期语言到结构化程序设计语言,从面向过程到非过程化程序语言的过程。相应地,软件的开发也由最初的个体手工作坊式的封闭式生产,发展为产业化、流水线式的工业化生产。

高级语言的下一个发展目标是面向应用,也就是说,只需告诉程序你要干什么,程序就能自动生成算法,自动进行处理,这就是非过程化的程序语言。

1.2　C 语言的起源、特点及应用领域

1.2.1　C 语言的起源

C 语言的前身是 1967 年由 Martin Richards 为开发操作系统和编译器而提出的两种高级程序设计语言 BCPL 和 B。BCPL。Ken Thompson 在 BCPL 的基础上,提出了新的功能更强的 B 语言,并在 1970 年用 B 语言开发出 UINX 操作系统的早期版本。BCPL 语言和 B 语言都属于"无数据类型"的程序设计语言,即所有的数据都是以"字"(Word)为单位出现在内存中,由程序员来区分数据的类型。

　　1972 年,贝尔实验室的 Dennis Ritchie 在 BCPL 语言和 B 语言的基础上,又增加了数据类型及其他一些功能,提出了 C 语言,并在 DEC PDP-11 计算机上实现。以编写 UINX 操作系统而闻名的 C 语言,目前已经成为几乎所有操作系统的开发语言。应当指出的是,C 语言的实现是与计算机无关的,只要精心设计,就可以编写出可移植的(Portable)C 语言程序。

　　到 20 世纪 70 年代末,C 语言已经基本定型,这个 C 语言版本现在被称为"传统 C 语言"。1978 年,Kernighan 和 Ritchie 编著的《C 程序设计语言》出版后,人们开始关注程序设计语言家族的这个新成员,并最终奠定了 C 语言在程序设计中的地位。《C 程序设计语言》也成为计算机科学领域最成功的专业书籍之一。

　　当年 C 语言还是一种与硬件相关的语言,为了让它能够运行于各种类型的计算机中,即各种硬件平台(Hardware platforms)中,人们提出了多种相似但却常常不能相互兼容的 C 语言版本。这就出现了一个很严重的问题:能够在一台机器上运行的 C 语言程序往往不能够在另外一台机器上运行,除非程序被重新编写。因此,推出 C 语言标准的呼声日益强烈。1983 年,美国国家标准委员会(American National Standards Committee,ANSC)下属的计算机与信息处理部(X3)成立了"X3J11 技术委员会",专门负责制定"一个无二义性的与硬件无关的 C 语言标准"。1989 年,"标准 C"诞生。2011 年,这个标准被更新为"INCITS/ISO/IEC9899—2011"(即 C11)。

1.2.2　C 语言的特点

　　C 语言既有高级语言的特点,又有汇编语言的特点。C 语言既可以作为工作系统设计语言,编写系统应用程序,也可以作为应用程序设计语言,编写不依赖计算机硬件的应用程序。具体来讲,C 语言的特点如下。

　　1. 语言简洁、紧凑,使用方便、灵活

　　C 语言有 37 个关键字,9 种控制语句,程序书写形式自由,主要用小写字母表示,压缩了一切不必要的成分。实际上,C 语言是一个很小的内核语言,只包括极少的与硬件有关的成分,C 语言不直接提供输入和输出语句、有关文件操作的语句和动态内存管理的语句等(这些操作由编译系统所提供的库函数来实现),C 语言的编译系统相当简洁。

　　2. 运算符丰富

　　C 语言的运算符包含的范围很广,共有 34 种运算符。C 语言把括号、赋值和强制类型转换等都作为运算符处理,从而使其运算类型极其丰富,表达式类型多样化。

　　3. 数据类型丰富

　　C 语言提供的数据类型包括:整型、浮点型、字符型、数组类型、指针类型、结构体类型和共用体类型等,C99 又扩充了复数浮点类型、超长整型和布尔类型等。尤其是指针类型数据,使用十分灵活和多样化,能用来实现各种复杂的数据结构(如链表、树、栈等)的运算。

　　4. 具有结构化的控制语句

　　如 if-else 语句、do-while 语句、switch 语句和 for 语句等。用函数作为程序的模块单位,便于实现程序的模块化。C 语言是完全模块化和结构化的语言。

　　5. 语法限制不太严格,程序设置自由度大

　　虽然 C 语言也是强类型语言,但语法比较灵活,用户拥有较大的自由。

6. 既具有高级语言的功能,又具有低级语言的许多功能

C 语言允许直接访问物理地址,能够进行位操作,能够实现汇编语言的大部分功能,可以直接对硬件进行操作,因此可用来编写系统软件。C 语言的这种双重性,使它既是成功的系统描述语言,又是通用的程序设计语言。有人把 C 语言称为"高级语言中的低级语言"或"中级语言",意味着兼有高级和低级语言的特点。

7. 用 C 语言编写的程序可移植性好

C 语言的突出优点是适用于多种操作系统,如 DOS、UNIX、Windows 等,也适用多种机型。C 语言的可移植性好,具备很强的数据处理能力,因此适用于编写系统软件、图形和动画程序等。若程序员在书写程序时严格遵循 ANSI C 标准,则其代码可不做修改,即可用于各种型号的计算机和各种操作系统,因此,C 语言具有良好的可移植性。

8. 生成目标代码质量高,程序执行效率高

目前 C 语言的主要用途之一是编写嵌入式系统程序。

9. 用途广泛

C 语言的应用几乎遍及了程序设计的各个领域,如科学计算、系统程序设计、字处理软件和电子表格软件的开发、信息管理、计算机辅助设计、图形图像处理、数据采集、实时控制、嵌入式系统开发、网络通信、Internet 应用、人工智能等。

1.2.3　C 语言的应用领域

C 语言的应用范围极为广泛,不仅仅是在软件开发上,各类科研项目也都要用到 C 语言。下面列举了 C 语言一些常见的领域。

1. 应用软件

Linux 操作系统中的应用软件都是使用 C 语言编写的,因此这样的应用软件安全性非常高。

2. 对性能要求严格的领域

一般对性能有严格要求的地方都是用 C 语言编写的,比如网络程序的底层、网络服务器端底层和地图查询等。

3. 系统软件和图形处理

C 语言具有很强的绘图能力和可移植性,并且具备很强的数据处理能力,可以用来编写系统软件、制作动画、绘制二维图形和三维图形等。

4. 数字计算

相对于其他编程语言,C 语言是数字计算能力超强的高级语言。

5. 嵌入式设备开发

手机、PDA 等时尚消费类电子产品内部的应用软件、游戏等很多都是采用 C 语言进行嵌入式开发的。

6. 游戏软件开发

利用 C 语言可以开发很多游戏,比如推箱子、贪吃蛇等。

1.3　C 语言的开发环境

一般情况下,学习 C 语言都会选择集成开发环境(IDE)来进行练习。使用集成开发环境的目的是缩短、简化 C 语言学习的时间与流程,降低代码管理难度和学习成本。由于我们编写的 C 代码大的方面至少要经过预处理、编译、汇编和连接才能成为机器可以运行的可执行程序,而使用 IDE 可以完全屏蔽可执行程序生成的流程、步骤,因此可以让初学者将精力集中到语言的学习上。而且,使用集成开发环境,也可以更加方便地对代码进行调试、对项目进行管理。

1.3.1　Turbo C 2.0 集成开发环境

Turbo C 2.0 不仅是一个快捷、高效的编译程序,同时还有一个易学、易用的集成开发环境。使用 Turbo C 2.0 无须独立地编辑、编译和连接程序,就能建立并运行 C 语言程序。因为这些功能都组合在 Turbo 2.0 的集成开发环境内,并且可以通过一个简单的主屏幕使用这些功能。

Turbo C 2.0 软件环境安装步骤如下:

(1)下载 Turbo C 2.0 集成开发工具;

(2)下载完成后,进行解压,解压后文件夹内包含的文件如图 1-1 所示;

(3)双击 Turbo C 2.0. vbs,运行界面如图 1-2 所示。

图 1-1　解压文件

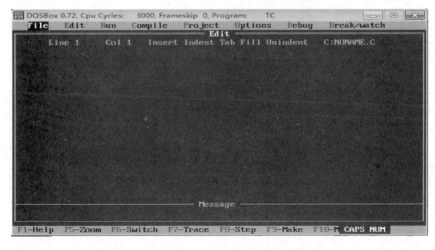

图 1-2　Turbo C 2.0. vbs 运行界面

1.3.2　C-Free 5.0 集成开发环境

C-Free 是一款集成开发环境(IDE),目前有两个版本,收费的 C-Free 5.0 专业版和免费的 C-Free 4.0 标准版。

C-Free 中集成了 C/C++ 代码解析器,能够实时解析代码,并且在编写的过程中给出智能的提示。C-Free 提供了对目前业界主流 C/C++ 编译器的支持,编程人员可以在 C-Free 中轻松切换编译器。可定制的快捷键、外部工具以及外部帮助文档,使编程人员在编写代码时得心应手。完善的工程/工程组管理使编程人员能够方便地管理自己的代码。

C-Free 5.0 软件环境安装步骤如下:

(1)下载 C-Free 5.0 集成开发工具,下载完成后,打开压缩包,效果如图 1-3 所示;

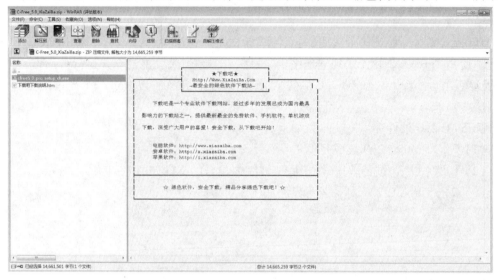

图 1-3　C-Free 5.0 压缩包

(2)双击鼠标运行 cfree5_0_pro_setup_ch. exe,执行安装程序,来到安装向导,如图 1-4 所示;

图 1-4　C-Free 5.0 安装向导

（3）鼠标单击"下一步"按钮来到许可协议,需同意此协议才能进行后续安装,如图 1-5 所示;

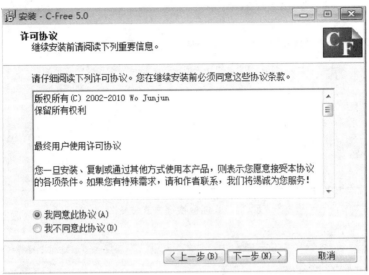

图 1-5　许可协议

（4）鼠标单击"下一步"按钮选择目标文件安装位置,如安装在 D:\C-Free 文件夹下,如图 1-6 所示;

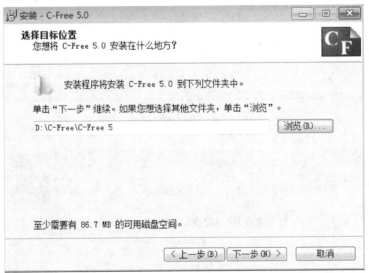

图 1-6　选择目标位置

（5）鼠标单击"下一步"按钮,确定创建程序快捷方式的位置,默认在开始菜单中创建程序的快捷方式,如图 1-7 所示;

（6）鼠标单击"下一步"按钮,选择附加任务,如图 1-8 所示;

（7）鼠标单击"下一步"安装 C-Free 5.0 应用程序,如图 1-9 所示;

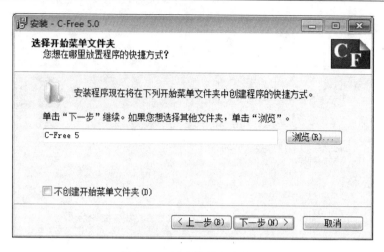

图 1 - 7　创建快捷方式位置

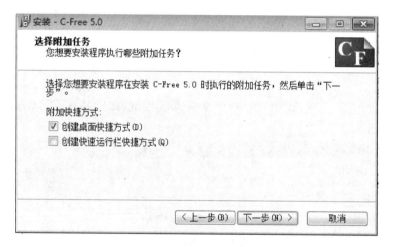

图 1 - 8　选择附加任务

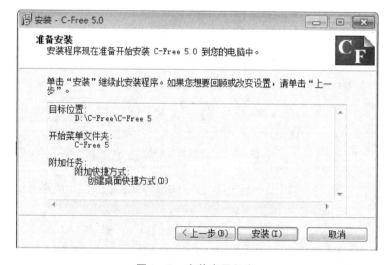

图 1 - 9　安装应用程序

(8)选择"安装",进行应用程序的安装,安装完成后选择"完成"按钮运行 C – Free 应用程序,如图 1 – 10、图 1 – 11 所示。

图 1 – 10　完成安装

图 1 – 11　C – Free 运行界面

1.3.3　V C ++ 6.0 集成开发环境

Visual C ++ 6.0 由 Microsoft 开发,它不仅是一个 C ++ 编译器,而且是一个基于 Windows 操作系统的可视化集成开发环境(Integrated Development Environment, IDE)。Visual C ++ 6.0 由许多组件组成,包括编辑器、调试器以及程序向导 App Wizard、类向导 Class Wizard 等开发工具。这些组件通过一个名为 Developer Studio 的组件集成为和谐的开发环境,是 Microsoft 的主力软件产品。Visual C ++ 是一个功能强大的可视化软件开发工具。自 1993 年 Microsoft 公司推出 Visual C ++ 1.0 后,随着其新版本的不断问世,

Visual C ++ 6.0 已成为专业程序员进行软件开发的首选工具。虽然微软公司推出了 Visual C ++ . NET(Visual C ++ 7.0),但它的应用有很大的局限性,只适用于 Windows 2000、 Windows XP 和 Windows NT4.0。在实际开发中,更多采用 Visual C ++ 6.0 作为开发平台。

Visual C ++ 6.0 以拥有“语法高亮”、自动编译功能以及高级除错功能而著称。比如,它允许用户进行远程调试、单步执行等;还允许用户在调试期间重新编译被修改的代码,而不必重新启动正在调试的程序。其以编译及创建预编译头文件(stdafx. h)、最小重建功能及累加连接(link)著称。这些特征明显缩短程序编辑、编译及连接的时间,在大型软件计划上尤其显著。

1. V C ++ 6.0 的版本介绍

(1)学习版。除了代码优化、剖析程序(一种分析程序运行时行为的开发工具)和到 MPC 库静态链接外,V C ++ 6.0 学习版还提供了专业版的其他所有功能。学习版的价格要比专业版低很多,这是为了使希望使用 V C ++ 6.0 来学习 C ++ 语言的个人也可以负担得起。但不能使用 V C ++ 6.0 学习版来公开发布软件,其授权协议明确禁止这种做法。

(2)专业版。V C ++ 6.0 可用来开发 Win32 应用程序、服务和控件,在这些应用程序、服务和控件中可使用由操作系统提供的图形用户界面或控制 API。

(3)企业版。可用来开发和调试为 Internet 或企业内网设计的客户服务器应用程序,在该版本中还包括开发和调试 SQL 数据库应用程序和简化小组开发的开发工具。

2. V C ++ 6.0 集成开发环境

V C ++ 是 Microsoft 公司提供的在 Windows 环境下进行应用程序开发的 C/C ++ 编译器。相比其他的编程工具而言,V C ++ 在提供可视化的编程方法的同时,也适用于编写直接对系统进行底层操作的程序。随 V C ++ 一起提供的 Microsoft 基础类库(Microsoft Foundation Class Library,MFC) 对 Windows 9x/NT/2000 等所用的 Win32 应用程序接口 (Win32 Application Programming Interface)进行了彻底封装,使得 Windows 9x/NT 应用程序的开发可以使用完全面向对象的方法来进行,从而大大缩短了应用程序的开发周期,降低了开发成本,也使得 Windows 程序员从大量的复杂劳动中解脱出来,从而并没有因为获得这种方便而牺牲应用程序的高效性和简洁性。

V C ++ 6.0 是 Microsoft 公司出品的基于 Windows 的 C/C ++ 开发工具,它是 Microsoft Visual Studio 套装软件的一个有机组成部分,在以前版本的基础上又增加了许多新特性。V C ++ 6.0 在以前版本的 Visual 工作平台基础上,做了进一步的发展,从而更好地体现了可视化编程的特点。V C ++ 软件包含了许多单独的组件,以及各种各样为开发 Microsoft Windows 下的 C/C ++ 程序而设计的工具,它还包含了一个名为 Developer Studio 的开发环境。

为了学习和使用 V C ++ 6.0,需要一台运行 Windows 95/98 或 Windows NT 的计算机作为工作平台,要求有足够的内存和其他资源以支持各种工具。在绝大多数情况下,计算机的最低配置应该是 Pentium 166 MHz、64 MB 内存和至少 1 GB 的硬盘空间。

Microsoft Developer Studio 可用于 Visual J ++ 1.1、Visual C ++ 6.0、Visual InterDev 和 MSDN。新增的 Developer Studio 包括以下新特性。

(1)自动化和宏。可以使用 Visual Basic 脚本来自动操纵例行的和重复的任务。可以将 Visual Studio 及其组件当作对象来操纵,还可以使用 Developer Studio 查看 Internet 上的 World Wide Web 页。

（2）Class View。使用文件夹来组织 C++ 和 Java 中的类，包括使用 MFC、ATL 创建或自定义的新类。

（3）可定制的工具条和菜单。工具条和菜单可按用户的要求自己定制。

（4）调试器。可连接到正在运行的程序并对其进行调试，还可以使用宏语言来自动操作调试器。

（5）项目工作区和文件。可以在一个工作空间中包括多个不同类型的工程，工作空间文件使用扩展名.dsw 来代替过去的扩展名.mdp，工程文件使用扩展名.dsp 来代替过去的扩展名.mak。

（6）改进的资源编辑器。在 V C++ 中，可以使用 WizarBad 将程序同可视化元素联系起来。使用快捷键、二进制、对话框和字符串编辑器对 ASCII 字符串、十六进制字符串、控件 ID 和标签以及指定字符串的 Find 命令一次修改多项。

（7）改进的文本编辑器。可以使用正确的句法着色设置来显示无扩展名的文件，可以定制选定页边距的颜色更好地区分同一源代码窗口的控件和文本区域，Find in Files 命令支持两个单独的窗格。

（8）改进的 WizardBar。可用于 Visual J++ 程序的编写。在 V C++ 6.0 中，集成环境有了更大的用处，在 Visual Studio 中，不仅可以进行 V C++ 程序的编写，而且也可同时在其中编写 Visual J++ 程序。

（9）便捷的类库提示。相信使用过 Visual Basic（简称 VB）的读者一定会注意到在 VB 中便捷的函数提示。在 V C++ 6.0 中，输入时在线的丰富提示也实现了。可见，这使得程序员从记忆众多的函数参数中解脱出来，从而极大地提高了编程效率。

（10）上下文相关的 What's This 帮助。上下文的帮助信息，为初学者提供了学习的平台，初学者可以通过帮助更好地了解 V C++ 6.0 各工具的使用及菜单中各子菜单的作用。

3. Visual C++ 6.0 软件环境安装步骤

（1）下载 Visual C++ 6.0 集成开发工具，下载完成后，打开压缩包，运行 SETUP.exe 安装软件环境，效果如图 1-12 所示；

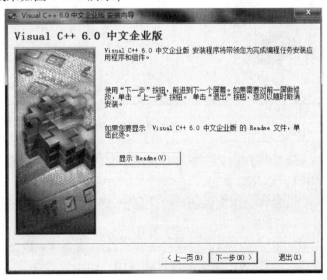

图 1-12　V C++ 6.0 安装向导

（2）选择"下一步"，接受最终用户许可协议，如图 1－13 所示；

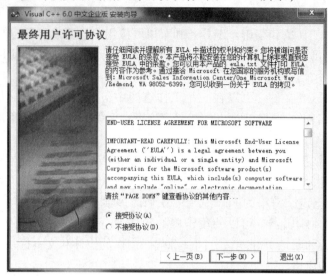

图 1－13　最终用户许可协议

（3）选择"下一步"，来到产品号和用户 ID 页面，如图 1－14 所示；

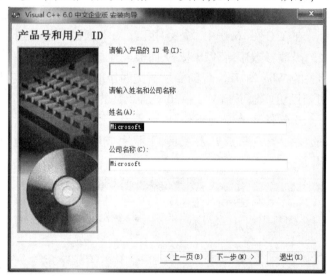

图 1－14　产品号和用户 ID

（4）选择"下一步"，来到自定义服务器安装程序选项页面，选择安装 Visual C ++ 6.0 中文企业版（I），如图 1－15 所示；

（5）选择"下一步"，选择公用文件的位置，尽量不要选择 C 盘，防止重装系统丢失，如图 1－16 所示；

（6）选择"下一步"，安装程序自动搜索已安装的组件，如图 1－17 所示；

（7）搜索完成后自动跳转到产品标识号界面，点击"确定"，如图 1－18 所示；

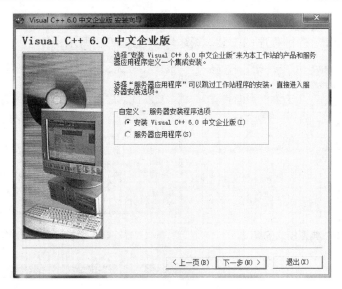

图 1-15　服务器安装程序选项

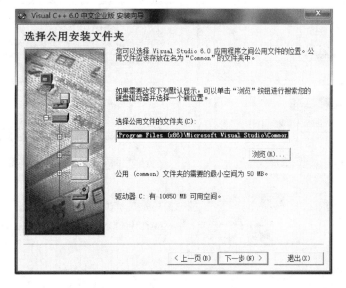

图 1-16　选择公用安装文件夹

图 1-17　选择公用文件夹　　　　　　　　　　图 1-18　产品标识号

（8）选择"Typical"按钮,进行典型模式安装,如图 1 – 19 所示;

（9）点击"OK",进行程序的安装,如图 1 – 20 ~ 1 – 23 所示;

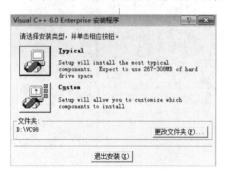

图 1 – 19　典型模式安装

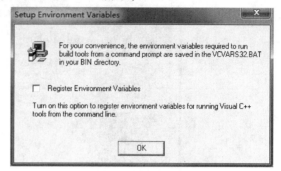

图 1 – 20　设置环境变量

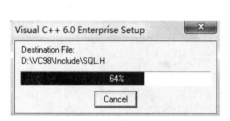

图 1 – 21　安装进度

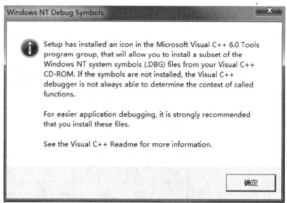

图 1 – 22　安装信息提示

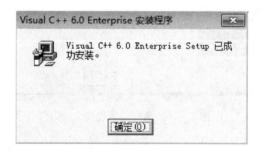

图 1 – 23　安装完成

（10）下面提示安装 MSDN,如果没有需要可以选择"退出"。MSDN Library,也就是MSDN,是微软开发产品的各种技术资料和手册,视个人需要选择安装即可,如图 1 – 24 所示。

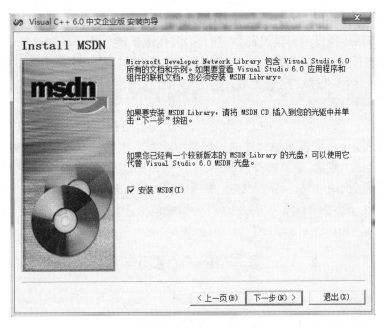

图 1-24　安装 MSDN

1.4　C 语言的编译机制

用 C 语言编写的程序称为源程序,它不能被计算机直接识别和执行,因此,需要一种担任编译工作的程序,即编译程序,它可以把 C 语言程序代码转换为计算机能够直接识别和执行的二进制目标代码。

1.编辑源程序

编辑是指在文本编辑工具软件中输入和修改 C 语言源程序,最后以文本文件的形式存放在磁盘上。通常情况下,我们使用集成开发环境进行源程序的编辑,如前面介绍的 Turbo C、C-Free 和 Visual C++ 等。编辑的源程序存入磁盘后,系统默认的文件扩展名为.cpp。

2.预处理

预处理过程实质上是处理程序中的"#",一是将#include 包含的头文件直接拷贝到.cpp 当中;二是将#define 定义的宏进行替换,同时将代码中没用的注释部分删除等。

3.编译源程序,生成目标程序

编译是将已经编辑好的源程序翻译成二进制目标程序。编译是由系统本身的编译程序来完成的,编译过程中会对源程序进行语法检查、语意分析和词法分析,当发现错误时,会提示错误的类型和出错的程序位置,以便用户进行修改。直至未发现错误时将生成相应的汇编代码,自动生成扩展名为.obj 的目标程序。

4.连接目标程序及其相关联模块,生成可执行程序

程序通过编译之后,即程序没有语法错误,则进行连接程序。一个 C 语言应用程序,可能包含有 C 语言标准库函数和许多模块,它们都是二进制文件,而各个模块往往是单

独编译的。因此,经过编译后得到的目标程序还不能直接运行,需要把编译好的各个模块的目标程序与系统提供的标准库函数进行连接,生成扩展名为. exe 的可执行程序。

这个连接工作由专门的软件——连接程序(又称连接器)来完成。如果连接过程中出现错误信息,则需要修改错误后重新进行编译和连接,直到生成可执行程序。

5. 运行可执行程序

程序通过连接后,即执行连接没有错误,系统生成可执行程序文件,文件的扩展名为. exe,所以也称为 exe 文件。源程序通过编译和连接后产生一个可执行文件,这个过程一般来说不可能一次成功,必须修改源程序,重新编译和连接,有一个反复调试的过程。如果执行后能得到正确结果,则整个编辑、编译、连接、运行过程顺利结束。

总之,C 语言程序的开发主要经过编辑、预处理、编译、连接和执行五个步骤。

1.5　编写第一个 C 语言程序

1.5.1　在 Turbo C 2.0 环境中开发 C 程序

操作步骤如下:

(1)打开 Turbo C 开发环境,按 F10 激活主菜单;

(2)按 F 键打开 File 菜单——→选择 New ——→按 Enter,创建一个新的 C 源程序,如图 1 - 25 所示;

(3)编辑程序后,按 F10 激活主菜单——→按 R 键——→选择 Run,运行程序;

(4)查看运行结果,选择 Run ——→选择 User screen(或按 Alt + F5 键)切换到用户屏幕,观察之后按任意键返回编辑屏幕,如图 1 - 26 所示运行结果。

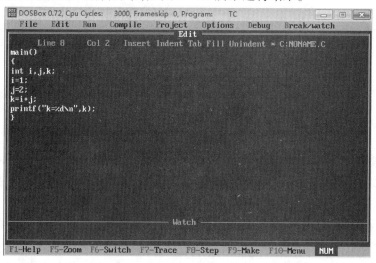

图 1 - 25　C 源程序

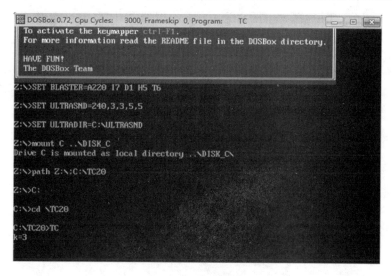

图 1 - 26　运行结果

1.5.2　在 C – Free 5.0 环境中开发 C 程序

创建控制台程序操作步骤如下：

（1）打开 C – Free 应用程序——新建工程——选择"控制台程序"——输入工程名称——确定保存位置——单击"确定"按钮，如图 1 - 27 所示；

图 1 - 27　新建工程

（2）按照控制台程序创建步骤完成第 1 步程序类型的选择，如图 1 - 28 所示；

（3）第 2 步：语言选择，如图 1 - 29 所示；

图 1-28 第 1 步:程序类型

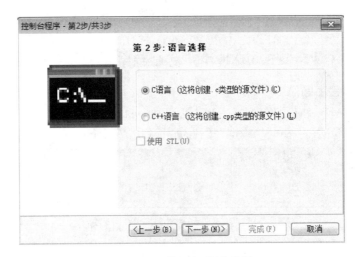

图 1-29 第 2 步:语言选择

(4)第 3 步:选择构建配置,如图 1-30 所示;

图 1-30 第 3 步:选择构建配置

（5）在文件列表区选择 main. c 文件，即可在编辑区显示程序，如图 1 - 31 所示；

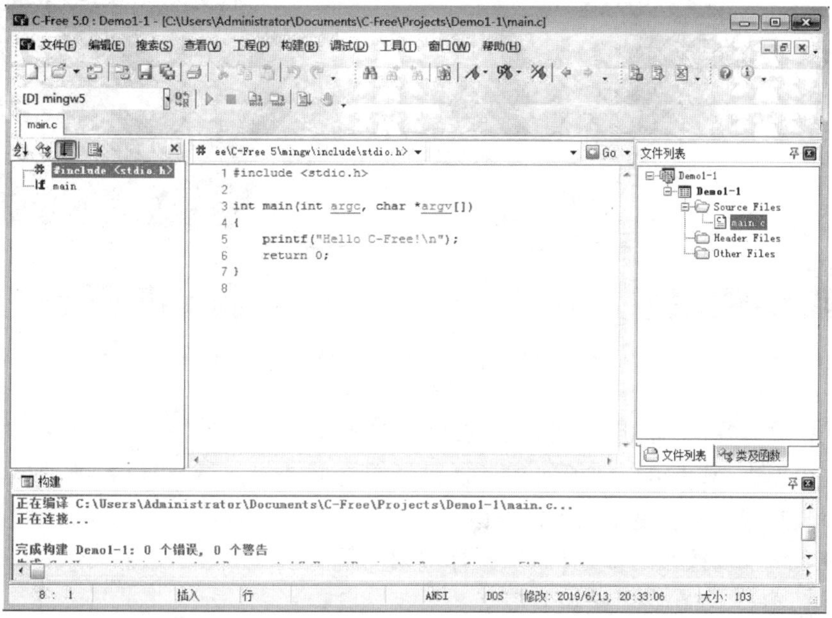

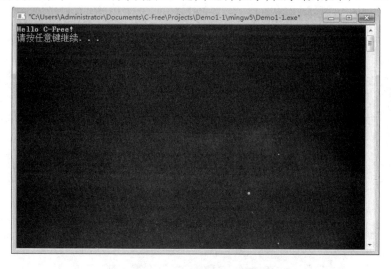

图 1 - 31　主程序

（6）选择构建菜单——→运行(或按 F5 键)，运行程序，程序结果如图 1 - 32 所示。

图 1 - 32　程序运行结果图

1.5.3　在 VC++ 6.0 环境中开发 C 程序

VC++ 6.0 环境安装完成之后，就可以从"开始"菜单中运行 VC++ 6.0，如图 1 - 33 所示。

VC++ 6.0 带有一个预先定义好的工具栏集，单击便可以访问它们。如果需要更多的工具按钮，可以自己设计和定制工具栏来增大工具栏集。

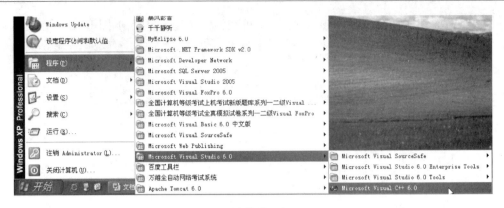

图 1-33　在开始菜单运行 V C ++ 6.0

工具栏可以在窗口的四边任意定位,可以在屏幕四周移动工具栏,通过拖曳边框来调整它们的矩形大小,也可以使任何工具栏可见或隐藏。例如,默认设置中,"Debug"工具栏只在调试过程中才可见。当鼠标停留在工具栏按钮的上面时,按钮会凸起,主窗口地段的状态栏显示了该按钮的描述;如果光标停留时间长一些,就会出现一个下拉的弹出式"工具提示"窗口,它包含了按钮的名字。

V C ++ 6.0 菜单栏有一种特殊形式的工具栏,只有在全屏幕模式下才能隐藏,其他情况下,它只是一个普通的工具栏。当鼠标停留在 V C ++ 6.0 的菜单栏上时,菜单名像工具栏一样呈凸起状。当单击菜单名下拉菜单时,菜单名会呈现凹进外观。菜单打开后,将鼠标从一个菜单名移动到另一个菜单名时会弹出另一个下拉菜单。

V C ++ 6.0 环境几乎总是会响应鼠标右键的单击。当单击鼠标右键时,通常显示一个与当前鼠标所指向位置相关的弹出式菜单,也称上下文相关菜单。当 V C ++ 6.0 没有打开窗口时,在空白区右击也会产生一个菜单,其中包括窗口可见和调整工具栏开或关的命令。在工具栏上除标题栏以外的任何地方单击鼠标右键,可打开同样的菜单。编写程序时,单击鼠标右键,总会弹出与当前环境相关的弹出菜单。

除一般对话框外,V C ++ 6.0 显示两种类型的窗口,即文档窗口和停靠窗口。文档窗口是带边框的子窗口,其中含有源代码文本和图形文档。"Windows"(窗口)菜单中列出了在屏幕上以平铺方式还是以层叠方式显示文档窗口的命令。所有其他的 V C ++ 6.0 窗口,包括工具栏甚至菜单栏,都是停靠窗口。

开发环境有两个主要的停靠窗口:Workspace(工作空间)窗口和 Output(输出)窗口,它们通过"查看"菜单中的命令变成可见窗口。停靠窗口可以固定在 V C ++ 6.0 用户区的顶端、底端或侧面,或者浮动在屏幕上任何地方。停靠窗口不论是浮动还是固定总是出现在文档窗口的上面。

在屏幕上移动一个停靠窗口时,窗口总是紧贴着 V C ++ 6.0 主窗口的某一边或者它碰到的任何定位窗口。有以下两个办法可防止这种情况发生。

①在移动窗口时按住"Ctrl"键,来暂时禁止它的停靠特征。

②这个办法只对停靠窗口有效,对工具栏无效,就是禁止窗口的停靠功能,直到再次使它生效。在窗口内部鼠标右击,从其上下文菜单中选择"Docking View"(停靠视图)命令来关掉复选标志。如果关掉了窗口的停靠功能,将影响窗口的外观。V C ++ 6.0 在停靠的 Workspace 和 Output 窗口中显示项目的有关信息。

在整个软件开发过程中,我们一直要使用这些重要窗口,特别是 Workspace 窗口。要使 Workspace 或 Output 窗口可见,在"查看"菜单中单击它们的名字即可。窗口也可以通过 Standard 工具栏上的按钮来激活,单击这些按钮会使窗口可见或消失。

Workspace 窗口通常包含 3 个页面,分别显示了项目各个方面的信息,C 语言程序通常只有两个页面。在窗口底端单击相应图标标签可在这些页面之间进行切换,分别显示项目中的类信息、资源信息和文件信息,C 语言程序一般没有资源信息页面。在窗口中单击小的加号(+)或减号(-)来展开或折叠列表。双击列表开头靠近文件或书本图标的文字,与单击表头的加号或减号有同样的效果。

1. 启动 V C ++

软件环境安装完成后即可通过"开始"菜单中运行 V C ++ 6.0,如图 1 - 33 所示。通常,V C ++ 6.0 的外观如图 1 - 34 所示。

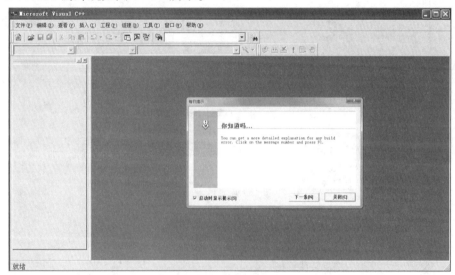

图 1 - 34　V C ++ 6.0 的外观

2. 新建工程文件

在 V C ++ 6.0 中,开发的任何软件都是利用项目来管理的,不论是 Windows 程序还是 DOS 控制台程序,所以编写一个程序首先需要建立一个项目。

选择"文件"菜单中的"新建"菜单项,在弹出"新建"对话框中选择"工程"选项卡如图 1 - 35 所示,其中列出 V C ++ 6.0 可以建立的项目类型,选择 Win32 控制台应用程序(Win32 Console Application)。在"工程名标"文本框中添加项目名称"HelloWorld",在"位置"文本框中为项目制定存放位置,单击"确定"按钮进入下一步,设置应用程序的类型的设置,默认选项为"一个空工程",如图 1 - 36 所示,然后单击"完成"按钮,弹出"新建工程信息"对话框,单击"确定"按钮,整个项目就建好了。

3. 新建 C 程序源文件

选择"文件"菜单中的"新建"菜单项,在弹出"新建"对话框中选择"文件"选项卡,选择" C ++　Source　File"(C ++　源文件),在文件名文本框中输入该文件的名字如"MyHelloWorld",单击"确定"按钮,即可打开程序的编辑窗口,如图 1 - 37 所示。

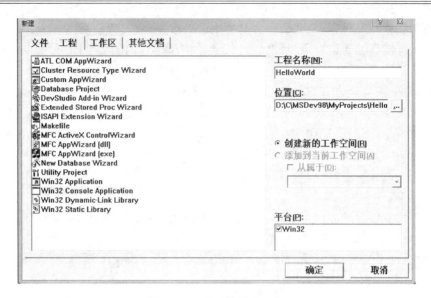

图 1 - 35　新建控制台工程

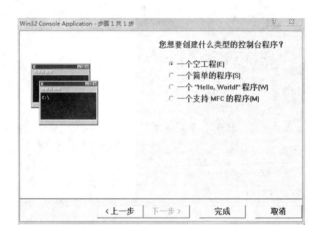

图 1 - 36　新建一个空工程

图 1 - 37　新建文件

4. 编辑并保存源程序

在编辑窗口输入源程序代码,然后选择"文件"——→"保存"选项保存源程序。

例 1-1 输出 HelloWorld。

```
#include<stdio.h>                //包含标准输入输出头文件
main()                           //主函数
{
  printf("HelloWorld");          //调用输出函数,输出结果,\n 为格式控制字符
}
```

5. 编译、连接、执行程序

通常用 C 语言书写的程序是不能直接运行的,它必须生成与之对应的可执行程序,也就是我们通常说的要经过编译和连接后才能执行。

(1)编译程序。

源程序通过编译程序(也称编译器)编译以后生成二进制的目标文件,通常其扩展名为. obj,此二进制代码不能运行。若源程序有错,必须予以修改,然后重新编译。

在 VC 集成环境中编译该程序,选择"组建"菜单——→"编译"菜单项(或按 Ctrl + F7),编译源程序,在信息窗口中显示"0 error(s),0 warning(s)",则表示程序编译成功,可正常执行,如图 1-38 所示。

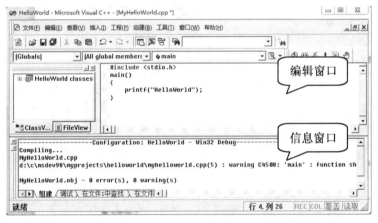

图 1-38 在信息窗口查看编译结果

注:信息窗口出现警告性消息(warning),不影响程序执行。如果程序中有语法错误(error),则无法通过编译,并在信息窗口提示出错信息位置及原因,如图 1-39 所示,在 5 行"}"之前缺少分号";",双击错误提示信息可在源程序上自动定位到出错语句,此时根据提示修改程序,重新编译即可。

(2)连接程序。

选择"组建"菜单——→"组建"菜单项,将编译生成的目标文件与库函数连接为可执行文件(. exe 文件),此时可看到在该项目工程文件夹中 debug 文件夹内增加了"HelloWorld. exe"文件。

(3)执行程序。

选择"组建"菜单——→"执行"菜单项(或点击工具栏中的执行按钮 ❗),可以执行前面创建的可执行程序,执行结果如图 1-40 所示。

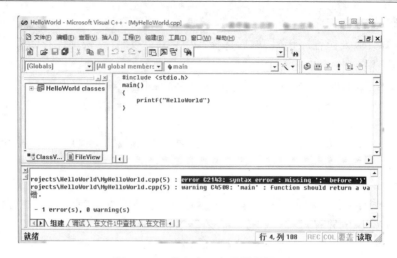

图 1-39　信息窗口出现错误提示

图 1-40　程序运行窗口

6. 关闭程序工作区

在创建一个 C 工程文件时，VC++ 系统将自动产生一个工作区，以完成程序的运行和调试。若想执行第二个 C 语言程序，则必须先关闭前一个程序的工作区，然后新建一个 C 工程文件，产生第二个程序的工作区，否则，程序运行的将一直是前一个工作区。

关闭工作区的方法是：选择"文件"菜单——→"关闭工作区"菜单项。

说明：

（1）项目中第一部分为编译预处理，以"#"开头，其作用是为后面的函数做准备工作。例 1-1 中预处理部分只有一条头文件包含命令#include < stdio. h >，其含义是在程序中包含标准输入输出头文件 stdio. h，该头文件中声明了输入和输出库函数及其他信息，在后面的程序中将用到该文件中的信息。

（2）项目中第二部分为函数组。函数组由多个函数构成，函数是构成 C 语言程序的基本单位，多个函数共同协作完成程序要实现的功能。函数组中必须包括一个 main( ) 主函数，且 C 语言程序中有且仅有一个主函数。主函数既可以在其他函数之前，也可以在其他函数之后，不论主函数在何位置，整个程序的执行均从主函数开始，主函数执行完毕，程序执行结束。main 是函数名，函数后面的一对小括号内为函数的参数，参数可以省略但括号不能省略，函数体放在花括号中。除主函数之外，函数组中还可包含库函数和用户自定义函数。

（3）C 语言本身没有输入、输出语句。项目中 printf( ) 函数是一个由系统定义的标准函数，在程序中直接调用，在使用之前必须在编译预处理部分包含其对应的头文件，所以在程序开始处出现了#include < stdio. h >。其功能是把要输出的内容送到显示器显示。由于输入、输出操作涉及具体的计算机设备，把输入、输出操作放在函数中处理，就可以使 C 语言本身的规模较小，编译程序简单，很容易在各种机器上实现，程序具有可移植性。

当然,不同的计算机系统需要对函数库中的函数做不同的处理。不同计算机系统除了提供函数库中的标准函数外,还要按照硬件的情况提供一些专门的函数。因此,不同计算机系统中所提供的函数个数和功能是有所不同的。除了系统提供的库函数外,用户还可以根据需要自定义函数。

(4)除了主体框架中的"编译预处理"和"函数组"之外,为了增加程序的可读性,还可以在程序中任意位置添加注释,用"//"作为程序单行注释的起始符号,用"/*"和"*/"作为多行注释的起始和结束符号。一个好的、有使用价值的源程序都应当加上必要的注释,以增加程序的可读性。

(5)Ｃ 语言编译系统区分字母大小写。Ｃ 语言把大小写字母视为不同字符,并规定每条语句以分号结束。分号是语句不可缺少的组成部分,分号不可以少,即使是程序中最后一个语句也应包含分号。

(6)Ｃ 语言程序书写格式自由。一行可以写几个语句,一个语句也可以分写在多行上。Ｃ 语言程序没有行号,也不像某些语言那样严格规定书写格式。

Ｃ 语言的函数模块的一般形式:

```
编译预处理命令
函数类型    函数名(函数形式参数)
{
   声明语句
   执行语句
}
```

①声明语句:定义所要用到的变量,如 int i,j;

②执行语句:这部分由若干条语句构成,这是整个函数所要完成的功能。当然,在某些情况下也可以没有声明语句,甚至也可以既没有声明语句,也没有执行语句。

1.6　基本能力上机实验

1.6.1　实验目的和要求

(1)基本熟悉 Visual C ++ (VC)6.0 和 Turbo C(TC)3.0 的 Ｃ 语言编程环境。

(2)掌握 Ｃ 语言上机步骤,了解运行一个 Ｃ 语言程序的方法。

(3)理解 Ｃ 语言程序的结构。

(4)通过运行简单的 Ｃ 语言程序,初步了解 Ｃ 语言源程序的特点。

1.6.2　实验内容和步骤

1.Ｃ 语言上机的基本步骤。

(1)VC 6.0:选择"开始"——→"程序"——→Microsoft Visual Studio 6.0 ——→Microsoft Visual C ++ 6.0 命令,打开 VC 6.0 编程环境。

(2)编辑源程序——→编译——→连接——→执行程序——→显示结果。

(3)熟悉集成环境的界面和有关菜单的使用方法。

2. 编写一个 C 语言程序,输出一句话。

(1)输入下面的程序:

```
#include <stdio.h>
void main()
{
    printf("欢迎来到 C 语言的世界。\n");
}
```

(2)对源程序进行编译,观察屏幕上显示的编译信息。如果出现"出错信息",则应找出原因并改正,再进行编译,如果无错,则进行连接。

(3)如果编译连接无错误,使程序运行,观察分析运行结果。

3. 分析下列程序的运行结果,并上机调试运行,验证自己的结果。

(1)分析运行结果一。

```
main()
{
    printf(" @ \n");
    printf(" @ @ \n");
    printf(" @ @ @ \n");
    printf(" @ @ @ @ \n");
    printf(" @ @ @ @ @ \n");
}
```

(2)分析运行结果二。

```
main()
{
    printf("@@@@@@@@@ \n");
    printf("   @@@@@@@ \n");
    printf("      @@@@@ \n");
    printf("         @@@ \n");
    printf("            @ \n");
}
```

1.7　拓展能力上机实验

1. 输入并编辑一个有错误的 C 语言程序。

(1)以下是通过键盘输入两个数之和的计算程序,请分析错误,并上机改正、调试、运行。

```
main()
int p,x,y;
    scanf("% d% d",&x,% y);
    printf("The sum of x and y is:% d",p);
    p = x + y
```

(2)输入以下程序,请分析错误,并上机改正、调试、运行。

```
#include<stdio.h>
void main()
{int a,b,sum
  a=123;b=456;
  sum=a+b
  print("sum is% d\n",sum);
}
```

2. 编写一个能显示"早上好"的程序,运行后在屏幕上显示如下信息:

Good Morning,Everyone!

1.8　习　　题

1. 判断题

(1)计算机语言的种类非常多,总体来说可以分成机器语言、汇编语言和高级语言三类。　　　　　　　　　　　　　　　　　　　　　　　　　　　　　　（　　）

(2)在 C 语言诞生以前,系统软件主要是用汇编语言编写的计算机语言。（　　）

(3)C 语言是在 B 语言的基础上发展起来的。　　　　　　　　　　（　　）

(4)编译预处理命令"#include ＜stdio.h＞"是从用户工作目录开始搜索。（　　）

2. 单选题

(1)微机唯一能识别和处理的语言是　　　　　　　　　　　　　　（　　）

A. 汇编语言　　　　　B. 高级语言　　　　　C. 机器语言　　　　　D. 甚高级语言

(2)一个 C 语言程序的执行是从　　　　　　　　　　　　　　　　（　　）

A. 本程序的 main 函数开始,到 main 函数结束

B. 本程序文件的第一个函数开始,到本程序文件的最后一个函数结束

C. 本程序的 main 函数开始,到本程序文件的最后一个函数结束

D. 本程序文件的第一个函数开始,到本程序 main 函数结束

(3)C 语言规定,在一个源程序中,main 函数的位置　　　　　　　（　　）

A. 必须在最开始　　　　　　　　　B. 必须在系统调用的库函数的后面

C. 可以任意　　　　　　　　　　　D. 必须在最后

(4)下列叙述中错误的是　　　　　　　　　　　　　　　　　　　（　　）

A. 计算机不能直接执行用 C 语言编写的源程序

B. C 语言程序经 C 编译程序编译后,生成扩展名为.obj 的文件是一个二进制文件

C. 扩展名为.obj 的文件,经连接程序生成扩展名为.exe 的文件是一个二进制文件

D. 扩展名为.obj 和.exe 的二进制文件都可以直接运行

(5)能将高级语言编写的源程序转换为目标程序的软件是　　　　　（　　）

A. 汇编程序　　　　　B. 编辑程序　　　　　C. 解释程序　　　　　D. 编译程序

第 2 章　C 语言程序设计的基本知识

2.1　数据表示

2.1.1　关键字

关键字是 C 语言中预定义的符号，它们都有固定的含义，用户定义的任何名字不得与它们冲突。C 语言的关键字共有 32 个，见表 2 - 1，根据关键字的作用，可将其分为数据类型关键字、控制语句关键字、存储类型关键字和其他关键字四类。

表 2 - 1　C 语言的关键字

break	case	char	const	continue	default	do	break
double	else	enum	extern	float	for	goto	double
int	long	register	return	short	signed	sizeof	int
struct	switch	typedef	union	unsigned	void	volatile	struct

2.1.2　标识符

定义变量时，使用了诸如 a、abc、mn123 这样的名字，它们都是程序员自己起的，一般能够表达出变量的作用，这叫作标识符（Identifier）。

标识符是用户自行定义的符号，用来标识常量、变量、标号等。简单来说，标识符就是一个名字，C 语言要求，所有符号必须先定义。ANSI C 规定，标识符只能由字母（A ~ Z，a ~ z）、数字（0 ~ 9）和下划线（_）组成，并且第一个字符必须是字母或下划线，不能是数字。

例如，下列标识符都是合法的：

i_123　num1　a　round2　sum5　Class　mouth　lotus_1_2

下列标识符是不合法的：

5s	不能以数字开头
a * b	出现非法字符 *
- 2y	出现非法字符减号（ - ）
bowy - 1	出现非法字符减号（ - ）

在使用标识符时还需注意以下几点。

（1）C 语言虽然不限制标识符的长度，但是它受到不同编译器的限制，同时也受到操作系统的限制。例如在某个编译器中规定标识符前 128 位有效，当两个标识符前 128 位相同时，则被认为是同一个标识符。

（2）标识符区分大小写，例如 a 和 A 是两个不同的标识符，一般情况下变量名用小写字母表示，常量用大写字母表示。

（3）在给标识符起名时，最好选择相应的英文单词、汉语拼音或它们的缩写，这样可以增加程序的可读性。

2.1.3　常量

常量是指在程序运行过程中，其值不能被改变的量。常量区分为不同的类型，包括整型常量、实型常量、符号常量和字符型常量等。

（1）整型常量即一个整数值，有三种数制形式：

十进制——以非零开始的数。如：135、－520、+369。

八进制——以 0 开始的数。如：06、0677、0106。

十六进制——以 0X 或 0x 开始的数。如 0XFF、0x123、0x4e。

（2）实型常量即一个实数值，有两种表示形式：

一般形式——由数字、小数点以及正负号组成。如：29.5、－26.7、0.025。

指数形式——相当于科学记数法，将 $a \times 10^b$ 的数表示如下：aEb 或 aeb，其中：a、E（或 e）、b 任何一部分都不允许省略。如：－0.58e8、758e－6、36.58E3。

（3）符号常量即一个有效字符，在程序中用单引号限定。如：'a''9''MYM'。也可以用一个标识符代表一个常量，如 PRICE 代表 20。

例 2－1　符号常量的使用。

```
#include <stdio.h>
#define PRICE 20
main()
{
    int num,total;
    num = 8;
    total = num * PRICE;
    printf("total = % d",total);
}
```

程序中#define 命令行定义 PRICE 代表常数 20，此后凡在程序中出现的 PRICE 都代表常数 20，可以和常量一样进行运算，所以程序的运行结果为

total = 160

关于#define 在第 9 章中还会学到。在这里只强调这种，用一个标识符代表一个常量，我们称为符号常量，即标识符形式的常量。它的值在其作用域内不能改变，也不能被再次赋值。符号常量不同于变量，习惯上，符号常量名用大写字母表示，变量名用小写字母表示，以示区别。使用符号常量含义清楚能做到"一改全改"。

（4）字符串常量为若干有效字符序列，用双引号限定，字符串长度允许为 0。如："Hello World""0.9e8"。

（5）转义字符是一种特殊的字符常量。通常以"\"开头，后面有一个或几个字符。转

义字符具有特定的含义,不同于字符原有含义,一般表示控制代码。常用的转义字符及其含义见表 2 – 2。

表 2 – 2　常用的转义字符及其含义

转义字符	转义字符的含义	ASCII 码值(十进制)
\a	响铃(BEL)	007
\b	退格(BS),将当前位置移到前一列	008
\t	水平制表(HT)	009
\n	回车(CR),将当前位置移到下一行开头	010
\v	垂直制表(VT)	011
\f	换页(FF),将当前位置移到下一页开头	012
\r	回车(CR),将当前位置移到本行开头	013
\'	单引号	039
\"	双引号	034
\\	反斜线	092
\ddd	1~3 位八进制数所代表的字符	
\xhh	1~2 位十六进制数所代表的字符	

2.1.4　变量

变量名实际上是一个符号地址,在对程序编译、连接时由系统给每个变量名分配一个内存地址。变量根据类型的不同在内存中占据一定的存储单元,该存储单元中存放变量的值。变量名和变量值是两个不同的概念,变量名与内存中的某一存储单元相联系,而变量值是指存放在该存储单元中的数据的值。在程序中从变量中取值,实际上是通过变量名找到相应的内存地址,从其存储单元中读取数据的过程,同一个变量名对应的变量在不同的时刻可以有不同的值。变量名和变量值是两个不同的概念,如图 2 – 1 所示。

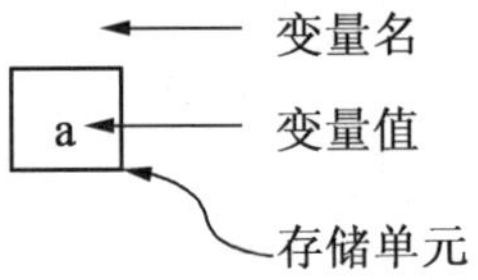

图 2 – 1　变量的组成

一般来说,每个变量都涉及 3 个数据。

(1)变量的值。变量的值是程序加工的对象,可以是原始数据,也可以是中间结果或最终结果。变量的值是通过赋值运算或输入函数来获得的,一个变量可以多次被赋值,被引用时的值是最后一次获得的值。需要说明的是,变量值的变化是指程序在运行过程中,当同一程序被重新执行时,变量的值又要按照先后顺序依次发生变化。

(2)变量地址。每当定义一个变量时,系统都要为其分配相应的存储单元。存储单元的位置是由地址确定的。不同的变量名,既表示不同的变量,也表示不同的存储地址。无论是向存储单元存放数据(赋值),还是取出数据(引用),都要先用到“地址”这个数据。

(3)数据长度。数据长度是由数据类型确定的,通常以存放时占用的字节数为单位。在基本数据类型中,一个数据是连续存放的。

变量在使用之前必须加以说明,也就是说,变量要先定义后使用。定义的一般格式为

<类型标识符>　　　<变量名 1>〔,<变量名 2>,…〕;

说明:

①标识符:即数据的基本类型,如 int、float、char 等;

②变量名:命名应符合标识符的命名规则,由字母、数字或下划线组成,开头必须是字母或下划线;

③〔…〕中的表示可以重复多次也可以没有,各变量之间用逗号隔开。

```c
#include<stdio.h>
main()
{
    int a;
    a=3;
    a=8;
printf("a=% d",a);
}
```

输出结果:

a=8

对于同一个变量 a,它在某一时刻取值为 3,另一时刻取值为 8,变量 a 的存储单元是确定的,a 在不同的时刻取不同的值,实际上就是不同的时间在同一存储单元放了不同的值。

例如:

```c
int a,b,sum;
float z;
char c1,c2;
unsigned int iA;
```

上面的变量被说明后根据其类型的不同,这些变量在内存中分别占有不同大小的存储单元。

2.2　数据类型

2.2.1　数据类型概述

C 语言的数据类型十分丰富,主要分为五大类,第 1 类是系统已经定义好的基本类型,如整型、实型和字符型,其中整型又包括短整型(short)、整型(int)和长整型(long),实型包括单精度型(float)和双精度型(double);第 2 类是构造类型,包括数组、结构体(struct)、共用体(union)和枚举类型(enum);第 3 类是指针类型;第 4 类是空类型(void);第 5 类是用户自定义类型(typedef)。图 2-2 所示为 C 语言的数据类型,其中明确地给出了 C 语言的五大类数据类型及其符号说明。

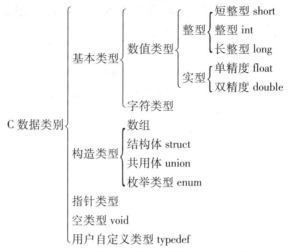

图 2－2　C 语言的数据类型及其符号说明

2.2.2　整型数据

在 C 语言中,为解决具体问题,要采用各种类型的数据。数据类型不同,所表达的数据范围、精度和所占的存储空间均不相同。在使用数据的时候,要先定义类型,这样在编译和连接程序的时候,计算机就会根据所定义的数据的类型来分配不同大小的存储空间。

1. 整型常量

常量就是在程序运行过程中其值不可改变的量。整型常量就是指整型的常数。在 C 语言中,整型常量有三种书写形式:

(1)十进制整数。十进制整数就是通常整数的写法。例如:11、15、21 等。

(2)八进制整数。八进制整数的书写形式是在通常八进制整数的前面加一个数字 0。例如:00、0111、015、021 等,它们分别表示十进制整数:0、73、13、17。

(3)十六进制整数。十六进制整数的书写形式是在通常十六进制整数的前面加 0x 或 0X。例如:0x0、0x111、0x15、0X21 等,它们分别表示十进制整数 0、273、21、33。

注意:整型常量前面没有 + 或者 －, －10 其实是一元运算符" －"和操作数"10",同样整型常量的十进制表示并没有 0,单独写一个 0 其实是一个八进制常量。

整型常量的内存大小和数值范围取决于编译器。

C 语言还提供了一种长整型常量。它们的数值范围最小是十进制的 －2147483647 ～ ＋2147483647,在计算机中最少占用 4 个字节。它的书写方法也分为十进制、八进制和十六进制整数三种,唯一不同的是在整数的末尾要加上小写字母"l"或者大写字母"L"。例如:10L、0111L、0x15L 都是长整型常量(分别使用十进制、八进制和十六进制表示)。

相对于长整型常量,我们把一般整型常量称为短整型常量。

如果整型常量后面没有字母"l"或"L",而且超过短整型常量能够表示的数值范围,则自动认为该常量是长整型常量。例如 －32769、32768、40000 等均为长整型常量。

由于整型常量分为短整型和长整型两种,又有十进制、八进制和十六进制的三种书写形式,所以使用整型常量时,要注意区分。例如:10 和 10L 是不同的整型常量,虽然它们有相同的数值,但它们在内存中占用不同数量的字节;又如:10、010、0x10 虽然都是短整型常量,但它们表示不同的整数值。

2. 整型变量

变量顾名思义就是数值可以变的量,整型变量表示的是整数类型的数据。在 C 语言中,整型变量的值可以是十进制、八进制、十六进制,但在内存中存储的是二进制数。所有变量都必须加以说明,没有隐含的变量,变量说明主要是指出变量的名称,确定变量的数据类型。

定义整型变量的一般格式为

int <变量名 1 >[,<变量名 2 >,<变量名 3 >,…];

注意:一个类型表示符可以同时定义多个变量,前提是这些变量的类型相同,各变量之间用逗号分隔。也可以分开定义,例如:

int <变量 1 >;

int <变量 2 >;

…

它们的含义相同。也可以在定义整型变量的同时为其赋值(变量赋值的内容将在2.3.1中讲解)。例如:

int i = 1;

或

int i;

i = 1;

变量在使用之前一定要先定义后使用,这样在编译、连接时能准确地为其分配存储单元,但是有时对于某些变量也可以不定义直接使用,这时系统会自动将其转化为整型数据来处理。自动分配有一定的好处,它可以省略定义变量的类型,减少书写量;但是也有一定的弊端,如果需要操作的数据带小数,系统自动转化成整数进行存储的话,会有很大的不方便,有时甚至会出现错误。

3. 整型数据的分类与存储

在 C 语言中整型可分为 4 种:基本整型、短整型、长整型和无符号型。

(1)基本型。基本型以 int 表示,在内存中占 4 个字节,不同系统可能有差异。

(2)短整型。短整型以 short int 或 short 表示,对于 16 位机,short int 占 2 个字节,在大多数的 32 位机中,short int 占 4 个字节。但总的来说,short int 至少 16 位,也就是 2 个字节。

(3)长整型。长整型以 long int 或 long 表示,在内存中占 4 个字节,其取值为长整常数。在任何的编译系统中,长整型都是占 4 个字节。在一般情况下,其所占的字节数和取值范围与基本型相同。

(4)无符号型。无符号型整数必须是正数或零,它还可细分成无符号整型、无符号短整型和无符号长整型 3 种,分别以 unsigned int、unsigned short、unsigned long 表示。无符号整数在内存中存放时二进制最高位不是符号位,而有符号整数在内存中以补码表示,其最高位是 1 时表示负数,最高位是 0 时表示非负数。

以上各种类型数据所占的内存有时也因机器而异。在 V C ++ 上,各种整型数据所占位数及数的范围见表 2 - 3。

表 2 - 3　整型数据所占位数及数的范围

数据类型	所占位数	数的范围
int	32	- 2147483648 ~ 2147483647
short [int]	16	- 32768 ~ 32767
long [int]	32	- 2147483648 ~ 2147483647
unsigned [int]	32	0 ~ 4294967295
unsigned short [int]	16	0 ~ 65535
unsigned long [int]	32	0 ~ 4294967295

根据整型数据的分类,可以这样定义整型变量。例如:

unsigned long [int] x,y;

long [int] q,p;

short [int] a,b;

在内存中,整型数据是以二进制形式进行存放的。字节是存放数据的基本单位,位是最小单位。C 语言中,整型数据在内存中占 4 个字节。由于一个字节占 8 个二进制位,所以一个整型数据在内存中占 4 × 8 = 32 个二进制位。

例如:int i = 2;

该数据在内存中实际存放情况如下:

00000000000000000000000000000010

2.2.3　实型数据

实型数据简称实数,又叫浮点型数据,即带有小数点的数,如 123.000、45.6 等。

1. 实型常量

在 C 语言中,实数采用十进制。它有两种形式:十进制小数形式和指数形式。实型常量有正数、负数之分,即实型常量均为有符号的实型常量,没有无符号的实型常量。

(1)实型常量的表示形式。

①小数的表示形式又称为定点数的形式。小数形式是由数字和小数点组成的一种实数表示形式,例如 0.123、.123、123.、0.0 等都是合法的实型常量。

注意:小数形式表示的实型常量必须要有小数点。

②指数形式。在 C 语言中,以"e"或"E"后跟一个整数来表示以"10"为底数的幂数。2.3026 可以表示为 0.23026E1。

C 语言语法规定,字母 e 或 E 之前必须要有数字,且 e 或 E 后面的指数必须为整数。如 e3、5e3.6、.e、e 等都是非法的指数形式。

注意:在字母 e 或 E 的前后以及数字之间不得插入空格。

(2)实型常量的分类。

一个实型常量可以赋给一个 float 型、double 型或 long double 变量。根据变量的类型截取实型常量中相应的有效位数字。

①单精度(float)。在内存中占 4 个字节,最高位是符号位,可以有 7 个有效数字位。

②双精度(double)。在内存中占 8 个字节,最高位是符号位,可以有 15 个有效数

字位。

③长双精度(long double)。在内存中占 10 个字节,可以有 18 位有效数字位。

在 C 语言中一个不加说明的实型常量是双精度(double)类型,要表示单精度(float)类型常量需要在实数后面加上小写 f 或大写 F。如果想要表示长双精度(long double)类型的实数常量则必须在实数后面加上小写 l 或大写 L。C 语言中各种实型数据所占位数和有效数字及数的范围见表 2 - 4。

表 2 - 4　各种实型数据所占位数及其取值范围

数据类型	比特数(字节数)	数的范围
float	32(4)	$-3.4 \times 10^{-38} \sim 3.4 \times 10^{38}$
double	64(8)	$-1.7 \times 10^{-308} \sim 1.7 \times 10^{308}$
long double	80(10)	$3.4 \times 10^{-4932} \sim 3.4 \times 10^{4932}$

(3)实型数据在内存中的存放形式。

一个实型数据一般占 4 个字节(计 32 个二进制位)内存空间。与整数数据的存储方式不同的是,实型数据是按指数形式存储。系统将一个实型数据分为小数和指数两个部分。实数 3.14159 在内存中的存放形式如下:

+	.314159	+	1
数符	小数部分	指符	指数

小数部分占的位(bit)数愈多,数的有效数字愈多,精度愈高。指数部分占的位数愈多,则能表示的数值范围愈大。实际上,小数部分是一个二进制纯小数,指数部分以补码存放。

2. 实型变量

在程序运行过程中可以改变其值的实型量被称为实型变量,实型变量分为单精度(float)、双精度(double)和长双精度(long double)型。

在 Turbo C 中单精度型占 4 个字节(32 位)内存空间,其中数符 1 位,小数部分 23 位,指符 1 位,指数 7 位,所以其数值范围为 3.4E - 38 ~ 3.4E + 38,只能提供 6 ~ 7 位有效数字。双精度型占 8 个字节(64 位)内存空间,其中数符 1 位,小数部分 23 位,指符 1 位,指数 10 位,其数值范围为 1.7E - 308 ~ 1.7E + 308,可提供 15 ~ 16 位有效数字。

实型变量也是由有限的存储单元组成的,能提供的有效数字是有限的。这样就会存在舍入误差。

例 2 - 2　一个较大实数加一个较小实数。

```
#include<stdio.h>
main()
{
float x=7.24356E10, y;
    y=x+54;
printf("x=%e\n",x);
printf("y=%e\n",y);
```

```
}
```
程序执行的结果为

x = 7.24356E10

y = 7.24356E10

这里 x 和 y 的值都是 7.24356E10,显然是有问题的,原因是 float 只能保留 6～7 位有效数字,变量 y 所加的 54 被舍弃。因此由于存在舍入误差,进行计算时,要避免一个较大实数和一个较小实数相加减。

原则上,实型变量只能接受实型数据,不能用整型变量来存放实型数据,也不能用实型变量来存放整型数据。

例 2 - 3　实型变量的使用。

```
#include<stdio.h>
main()
{
    float x,y;
    x = 3;
    y = 1.5;
    printf("x = % f,y = % f",x,y);
}
```

程序执行的结果为

x = 3.000000,y = 1.500000

程序中将整数"3"赋值给实型变量 x,可见整数可以赋值给实型变量,系统会自动将整数转化为实数后再赋值给实型变量。

2.2.4　字符型数据

字符型数据涵盖了 ASCII 码字符集中每一个字符,包括可直接显示的字符和 32 个控制字符,字符型用 char 表示,占存储空间 1 个字节(8 位),实际上存放的是该字符所对应的 ASCII 码值,所以字符型和整型的关系非常特殊,二者经常混用,如'A' +1 代表字母'B'。

1. 字符型常量

在 C 语言中,一个字符常量代表 ASCII 码字符集中的一个字符,在程序中用单引号将单个字符括起来作为字符常量。例如,在程序中'a' 作为符号常量被定义时,与作为变量被定义时的含义不同,写法也有所区别。用单引号括起来时称为符号常量,系统将字符常量作为整型量来处理,存储时存放的是其 ASCII 值。'a' 的 ASCII 值为 97,'A' 的 ASCII 值为 65,大小写正好相差 32。'3' 'Q' '%' '　'这些都是合法的字符常量。

注意:

(1)单引号中的大写字母和小写字母表示不同的字符常量;

(2)单引号括起来的空格也是一个字符常量,但不能写成两个连续的单引号;

(3)单引号里只能包含一个字符来表示字符常量,而不能包含多个字符,如'abc'是非法的;

(4)字符常量只能用单引号括起来而不可以用双引号。

2. 字符串常量

与字符常量不同,字符串常量是用一对双引号括起来的字符序列。如"abc" "Hello

World!"等。当字符串常量在一行写不下时可以用续行符(反斜线"\"),例如:

```
"Hello  \
World!"
```

在使用续行符时,系统会忽略续行符本身以及后面的换行符,输出连续的字符串"Hello World!"。字符串常量还可以包含空格符、转义字符或其他字符。字符串的字符在内存中按先后顺序依次存放,C 语言使用空字符'\0'作为字符串常量的结束标记。即每个字符串在内存中所占字节数都是它的有效字符个数加1。

例如:"Hello!"在内存中占 7 个字节,如图 2-3 所示。

$$H \ e \ l \ l \ o \ ! \ \backslash 0$$

图 2-3　Hello 在内存中所占的字节数

可见,当字符串常量的字符个数为 N 时,其在内存中占 N+1 个字节。所以字符常量'a'和字符串常量"a"是有区别的:

(1)"a"是字符串常量,字符串长度为1,其在内存中所占字节数为2;

(2)'a'是字符常量,其在内存中所占字节数为1;

(3)"a"和'a'在内存中的存储形式也不一样。在内存中'a'以 ASCII 形式进行存储,"a"在内存中占两个字节,一个字节存入'a',另一个存入'\0'。

C 语言中允许""两个双引号连写,称为空串,在内存中占一个字节,存放字符串结束标记'\0'。

3. 字符型变量

字符型变量是用来保存单字符的一种变量,如:char a = 'a';而字符串就是用来保存多个字符的变量,C 语言中用字符数组来表式一个字符串,如: char name [ ] = {"abcdefghiklllll"}。

例 2-4　字符型变量的使用。

```
#include<stdio.h>
main()
{
    char c1,c2,c3;
    int x=3;
    c1='1';
    c2='A';
    c3=c2+x;
    printf("c1=% d,c1=% c,c2=% d,c2=% c,c3=% d,c3=% c",c1,c1,c2,c2,c3,c3);
}
```

程序执行的结果为

c1=49,c1=1,c2=65,c2=A,c3=68,c3=D

由于字符型和整型有着密切关系,所以输出时既可以输出数值形式,也可以输出字符形式。将一个字符常量放到一个字符变量中,实际上并不是将字符本身放到内存单元中,而是将该字符的相应 ASCII 码值放在内存单元中,所以字符数据在内存中的存储形式是以二进制形式存放的。

字符型和整型的存储形式类似,只不过整型数据在内存中占 4 个字节,而字符型数据在内存中占一个字节,即 8 个二进制位,所以字符型表示数据的范围是 0~255。在这个范围内,字符型数据和整型数据之间可以通用。一个字符数既可以以字符形式输出,也可以以整数形式输出。以字符形式输出时,需要先将存储单元的 ASCII 码值转换成相应字符后输出。也可以对字符数据进行算数运算,此时相当于对它们的 ASCII 码值进行算术运算。

2.3　数据运算

2.3.1　赋值运算符及其表达式

1. 简单赋值运算符和表达式

赋值表达式语法格式:

变量 = 表达式

在 C 语言中使用" = "符号表示赋值运算,其含义是将表达式的值经过计算赋给变量。如:i = a + b 表示将 a + b 的和赋给" = "左边的变量 i。

赋值运算符具有结合性。如:x = 4 + (b = 2)表示将 4 和 b 的值 2 相加后,赋给变量 x,即 x 的值为 6。

C 语言规定,在表达式后面添加分号即构成表达式语句,即

i = a + b　　　　　　　　是赋值表达式

i = a + b;　　　　　　　　是赋值语句。

2. 类型转换

赋值运算符右边表达式的类型与左边变量的类型应该一致,当不一致时,将进行类型转换,把赋值运算符右边变量的数据类型转换成左边变量的数据类型,然后存入存储空间中。

(1)自动类型转换。

自动类型转换即隐式类型转换,由编译器自动完成。这种转换不需要程序员干预,会自动发生,这可能会导致数据失真,或者精度降低。所以,自动类型转换并不一定是安全的。对于不安全的类型转换,编译器一般会给出警告。

如:float f = 100;

100 是 int 类型的数据,需要先转换为 float 类型才能赋值给变量 f。

C 语言中对类型转换具体规定如下:

①整型转为实型:值不变,以浮点形式存储;

②实型转为整型:舍去小数部分;

③字符型转为整型:只把低八位赋予字符变量;

④整型转为字符型:将整型数据看作 ASCII 码值。

在进行数据类型转换时,级别低的操作数先被转换成和级别高的操作数具有同一类型,然后再进行运算,得出的数据类型和级别高的操作数相同。转换顺序如图 2 - 4 所示。

(2)强制类型转换。

强制类型转换是程序员明确提出的,需要通过特定格式的代码来指明的一种类型转换。强制类型转换必须有程序员干预。

强制类型转换的格式:

(新类型名称)表达式

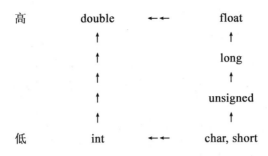

图 2 - 4　数据类型自动转换顺序

例 2 - 5　强制类型转换。

```
#include <stdio.h>
main()
{
    int sum = 103;  //总数
    int count = 7;  //数目
    double average;  //平均数
    average = (double) sum /count;
    printf("Average is % lf! \n", average);
}
```

运行结果：

Average is 14. 714286!

3. 复合赋值和复合位运算

在 C 语言的赋值中有一种特殊的赋值运算符,就是复合赋值运算符。复合赋值运算符就是在赋值符" = "之前加上其他二目运算符。复合运算符及其含义见表 2 - 5,设 int a = 2,n = 4。

表 2 - 5　复合运算符及其含义

复合运算符	结合性	优先级	单/双目	复合赋值	含义	结果
+ =	右到左	14	双目	n + = a;	n = n + a;	n = 6
- =	右到左	14	双目	n - = a;	n = n - a;	n = 2
* =	右到左	14	双目	n * = a;	n = n * a;	n = 8
/ =	右到左	14	双目	n/ = a;	n = n/a;	n = 2
% =	右到左	14	双目	n% = a;	n = n%a;	n = 0
> > =	右到左	14	双目	n > > = a;	n = n > >a;	n = 6
& =	右到左	14	双目	n& = a;	n = n&a;	n = 5
^ =	右到左	14	双目	n^ = a;	n = n^a;	n = 1
| =	右到左	14	双目	n| = a;	n = n|a;	n = 6

如果右边不只是一个变量而是一个表达式,则需要看成一个整体。比如:n/ = a * b + c > >d 相当于 n = n/(a * b + c > >d),右边作为一个整体加括号。

注意：

（1）复合运算符左边必须是变量。

（2）复合运算符右边的表达式计算完成后才参与复合赋值运算。复合运算符常用于某个变量自身的变化，尤其当左边的变量名很长时，使用复合运算符书写更方便。

（3）复合赋值运算的优先级符合 C 语言运算符的优先级表，结合方向为从右到左。

（4）复合赋值运算符有利于编译处理，能提高编译效率并产生质量较高的目标代码。

2.3.2 算数运算符及其表达式

1. 基本算数运算符

基本算数运算符包括 + 、- 、* 、/ 、% 、+（正号）、-（负号）等。其含义见表 2 - 6，设 int a = 3。

表 2 - 6 算数运算符及其含义

运算符	含义	优先级	单/双目	结合性	案例	结果
+	加法	4	双目	左到右	b = a + 3;	b = 6
-	减法	4	双目	左到右	b = a - 3;	b = 0
*	乘法	3	双目	左到右	b = a * 3;	b = 9
/	除法	3	双目	左到右	b = a/3;	b = 1
%	取余	3	双目	左到右	b = a%3;	b = 0
+	取正	2	单目	右到左	b = + a;	b = 3
-	取负	2	单目	右到左	b = - a;	b = - 3

注意：当除法运算两边都是整数时为整除运算。

2. 自增、自减运算符

自增运算符(++)和自减运算符(- -)都是单目运算符，它们的作用分别是使操作数加 1 和减 1，其具体含义见表 2 - 7，设 int a = 3。

表 2 - 7 自增、自减运算符及其含义

运算符	含义	优先级	单/双目	结合性	案例	结果
++（前置）	先自加，再赋值	2	单目	右到左	b = ++a;	a = 4;b = 4
- -（前置）	先自减，再赋值	2	单目	右到左	b = - - a;	a = 3;b = 3
（后置）++	先赋值，再自加	1	单目	左到右	b = a ++ ;	a = 4;b = 3
（后置）- -	先赋值，再自减	1	单目	左到右	b = a - - ;	a = 2;b = 3

自增、自减运算符的结合性是从右至左，如 - a ++ 相当于 - (a ++)，即表达式的值为 - 3，a = 4。

在 C 语言中自加和自减运算符常用于循环结构中，使循环变量自动加 1 或减 1，在指针变量中也经常使用自加和自减运算，使指针指向下一个地址。但是对于不同的系统，在

编译程序的时候不尽相同。如 s = a1( ) + a2( )。并不是所有编译系统都先调用 a1( ),然后再调用 a2( )。

案例:计算当 x = 3 时 y = (x ++) + (x ++) + (x ++);的值。

V C ++ 6.0 中将 3 作为表达式中所有 x 的值,即 3 个 3 相加结果为 9,求出结果后再实现三次自加,此时 x 的值为 6。还有一些系统按照自左向右的顺序求解括号里的运算,即先算第一个括号里的值后再求第二个,依此类推,即 y = 3 + 4 + 5,结果为 12。

案例:如何理解 x +++ y?

C 编译系统在处理时尽可能多地自左向右将若干个字符组成一个运算符,即该题目被理解为(x ++) + y。

2.3.3　关系运算符及其表达式

在程序中经常需要比较两个量的大小关系,以决定程序的下一步工作。比较两个量的运算符称为关系运算符。在 C 语言中关系运算符及其含义见表 2 - 8,其中 x = 3,y = 4。

表 2 - 8　关系运算符及其含义

关系运算符	含义	优先级	单/双目	结合性	案例	结果
<	小于	6	双目	左到右	'a' < 'A'	0
< =	小于或等于	6	双目	左到右	x < = y	1
>	大于	6	双目	左到右	x > y	0
> =	大于或等于	6	双目	左到右	x > = y	0
= =	等于	7	双目	左到右	X = y	0
! =	不等于	7	双目	左到右	x! = y	1

2.3.4　逻辑运算符及其表达式

逻辑运算是指按照逻辑关系连接各种类型表达式的运算,逻辑运算的结果是逻辑值 1(真)或 0(假)。C 语言中提供了三种逻辑运算符,见表 2 - 9,其中 x = 3,y = 4。

表 2 - 9　逻辑运算符及其含义

逻辑运算符	含义	优先级	单/双目	结合性	案例	结果	说明
&&	逻辑与	11	双目	左到右	x&&y	1	参与运算的两个量都为真时,结果才为真,否则为假
||	逻辑或	12	双目	左到右	x||y	1	参与运算的两个量都为假时,结果为假。只要有一个为真,结果就为真
!	逻辑非	2	单/目	右到左	! x	0	参与运算量为真时,结果为假;参与运算量为假时,结果为真

由逻辑运算符组成的表达式即逻辑表达式。

例 2 - 6 逻辑运算举例。

```c
#include <stdio.h>
int main(void){
    char c = 'k';
    int i = 1,j = 2,k = 3;
    float x = 3e + 5,y = 0.85;
    printf( "% d,% d\n", ! x * ! y, !!! x );
    printf( "% d,% d\n", x||i&&j - 3, i < j&&x < y );
    printf( "% d,% d\n", i = =5&&c&&(j = 8), x + y||i + j + k );
    return 0;
}
```

输出结果：

0,0

1,0

0,1

本例中! x 和! y 分别为 0,! x * ! y 也为 0,故其输出值为 0。由于 x 为非 0,故!!! x 的逻辑值为 0。对 x||i && j - 3 式,先计算 j - 3 的值为非 0,再求 i && j - 3 的逻辑值为 1,故 x||i&&j - 3 的逻辑值为 1。对 i < j&&x < y 式,由于 i < j 的值为 1,而 x < y 为 0,故表达式的值为 1,0 相与,最后为 0。对 i = =5&&c&&(j = 8) 式,由于 i = = 5 为假,即值为 0,该表达式由两个与运算组成,所以整个表达式的值为 0。对于式 x + y||i + j + k 由于 x + y 的值为非 0,故整个或表达式的值为 1。

2.3.5　问号运算符及其表达式

在 C 语言中问号表示条件运算符,与冒号组合使用,相当于分支结构,是唯一的一个三目运算符。由问号运算符组成的表达式即问号表达式。其格式为：

表达式1? 表达式 2:表达式 3;

例如：

```c
int x = 3,y = 4;
    int max;
    max = x > y? x:y;                    //如果 x > y,则 max 的值为 x,否则 max 的值为 y
```

2.3.6　逗号运算符及其表达式

在 C 语言中多个表达式用“,”隔开组成一个新的表达式,叫作逗号表达式。其一般形式如下：

表达式 1,表达式 2,表达式 3,……,表达式 n

运算时从左到右分别求出各表达式的值,即先计算表达式 1 的值,再计算表达式 2 的值,最后计算表达式 n 的值,而整个表达式的值和类型由最后一个表达式决定。在所有运算中逗号表达式的优先级别最低。

例如:x = (y = 1,y + 2)。首先求表达式 1,将数值 1 赋给变量 y;然后求表达式 2,计算 y + 2 结果为 3;然后将逗号表达式的结果即最后一个表达式的值赋给变量 x,所以 x 的值为 3。

一般用逗号表达式表示只能出现一个表达式但是需要多个表达式求值的问题。如在循环结构语句中初始化表达式和增量表达式时。但并不是所有遇到逗号的地方都是逗号运算符,例如在定义多个变量时:int x,y;此时的逗号只是分隔符而并不是逗号运算符。

2.4　算　　法

算法是程序中的语句,为解决某一个特定问题而进行一步一步操作过程的精确描述,即要求计算机做什么与怎么做的操作。

2.4.1　算法及其特性

每个程序中都包含着算法,其中著名计算机科学家 Nikiklaus Wirth 提出如下公式:

$$程序 = 算法 + 数据结构$$

算法具有以下六个特性。

(1)有穷性。一个算法应包含有限的操作步骤,每一步要在有限时间内完成。

(2)确定性。算法中每一步都有明确的含义,不含歧义,每一步命令只能产生唯一的一组动作。

(3)可行性。算法中每条规则必须是确定的、可行的,不能存在二义性。

(4)输入项。有零个或多个输入。

(5)输出项。有一个或多个输出。

(6)有效性。算法中的每一个步骤都应当能有效地执行,并得到确定的结果。

2.4.2　算法的常用描述方法

设计者经常用图示的方法来描述算法,常用的方法有自然语言、流程图和由美国学者 I. Nassi 和 B. Shneiderman 提出的 N – S 流程图、伪代码、PAD 图、机器语言等。

1. 自然语言

描述算法最简单的一种方法就是自然语言,其特点是通俗易懂,易于掌握,一般人都会使用,缺点是烦琐,容易产生歧义。自然语言表示的含义往往不够严格,要根据上下文才能判断其真正含义。此外,用自然语言来描述分支和循环等算法也不是很方便。因此,除特殊原因外,一般不采用自然语言对算法进行描述。

2. 流程图

流程图是用一些图框表示各类图形的操作,用线表示操作的执行顺序。相对于自然语言更简洁、直观,易于理解掌握。美国标准化协会(ANSI)规定常用流程图的符号及含义见表 2 – 10。

表 2 – 10　流程图符号及其含义

符号	名称	含义
⬭	起止框	表示算法开始或结束

续表 2-10

符号	名称	含义
▭	处理框	表示算法的一个处理步骤
◇	判断框	表示选择条件判断
▱	输入、输出框	表示数据的输入或结果的输出
→	流程线	表示算法执行的方向
○	连接框	将算法中不同流程进行连接
▭	调用框	表示调用函数或模块

案例:用流程图的方式描述将 a 与 b 的值互换,如图 2-5 所示。

3. N-S 流程图

传统流程图是用基本图形来表示各种操作,它们之间用流程线来进行连接。可以这样认为:一个算法总是从开始到结束这个过程,即自顶向下执行,既然用基本结构的顺序组合可以表示任何复杂的算法结构,那么,基本结构之间的流程线就显得不很主要,甚至可以省略了。

N-S 流程图也被称为盒图或 CHAPIN 图,是于 1973 年美国学者 I. Nassi 和 B. Shneiderman 提出的一种新的流程图形式(N 和 S 分别是两位美国学者的英文姓名的第一个字母)。在这种流程图中,完全去掉了带箭头的流程线。全部算法都写在一个矩形框内,在该框内还可以包含其他的从属于它的框,或者说,由一些基本的框组成一个大的框。这种流程图适用于结构化程序设计,所以又称为 N-S 结构化流程。

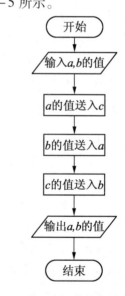

图 2-5　将 a 和 b 的值互换流程图

(1)N-S 流程图的 4 种流程图符号。

①顺序结构,如图 2-6 所示,它表示执行完任务 A 后,再执行任务 B,按书写顺序依次执行;

②选择结构,如图 2-7 所示;

③当型循环结构,如图 2-8 所示;

④直到型循环结构,如图 2-9 所示。

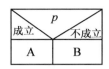

图 2-6　顺序结构　　　图 2-7　选择结构　　　图 2-8　当型循环结构　　　图 2-9　直到型循环
　　　结构

（2）N-S 流程图的优点。

①它强制设计人员按 SP 方法进行思考并描述他的设计方案,因为除了表示几种标准结构的符号之外,它不再提供其他描述手段,这就有效地保证了设计的质量,从而也保证了程序的质量;

②N-S 图形象直观,具有良好的可见度,例如循环的范围、条件语句的范围都是一目了然的,所以容易理解设计意图,为编程、复查、选择测试用例、维护都带来了方便;

③N-S 图简单、易学易用,可用于软件教育和其他方面;

④功能域(即某一个特定控制结构的作用域)有明确的规定,并且可以很直观地从 N-S 图上看出来;

⑤它的控制转移不能任意规定,必须遵守结构化程序设计的要求;

⑥很容易确定局部数据和全局数据的作用域;

⑦很容易表现嵌套关系,也可以表示模块的层次结构。

4. 伪代码

用传统的流程图和 N-S 流程图表示算法,直观易懂,但画起来比较费事,在设计一个算法时,可能要反复修改,而修改起来也比较麻烦。因此,流程图适合表示一个算法,但在设计算法过程中使用不是很方便,特别是当算法比较复杂,需要反复修改时,就显得更加麻烦了。为了解决这一问题,常用一种称为伪代码的工具。

伪代码是用介于自然语言和计算机语言之间的文字和符号来描述算法。它如同一篇文章,自上而下写下来,每一行或几行表示一个基本操作。它不用图形符号,像一个英文句子一样,也可以使用汉字,更可以中、英文混合,因此书写方便,格式紧凑,而且也比较容易看懂,便于向计算机语言过渡,对于初学者来说,程序容易书写。

案例:判断一个四位数的年份是否是闰年?

算法描述(伪代码):

```
输入年份 y;
if y 能被 4 整除 then
    if y 不能被 100 整除 then
        输出"是闰年";
    else
        if y 能被 400 整除 then
            输出"是闰年";
        else
            输出"不是闰年";
    endif
endif
```

使用伪代码描述算法没有严格的语法限制,书写格式也比较自由,只要把意思表达清楚就可以了,它更侧重于对算法本身的描述。

在伪代码描述中,表示关键词的语句一般用英文单词,其他语句可以用英文语句,也可以使用汉语描述。

用伪代码描述的算法简洁,移动、修改起来也比较容易,并且很容易转化为程序语言代码。缺点是不够直观。

5. PAD 图

PAD(Problem Analysis Diagram)即问题分析图,它也是一种算法描述的图形工具,没有流程线,并且有规则地安排了二维关系:从上到下表示执行顺序,从左到右表示层次关系。图 2 - 10 ~ 2 - 12 分别为 PAD 图描述算法的 3 种基本控制结构。

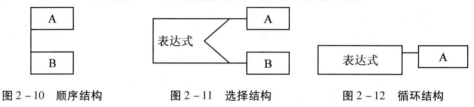

图 2 - 10　顺序结构　　　　　图 2 - 11　选择结构　　　　　图 2 - 12　循环结构

6. 机器语言表示算法

要使计算机能完成人们预定的工作,首先必须为如何完成预定的工作设计一个算法,然后再根据算法编写程序即实现算法。至今为止,我们只是描述算法,即用不同的形式表示操作的步骤,而要得到运算结果,必须实现算法。算法的实现可以用人工心算,可以用笔算,也可以借助其他工具,但编辑程序是让计算机来帮助我们得出算法结果,而我们需要做的任务是告诉计算机怎么做,也就是要用计算机实现算法。计算机是无法识别流程图和伪代码的,只有用计算机语言编写的程序才能被计算机执行,程序才能被计算机识别。因此,在用流程图或伪代码描述一个算法后,还需要将它转换成计算机语言程序。

用计算机语言表示算法必须严格遵循所用语言的语法规则,而且不同的语言都有其自己独有的语法规则,只有遵循了这些语法规则,编写的程序才能被计算机识别,计算机才能按编程者的意图完成任务。将前面的判断某一年是否为闰年用 C 语言的语法规则来表示如下。

例 2 - 7　输入年,判断是否是闰年。

```c
#include <stdio.h>
main()
{
  int x ;
  printf("请输入年:");
  scanf("% d",&x);
  if (x<0)
    printf("输入错误,请重新输入");
  else
    if (x% 4 = =0 && x% 100! =0)
      printf("% d是闰年",x);
    else
      printf("% d不是闰年",x);
    if (x% 400 = =0)
```

```
    printf("% d是闰年",x);
  else
    printf("% d不是闰年",x);
}
```

在这里不再具体说明各符号的含义以及具体细节,在后续各章的学习过程中,将会介绍。应当强调的是,虽然我们根据 C 语言的语法规则写出了程序,仍然是描述了算法,并未真正实现算法,要想真正实现算法,还需要在计算机上运行程序。可以这样说,用计算机语言表示的算法是计算机能够执行的算法,所以这也是一种表示算法的方法。

2.4.3　结构化程序设计

结构化程序设计(structured programming)是进行以模块功能和处理过程设计为主的详细设计的基本原则。结构化程序设计是过程式程序设计的一个子集,它对写入的程序使用逻辑结构,使得理解和修改更有效更容易。

结构化程序设计曾被称为软件发展中的第三个里程碑。该方法的要点是:

(1)主张使用顺序、选择、循环三种基本结构来嵌套连接成具有复杂层次的结构化程序,严格控制 GOTO 语句的使用。用这样的方法编出的程序在结构上具有以下效果:

①以控制结构为单位,只有一个入口,一个出口,所以能独立地理解这一部分;

②能够以控制结构为单位,从上到下顺序地阅读程序文本;

③由于程序的静态描述与执行时的控制流程容易对应,因此能够正确地理解程序的动作。

(2)"自顶而下,逐步求精"的设计思想。其是从问题的总体目标开始,抽象低层的细节,先专心构造高层的结构,然后再一层一层地分解和细化。这使设计者能把握主题,避免一开始就陷入复杂的细节中,使复杂的设计过程变得简单明了,过程的结果也容易做到正确可靠。

(3)"独立功能,单出、入口"的模块结构,减少模块的相互联系使模块可作为插件或积木使用,降低程序的复杂性,提高可靠性。程序编写时,所有模块的功能通过相应的子程序(函数或过程)的代码来实现。程序的主体是子程序层次库,它与功能模块的抽象层次相对应,编码原则使得程序流程简洁、清晰,增强可读性。

(4)主程序员组。包括全面负责系统定义、设计、编码、调试安装的主程序员;协助主程序员,必要时替代主程序员(平时侧重于测试方案、分析测试结果)的辅助程序员;以及负责事物性工作的程序管理员。

其中(1)、(2)是解决程序结构规范化问题;(3)是解决将大化小,将难化简的求解方法问题;(4)是解决软件开发的人员组织结构问题。在后面的章节中将详细介绍顺序、选择、循环三种基本结构的结构化程序设计。

2.5　基本能力上机实验

2.5.1　实验目的和要求

（1）掌握 C 语言的基本数据类型,熟悉如何定义一个整型、字符型和实型的变量,以及对它们赋值的方法。

（2）掌握不同类型的数据之间赋值的规律。

（3）学会使用 C 语言的有关算术运算符,以及包含这些运算符的表达式,特别是自加（++）和自减（− −）运算符的使用。

（4）进一步熟悉 C 语言程序的编辑、编译、连接和运行的过程。

2.5.2　知识要点

1. 数据类型

（1）基本类型:整型、实型（又称浮点型）和字符型。

（2）构造类型:数组、结构体、共用体和枚举型。

（3）指针类型。

（4）空类型。

2. 常量与变量

在程序运行过程中,其值不能被改变的量称为常量。C 语言使用的常量有以下几种。

（1）整型常量。整型常量的 3 种表示形式:十进制、八进制、十六进制整常数。

（2）实型常量。实型常量表示形式:十进制实数,指数形式实数。

（3）字符常量。用一对单引号括起来的单个字符称为字符常量。C 语言允许使用转义字符。

（4）符号常量。

在程序运行过程中,其值可以被改变的量称为变量。变量的 4 个要素为变量名、变量值、变量的类型和变量的存储类别。

3. 运算符

算术运算符有 5 种: +（加法）、−（减法/取负）、*（乘法）、/（除法）、%（求余数）。

赋值运算赋:" = "。它的作用是将一个表达式的值赋给一个变量。

复合赋值运算符: + = 、− = 、* = 、/ = 、% = 、& = 、^= 、| = 、< < = 、> > = 。

自增自减运算符: ++（自增）自增运算使单个变量的值增1 ; − −（自减）自减运算使单个变量的值减1。

逗号运算符:" , "。它的作用是将多个表达式连接起来,自左至右,依次计算各表达式的值,最后一个表达式的值即为整个逗号表达式的值。

关系运算符: <（小于）、< =（小于或等于）、>（大于）、> =（大于或等于）、= =（等于）、! =（不等于）。

逻辑运算符:&&（逻辑与）、||（逻辑或）、!（逻辑非）。

条件运算符:?:(3 目运算符)。其条件表达式一般格式为:表达式 1? 表达式 2:表
达式 3。

4.逻辑量的真假判定

C 语言中判断一个数据的"真"或"假"时,以 0 和非 0 为根据。如果数据为 0,则判定
为"逻辑假";如果数据为非 0,则判定为"逻辑真"。

2.5.3　实验内容和步骤

1.输入并运行一个简单正确的程序,观察不同类型的数据的定义、赋值和输出的
结果。

(1)输入并运行下面的程序,观察运行结果。

```
#include < stdio.h >
void main()
{
    char c1,c2;
    c1 = 'a';
    c2 = 'b';
    printf("% c% c\n",c1,c2);
}
```

(2)在上面程序的 printf 语句的下面再增加一个 printf 语句(printf("% d% d\n",c1,
c2);),再运行,并分析结果。

(3)将第 3 行改为

```
int c1,c2;
```

再使之运行,并观察结果。

(4)再将第 4、5 行改为

```
c1 = a;                              /* 不用单撇号 * /
c2 = b;
```

再使之运行,分析其运行结果。

(5)再将第 4、5 行改为

```
c1 = "a";                            /* 用双撇号 * /
c2 = "b";
```

再将第 6 行删除,再使之运行,分析其运行结果。

(6)再将第 4、5 行改为

```
c1 =300;                             /* 用大于 255 的整数 * /
c2 =400;
```

再将第 6 行删除,再使之运行,分析其运行结果。

2.输入并运行以下程序,分析运行结果。

```
#include < stdio.h >
main()
{
    int a =100;
    long int b =100;
    unsigned int c =100;
```

```
    unsigned long d = -100;
    float x = 200.0;
    double y = 200.0;
    printf("a = % 3d,b = % 3ld,x = % 6.3f,y = % lf\n",a,b,x,y);
    printf("a = % 3ld,b = % 3d,x = % 6.3lf,y = % f\n",a,b,x,y);
    printf("x = % 6.3f,x = % 6.3e,x = % g\n",x,x,x);
    printf("% u,% u\n",c,d);
}
```

根据以上输出结果,分析各种数据类型在内存的存储方式。

3. 输入并运行下列程序。

```
#include < stdio.h >
void main()
{
    char c1 = 'a',c2 = 'b',c3 = 'c',c4 = '\101',c5 = '\116';
    printf("a% c b% c\tc% c\tabc\n",c1,c2,c3);
    printf("\t\b% c% c\n",c4,c5);
}
```

在上机前先人工分析程序,写出应得结果,上机后将二者对照。

4. 输入并运行下面的程序。

```
#include < stdio.h >
void main()
{
    int a,b;
    unsigned c,d;
    long e,f;
    a = 100;
    b = -100;
    e = 50000;
    f = 32767;
    c = a;
    d = b;
    printf("% d,% d\n",a,b);
    printf("% u,% u\n",a,b);
    printf("% u,% u\n",c,d);
    c = a = e;
    d = b = f;
    printf("% d,% d\n",a,b);
    printf("% u,% u\n",c,d);
}
```

请对照程序和运行结果分析:

(1)将一个负整数赋给一个无符号的变量,会得到什么结果。

(2)将一个大于32767的长整数赋给整型变量(假定所用的 C 系统分配给整型变量2个字节),会得到什么结果。

(3)将一个长整数赋给无符号变量,会得到什么结果(分别考虑该长整数的值大于或等于 65535 和小于 65535 的情况)。

(4)根据上面的分析改变 a、b、e、f 的值,分析运行结果。

5.输入以下程序。

```c
#include<stdio.h>
main()
{
    int i,j,a,b;
    i=1;
    j=2;
    a=++i;
    b=j++;
    printf("%d,%d,%d,%d",i,j,a,b);
}
```

(1)运行程序,i、j、a、b 各变量的值是多少?

(2)将"a=++i;b=j++;"语句改为"a=i++;b=++j",再运行程序,i、j、a、b 各变量的值是多少?

(3)将程序改为

```c
main()
{
    int i,j;
    i=1;
    j=2;
    printf("%d,%d",i++,j++);
}
```

运行程序,i、j 的值是多少?

(4)在(3)的基础上,将 printf 语句改为"printf("%d,%d",++i,++j);",运行程序,i、j 的值是多少?

(5)在(3)的基础上,将 printf 语句改为"printf("%d,%d,%d,%d",i,j,i++,j++);",运行程序,分析结果。

(6)将程序改为

```c
main()
{
    int i,j,a=0,b=0;
    i=1;
    j=2;
    a+=i++;
    b-=--j,
    printf("i=%d,j=%d,a=%d,b=%d",i,j,a,b);
}
```

运行程序,分析结果。

2.5.4　参考答案

1.（1）运行结果为

ab

（2）运行结果为

ab

9798

（3）运行结果为

ab

9798

（4）运行结果为

不能运行，发生编译错误。系统提示错误：Undefined symbol 'a', 'b' in function main.

（5）运行结果为

404406

（6）运行结果为

300400

2. 运行结果为

a = 100, b = 100, x = 200 .000, y = 200 .000000

a = 6553700, b = 0, x = 200 .000, y = 200 .000000

x = 200 .000, x = 2 .00e + 02, x = 200

100, 65436

3. 运行结果为

aabb　cc　abc

　　　AN

4. 运行结果为

100, − 100

100, 65436

100, 65436

− 15536, 32767

50000, 32767

5.（1）运行结果为

2, 3, 2, 2

（2）运行结果为

2, 3, 1, 3

（3）运行结果为

1, 2

而运行程序后，i、j 的值是 2, 3。

（4）运行结果为

2、3

运行程序后，i、j 的值是 2, 3。

（5）运行结果为

2,3,1,2

（6）运行结果为

i = 2, j = 1, a = 1, b = -1

2.6　拓展能力上机实验

1. 熟悉编辑、调试与运行 C 程序的步骤。

（1）启动集成环境, 输入编辑以下程序。

```
#include < stdio.h >
main( )
{
    int a,b,sum;
    printf("请输入两个数:");
    scanf("% d% d",&a,&b);
    sum = a + b;
    printf("两数之和是:",sum);
}
```

（2）编译。

（3）改正程序中的语法错误。

（4）连接、运行该程序。

（5）观察输出结果。

2. 输入编辑并运行以下程序。

```
main( )
{
    int i,j,m,n;
    i = 8; j = 18;
    m = ++i;n = j ++ ;
    printf("% d,% d,% d,% d\n",i,j,m,n);
}
```

请做以下改动, 并运行修改后的程序, 分别写出 5 次运行结果。

（1）将程序第 5 行改为

m = i ++ ;n = ++ j;

（2）将程序改为

```
main( )
{
    int i,j;
    i = 8,j = 10;
    printf("% d,% d\n",i ++ ,j ++ );
}
```

(3)在(2)的基础上,将 printf 语句改为

```
printf("%d,%d\n", ++i, ++j);
```

(4)将 printf 语句改为

```
printf("%d,%d,%d,%d \n",i,j, ++i, ++j);
```

(5)将程序改为

```
main( )
{
    int i,j,m=0, n=0;
    i=8, j=10;
    m+=i++;n-=--j;
    printf("i=%d,j=%d,m=%d,n=%d\n",i,j,m,n);
}
```

3.阅读程序,完成如下工作。

(1)上机编辑、调试程序。

(2)运行以下程序,给出程序运行结果。

```
main( )
{
    char ch='a';
    int a=98;
    unsigned b=1000;
    long c=123456789;
    float x=3.14;
    double y=1.2345678;
    printf("(1)a=%d,a=%c,ch=%d, ch=%c\n",a,a, ch, ch);
    printf("(2)b=%u\n",b);
    printf("(3)c=%ld\n",c);
    printf("(4)x=%f,y=%f\n",x,y);
    printf("(5)x=%e,y=%e\n",x,y);
    printf("(6)y=%-10.2f\n", y);
}
```

4.阅读程序,完成如下工作。

(1)上机编辑、调试程序。

(2)运行以下程序,给出程序运行结果。

```
#include<stdio.h>
main( )
{
    char a,b,c,d;
    a='A'; b='B'; c='C'; d='D';
    printf("%c \n",a);
    printf(" %2c \n", b);
    printf("%  3c \n",c);
    printf("%4c\n",d);
}
```

5. 阅读程序,完成如下工作。

(1)上机编辑、调试程序。

(2)运行以下程序,给出程序运行结果。

```c
#include<stdio.h>
main( )
{
    char c1,c2;
    scanf("%c%c",&c1,&c2);
    printf("c1=%c,c2=%c,c3=%d, c4=%d",c1++,--c2,c1,c2);
}
```

6. 阅读程序,完成如下工作。

(1)上机编辑、调试程序。

(2)运行以下程序,给出程序运行结果。

```c
#include<stdio.h>
main( )
{
    char c1,c2;
    scanf("%c,%c", &c1,&c2);
    ++c1;
    --c2;
    printf("c1=%c,c2=%c\n",c1,c2);
}
```

2.7　习　　题

1. 选择题

(1)下列 4 组运算符中,优先级从高到低的一组是　　　　　　　　　　　　　(　)

A. &&　　　　 -=　　　 ?:　　 !

B. >=　　　　(int)　　　 =　　　 ,

C. %　　　　 ||　　　 ++　　 *

D. ( )　　　 +　　 !=　　 +=

(2)在 C 语言中,下列不能用来表示逻辑值"真"的是　　　　　　　　　　　　(　)

A. -1　　　　　　　B. 0　　　　　　　C. 'F'　　　　　　　D. 1.2

(3)下面的 C 语言运行后输出结果是　　　　　　　　　　　　　　　　　　　(　)

```c
#include<stdio.h>
main()
{
    int a,b,c;
    a=(b=5,c=4);
    c=(a--==--b)? --b:c;
    c=-a;
```

```
printf("% d,% d,% d",a,b,c = a + b + c);
}
```

　A.4,5,9　　　　　　　　B.5,4,c 无法输出　　C.4,3,7　　　　　　　D.4,2,5

(4)下面程序的输出结果是　　　　　　　　　　　　　　　　　　　　　　（　　）

```
#include < stdio.h >
main()
{
  int i = 0;
  if(i > = 0)printf("###") else  printf("* * * *");
}
```

　A.###　　　　　　　　B.* * * *　　　　　　C.#### * * *　　　　　D.编译时出错

(5)设 a、b、c 都是 int 型变量,且 a = 3、b = 4、c = 5,则下面表达式中值为 0 的表达式
为　　　　　　　　　　　　　　　　　　　　　　　　　　　　　　　　（　　）

　A.'a'&&'b'　　　　　　　　　　　　B.a < = b

　C.a||b + c&&b − c　　　　　　　　D.! ((a < b)&&! c||1)

(6)C 语言中的标识符只能由字母、数字和下划线 3 种字符组成,且第一个字符

　　　　　　　　　　　　　　　　　　　　　　　　　　　　　　　　　（　　）

　A.必须为字母

　B.必须为下画线

　C.必须为字母或下画线

　D.可以是字母、数字和下划线中任一种字符

(7)若 x、i、j 和 k 都是 int 型变量,则执行下面表达式后 x 的值为　　　　（　　）

$$x = (i = 4,j = 16,k = 32)$$

　A.4　　　　　　　　B.16　　　　　　　　C.32　　　　　　　　D.52

(8)在 C 语言中,假设 int 类型占 2 个字节,则 long、unsigned int、double、char 类型数据
所占字节数分别为　　　　　　　　　　　　　　　　　　　　　　　　　（　　）

　A.1,2,8,1　　　　　　B.2,8,4,1　　　　　　C.4,2,8,1　　　　　　D.2,2,8,1

(9)以下叙述不正确的是　　　　　　　　　　　　　　　　　　　　　　（　　）

　A.在 C 语言中所用的变量必须先定义后使用

　B.在程序中,DELTA 和 delta 是两个不同的变量

　C.若 a 和 b 类型相同,在执行了赋值语句 a = b;后 b 中的值将放入 a 中,b 中的值
不变

　D.当输入数值数据时,对于整型变量智能输入整型值;对于实型变量只能是输入实
型值

(10)以下叙述正确的是　　　　　　　　　　　　　　　　　　　　　　（　　）

　A.在 C 程序中,语句之间必须用";"分隔

　B.若 k 是整型变量,C 程序中允许以下赋值 k = 12.3;由此可知,整型变量中是允许
存放实数的

　C.在 C 程序中,无论是整数还是实数,都能准确无误地表示

　D.在 C 程序中,当进行求余运算(%)时,必须先将参与运算的数转变为整型数

2. 填空题

(1)C 语言源程序的最小单位是_____。

(2)字符串"\\\"abc\"\\"的长度是_____。

(3)下面程序的输出结果是_____。

```
#include < stdio.h >
main( )
{
    int a;
    unsigned   b = a = 32769;
    printf("% d,% u\n",a,b);
}
```

(4)在程序执行过程中,其值不发生改变的量称为_____,其值可变的量称为_____。

(5)在 C 语言中,用_____表示语句的结束。

3. 写结果

(1)
```
#include < stdio.h >
main( )
{
    float a = 98765.3456;
    printf("% -5.3f\n",a);
}
```

(2)已知 A 的 ASCII 值为 65。
```
#include < stdio.h >
main( )
{
    char a = 'F';
    printf("% x,% o,% d,% % c\n",a,a,a,a);
}
```

(3)欲将 1、2、3、4 分别赋值给 a,b,c,d,将如何输入。
```
#include < stdio.h >
main( )
{
    int a,b,c,d;
    scanf("% d,% d,% d% d",&a,&b,&c,&d);
}
```

(4)
```
#include < stdio.h >
main( )
{
    int a, b, c, d;
    unsigned u;
    a = 12; b = -24; u = 10;
    c = a + u; d = b + u;
    printf("a + u = % d,b + u = % d\n", c, d);
}
```

```
}
 (5)#include <stdio.h>
main()
{
    int x,y =7;
    float z =4;
    x = (y =y +6,y /z);
    printf("x = % d\n",x);
}
```

第3章 顺序结构

C 语言中有各种各样的语句,从结构化程序设计的角度,主要可归纳为 3 种结构形式:顺序语句结构(简称顺序结构)、选择语句结构(简称选择结构或分支结构)和循环语句结构(简称循环结构)。顺序结构是结构化程序设计中最简单、最常见的一种程序控制结构,是结构化程序设计中的主要成分之一,其执行过程是从上到下按语句或程序块的顺序逐个执行。

3.1　C 语句概述

要学会 C 语言程序设计,就必须熟悉 C 语言中的语句结构。语句结构的选择对提高程序质量至关重要。我们知道组成 C 程序的主要成分是函数,而函数主要由语句组成。C 程序的执行部分是由语句组成的。程序的功能也是由执行语句实现的。

C 语句可分为以下五类:声明语句、表达式语句、控制语句、复合语句和空语句。

3.1.1　声明语句

声明语句是用来声明合法的标识符,以便能在程序中使用它们。每条语句必须以分号作为结束标志。声明语句必须放在其他语句的前面。

声明从它的名字开始读取,然后按照优先级顺序依次读取,优先级从高到低依次是:

(1)声明中被括号括起来的部分;

(2)后缀操作符:括号()表示这是一个函数,方括号[]表示这是一个数组;

(3)前缀操作符:星号 * 表示"指向……的指针"。

例如:

```
float x;                        //声明单精度型(float)变量 x
int y;                          //声明整型(int)变量 y
char * ( * c[10])(int * * p);   //c 是一个指针数组[0..9],它的元素类型是函
                                  数指针,其指向的函数的返回值是一个指向
                                  char 的指针(关于数组、函数和指针的内容将
                                  在后面的章节介绍)
```

3.1.2　执行语句

1.表达式语句

表达式语句由表达式加上分号";"组成。执行表达式语句就是计算表达式的值。其一般形式为

表达式；

表达式语句可以分为运算符表达式语句和函数调用表达式语句。

(1)运算符表达式语句。运算符表达式语句由运算符表达式加上一个分号组成，执行运算符表达式语句就是计算表达式的值。

例如：

```
x = y + z;                         //赋值语句,将 y + z 的和赋值给变量 x
y + z;                             //加法运算语句,但计算结果不能保留,无实际意义
i ++;                              //自增 1 语句,i 值增 1
```

(2)函数调用表达式语句。函数调用表达式语句由函数名、实际参数加上分号组成，执行函数语句就是调用函数体并把实际参数赋予函数定义中的形式参数，然后执行被调函数体中的语句，求取函数值(在后面函数中再详细介绍)。其一般形式为

函数名(实际参数表)；

例如：

```
printf("C Program");              //调用库函数,输出字符串
```

2. 控制语句

控制语句即用来实现对程序流程的选择、循环、转向和返回等进行控制，它们由特定的语句定义符组成。

C 语言中有 9 种控制语句，可分成以下 3 类。

(1)条件判断语句。

if 语句：条件语句；

switch 语句：多项选择。

(2)循环执行语句。

do – while 语句：先执行循环体，然后判断循环条件是否成立，之后继续循环；

while 语句：循环语句；

for 语句：循环，可替代 while 语句，只是用法不同。

(3)流程转向语句。

break 语句：语句跳出本层循环(只跳出包含此语句的循环)；

goto 语句：无条件转向；

continue 语句：继续(一般放到循环语句里，不再执行它下面的语句)；

return 语句：返回。

3. 复合语句

复合语句(compound statement)简称为语句块，它使用大括号把许多语句和声明组合到一起，形成单条语句。一般格式为

｛[声明和语句的列表]｝

语句块与简单的语句不同，语句块不用分号当作结尾。当出现语法上某处需要一条语句，但程序却需要执行多条语句时，就可以用到语句块。例如，可以在 if 语句中使用语句块，或者当循环体需要执行多条语句时，也可以使用语句块。

例如：

```
printf("C Program");              //调用库函数,输出字符串
{ double result = 0.0, x = 0.0;   //声明
  static long status = 0;
```

```
extern int limit;
 ++x;                                    //语句
 if ( status = = 0 )
 {                                       //第一个语句块
   int i = 0;
   while ( status = = 0 && i < limit )
   { /* ... */}                          //第二个语句块
 }
 else
 { /* ... */}                            //第三个语句块
}
```

说明：

（1）如果语句块内需要有声明，通常会把声明放在语句块的头部，其他语句之前。

（2）在语句块内声明的名称将具有语句块作用域。换句话说，这些名称只有自声明点开始，一直到语句块结尾之前有效。在这个作用域内，这种声明会把在语句块以外声明的同名称对象隐藏起来。

（3）动态变量的存储周期也被限制在语句块中它们生成的地方。如果一个变量没有被声明为 static 或 extern，那么该变量的存储空间会在语句块结束之后自动被释放。

（4）复合语句中的最后一个语句中最后的分号不能忽略不写。

（5）C 语言允许一行写几个语句，也允许一个语句拆开写在几行上，书写格式无固定要求。

4. 空语句

只有分号";"组成的语句称为空语句。空语句是什么也不执行的语句。在程序中空语句可用来做空循环体。

例如：

```
while(getchar()! ='\n');
```

本结构的功能是，只要从键盘输入的字符不是回车就重新输入，这里的循环体为空语句。

下面也是一个空语句：

```
;
```

即只有一个分号的语句，它表示什么也不做，有时用来做被转向点，或循环语句中的循环体。

3.2　数据的输出

从前面的程序可以看到，几乎每一个 C 程序都包含输入/输出操作，因为要进行运算，就需要输入数据，而运算结果必然要输出，以便人们使用。没有输出的程序是没有意义的，输入/输出是程序中最基本的操作之一。C 语言本身不提供输入/输出语句，在 C 语言的编译系统中提供用来实现输入和输出操作的 C 语言标准函数库。它们不是 C 语言文本中的组成部分。不把输入/输出作为 C 语句的目的是使 C 语言编译系统更加简单精练,避免在编译阶段处理和硬件相关的操作,简化编译系统、提高程序的通用性和可移植性,使其在各种型号的计算机和编译环境下都可使用。

不同的编译系统提供的函数库中,函数的数量、名字和功能不尽相同。但是各种编译系统都提供通用函数,称为编译系统的标准函数。在这些标准函数中,有以标准的输入/输出设备为输入/输出对象的(如 putchar、getchar、printf、scanf、puts、gets 等),它们被包含在 stdio. h 文件中。系统在调用库函数时需要在程序文件的开头用预处理命令#include 把有关文件放在本程序中,称之为头文件。stdio. h 头文件包含标准输入/输出库有关的变量定义、宏定义以及函数的声明。

添加头文件的一般格式:

```
#include <stdio.h>
```

或

```
#include "stdio.h"
```

程序在进行编译预处理#include 时,系统自动将头文件 stdio. h 的内容调出来放在程序前面取代本行的#include 指令。以上两种写法的区别在于:使用尖括号形式的为标准形式,系统在存放 C 编译系统的子目录中寻找所要包含的头文件;使用双引号形式时,编译系统先在用户当前目录中(一般是用户存放源程序文件的目录中)寻找头文件,如果找不到再按标准方式查找。

3.2.1　字符输出函数 putchar

输出就是从计算机向输出设备(如显示器、打印机等)输出数据。

C 函数库提供了专门用于输出字符的函数 putchar,用于向显示器输出一个字符。其一般格式为

```
putchar(c);
```

参数:c 可以是字符常量、变量或表达式。

含义:向终端(如显示器)输出一个字符,也就是把字符 c 输入到标准输入设备上。

返回值:正常时返回字符的 ASCII 码值,出错则返回 −1。

例如:输出"BOY"三个字符。

```
#include <stdio.h>
main()
{
    char a ='B',b ='O',c ='Y';
    putchar(a);
    putchar(b);
    putchar(c);
    putchar('\n');
}
```

运行结果:

BOY

注意:

(1)如果将参数定义为整型,则认为是字符的 ASCII 码值,如 putchar(66);则输出字符'B',因为 66 是字符'B'的 ASCII 值。putchar(c)中的 c 可以是字符常量、整型常量、字

符变量或整型变量。

（2）可以用 putchar 函数输出转义字符，如 putchar（'\n'）；表示换行。

3.2.2　数据的格式化输出函数 printf

在 C 程序中用来实现输入输出的，主要是 printf 函数和 scanf 函数。用到这两个函数时，编程人员必须设定输入/输出格式，即根据数据的不同类型制定不同的格式。

printf（ ）函数称为格式输出函数，用来向终端输出若干个任意类型的数据。其一般格式为

```
printf("格式控制字符串",输出项列表);
```

参数：

（1）"格式控制字符串"必须使用英文双引号括起来。它的作用是控制输出项的格式和输出一些提示信息。它包括以下三个信息：

①格式声明。格式声明由"%"和格式字符组成。例如%d（表示有符号的十进制整数）、%f（表示单精度浮点型）、%c（表示字符型）等。作用是将输出的数据按照指定的格式输出。格式声明总是由"%"符号开始，紧跟其后的是格式描述符。当存在多个格式控制字符时用逗号隔开。

②普通字符。普通字符即需要在输出时原样输出的字符。

例如：

```
#include < stdio.h >
main()
{
    int i = 1000;
    float a = 3.1415;
    printf ("i = % d,a = % f,a * 10 = % e\n",i,a,a * 10);
}
```

运行结果：

i = 10,a = 3.141500,a * 10 = 3.141500e10 + 01

上例中的"i = ""，""a = ""a * 10 = "原样输出。

③转义字符。在输出时可以使用转义字符来控制格式。例如上例中的"\n"表示换行。

（2）"输出项列表"就是程序需要输出的数据项，可以是常量、变量或表达式。输出项列表的顺序与格式声明的顺序一一对应，各数据项之间用逗号分隔开。例如上例中的"i 对应%d，a 对应%f，a * 10 对应%e"。

由于 printf 是函数，因此格式控制字符串和输出项列表都是函数的参数。printf 函数一般可以表示为

```
printf(参数1,参数2,…,参数n);
```

参数 1 是格式控制字符串，参数 2 ~ n 是输出项列表，参数 1 是必须有的，参数 2 ~ n 是可选的，执行函数时将参数 2 ~ n 按参数 1 指定的格式进行输出。

含义：按指定格式向输出设备（一般为显示器）输出数据。

返回值：正常时返回实际输出的字符数，出错则返回 - 1。语句中"输出项列表"列出要输出的表达式（如常量、变量、运算符、表达式、函数返回值等），即要输出的数据，它可

以是零个或者多个,每个输出项之间用逗号分隔。输出的数据可以是整型数据、实型数据、字符型和字符串。

注意:printf( )函数中括号内包括两部分内容。

下面对格式字符和修饰字符进行详细的说明。

1. 格式字符

对不同类型的数据要明确不同的格式声明,而格式声明中最重要的就是格式字符,格式字符是控制输出格式时唯一不可省略的项,一般用小写字母表示。格式字符与输出项个数应相同,类型按先后顺序一一对应。当格式字符与输出项类型不一致,自动按指定格式输出。

常见的格式化字符及其含义见表 3 - 1。

表 3 - 1　格式化字符及其含义

格式化字符	含义
% d	输出一个带符号的十进制整数
% c	输出一个字符
% s	输出一个字符串
% f	输出浮点数(单精度、双精度、长双精度),整数部分全部输出,小数部分输出 6 位
% e、% E	指数形式输出实数(如果不指定输出数据所占宽度和数字小数位数,C 编译系统会自动给出数字部分的小数位为 6 位,指数部分占 5 位)
% g、% G	以 % e 和 % f 长度较短者输出浮点数
% u	输出无符号的十进制整数
% o	输出无符号的八进制整数
% x	输出无符号的十六进制整数(超过 9 的数字用小写表示)
% X	输出无符号的十六进制整数(超过 9 的数字用大写表示)
% p	输出指针的数值,按系统位数决定输出数值的长度
% %	输出 %

例 3 - 1　格式字符的使用。

```
#include<stdio.h>
main()
{
    int a=138;
    char b='4';
    float c=123.456;
    printf("a=% d,b=% c,c=% f\n",a,b,c);//分别以十进制整数、字符、浮点数的形式
                                            输出 a、b、c 的值
    printf("a 的八进制数=% o\n",a);        //以无符号八进制整数形式输出 a 的值
    printf("a 的十六进制数=% x\n",a);       //以无符号十六进制整数(超过 9 的字母
                                            小写)输出 a 的值
    printf("a 的十六进制数=% X\n",a);       //以无符号十六进制整数(超过 9 的字母
```

```
        printf("c的e格式 = % e\n",c);          //以指数形式输出c的值,如果指数的值为
                                                    -4~5,以小数显示;如果指数小于-4
                                                    或大于5,以科学计数法的形式显示

        printf("c的g格式 = % g\n",c);          //选择% f和% e中较短格式输出,默认显
                                                    示6位有效数字

        printf("b = % d\n",b);                 //以整型方式输出b的值
}
```

运行结果:

a = 3,b = 4,c = 4,d = 123.456001

a的八进制数 = 212

a的十六进制数 = 8a

a的十六进制数 = 8A

c的e格式 = 1.234560e + 006

c的g格式 = 123.456

b = 52

例 3 - 2　格式字符的使用。

```
#include < stdio.h >
main()
{
    short int a = 65535;                    //声明一个短整形变量a
    printf("a = % d\n",a);                  //以无符号十进制整数形式输出a的值
}
```

运行结果:

a = -1

说明:本运行结果是在 V C ++ 6.0 编译环境下测试出的,变量 a 被定义为 unsigned int 类型,它在内存中占 2 个字节,以补码形式存放,存储形式如图 3 - 1 所示。

　　　　1　1　1　1　1　1　1　1　　1　1　1　1　1　1　1　1

图 3 - 1　短整型数据在内存中的存储形式

语句“printf("a = % d\n",a);”中的 a 是按“% d”的格式输出的,如果格式字符与输出项类型不一致,自动按指定格式输出,而“% d”是以带符号的十进制整数形式输出,最高位为符号位,把 short int 类型最高的数值认为是符号位,因此输出 a 的值为 -1。如果使用“printf("a = % d\n",a);”,输出结果为 a = 65535,请读者分析一下原因。

2. 修饰字符

修饰字符可以指定输出域的宽度、精度,指定输出对齐方式,指定空位填充字符,输出长度修正等。

在 % 与格式字符之间插入一个整数来指定输出宽度。注意,不能用变量。如果指定的输出宽度不够,并不影响数据的完整输出,系统会代之以隐含的输出宽度;如果指定的输出宽度多于数据实际所需宽度,数据右对齐,左边用空格补足位数。

这些修饰字符可以联合使用,其一般形式为

% [flag][[m][.n]|h|l|type

（1）[ ]表示该项为可选项。

（2）flag 为可选择的标志字符,常用的标志字符有 3 种:

－:靠左对齐输出,默认为右对齐输出;

＋:靠右对齐输出,同时显示数值正负号,不足位数用空格补齐;

空格:正数输出空格代替加号"＋",负数输出空格代替减号"－"。

（3）m 为数据宽度。通常采用十进制正整数表示,用来设置输出值的最少字符个数,不足以空格补齐。超过域宽则按原样输出,默认按实际输出。

（4）n 为数据精度指示符。用小数点加上十进制正整数表示。对整数输出,表示至少要输出的数字个数,不足以数字 0 补齐,超出则按原样输出;对实数输出,表示小数点后最多输出的数字个数,不足以数字 0 补齐,超出部分按四舍五入计算;对字符串输出,表示最多输出的字符个数,不足以空格补齐,超出部分舍弃。

（5）h｜l 为输出长度修饰符,其功能如下。

l:输出长整型数据或双精度型数据的值。

h:输出短整型数据的值。

（6）type 为修饰字符,见表 3－2。

表 3－2　修饰字符及其含义

修饰符	含义
l	输出长整型数据(％ld、％lo、％lx、％lu); 输出双精度数据(％le、％lf、％lg)
h	显示短整型数据
m	指定预留 m 个宽度
.n	指定输出精度
＃	显示前导字符,显示八进制数时,在数值前面加 0;显示十六进制数时,在数值前面加 0x; 显示浮点数时,即使未设置小数,也显示小数点
－	指定对齐方式为靠左对齐
＋	指定对齐方式为靠右对齐,同时显示数值的正负号,左边空位以空格补齐
未指定	显示按照指定格式靠右对齐

例 3－3　修饰字符的使用。

```
#include <stdio.h>
main()
{
  int x = 1234;
  float y = 123.456;
  char z[] = "HelloWorld";
  printf("x = ％d,y = ％f,z = ％s\n",x,y,z);
  //设置 x 以十进制整数形式输出,y 以浮点数形式输出,z 以字符串形式输出
  printf("x = ％ +6d,y = ％ .2f,z = ％ .2s\n",x,y,z);
  //设置 x 的数据预留宽度为 6,右对齐,显示正号,y 的小数部分保留 2 位,超出按四舍五入计
```

　　算,z 从左至右输出 2 个字符

```
printf("x = % .8d,y = % .3f,z = % .5s\n",x,y,z);
```

　　//设置 x 至少要输出 8 位,不足用 0 补齐,y 的小数部分保留 3 位,z 从左至右输出 5 个字符

```
printf("x = % .2d,y = % .5f,z = % .10s\n",x,y,z);
```

　　//设置 x 至少输出 2 位,超出则原样输出,y 的小数部分保留 5 位,不足补 0,z 从左至右输出 10
　　个字符

```
printf("x = % 8.2d,y = 8.2f,z = 12.10s\n",x,y,z);
```

　　//设置 x 预留宽度为 8,至少输出 2 位,不足左侧用空格补齐,y 的预留宽度为 8,小数部分保留 2
　　位,不足左侧用空格补齐,z 预留宽度为 12,从左至右输出 10 个字符,左侧用空格补齐

　　}

运行结果:

```
x = 1234,y = 123.456001,z = HelloWorld
x = 1 + 1234,y = 123.46,z = He
x = 00001234,y = 123.456,z = Hello
x = 1234,y = 123.45600,z = HelloWorld
x =     1234,y =   123.46,z =   HelloWorld
```

说明:

　　(1)对于预留宽度设置,当预留宽度大于要输出的数据时,通过空格补齐;当预留宽度小于要输出的数据时,正常输出数据。

　　(2)对于整数精度设置时,当精度设置值大于要输出的整数位数时,在数值前用 0 补齐位数;当精度小于要输出的整数位数时,正常输出数据。

　　(3)浮点数精度的作用是用来表示此浮点数小数点后小数位数的。当精度值大于浮点数小数位数时,要在数的后面用 0 补齐;当精度值小于浮点数小数位数时,按精度要求输出小数位数,超出部分按四舍五入计算。

　　(4)字符串精度的作用是当精度值大于要输出字符串的字符数时,正常输出字符串;当精度值小于要输出的字符串字符数时,从左至右输出精度指定个数的字符。

　　在调用 printf( ) 函数进行输出时需要注意如下几点。

　　(1)在格式控制串中,格式说明与输出项从左到右在类型上必须一一对应匹配。如不匹配,将导致数据不能正确输出,这时,系统并不报错。特别要提醒的是:在输出 long 整型数据时,一定要使用% ld 格式说明,如果遗漏了字母 l,只用了% d,将输出错误的数据。

　　(2)在格式控制串中,格式说明与输出项的个数应该相同。如果格式说明的个数少于输出项的个数,多余的输出项不予输出;如果格式说明的个数多于输出项的个数,则对于多余的格式将输出不定值(或 0 值)。

　　(3)在格式控制串中,除了合法的格式说明外,可以包含任意的合法字符(包括转义字符),这些字符在输出时将原样输出。

　　(4)如果需要输出百分号%,则应该在格式控制串中用两个连续的百分号%% 来表示。

　　(5)在输出语句中改变输出变量的值,如"i = 5;printf("% d% d\n",i,i ++);",则不能保证先输出 i 的值,然后再求 i ++,并输出。

　　(6)printf 函数的返回值通常是本次调用中输出字符的个数。

3.3　数据的输入

输入就是使用输入设备(如鼠标、键盘、扫描仪等)向计算机输入数据。

3.3.1　字符输入函数 getchar

若要向计算机输入一个字符,可以调用系统函数库中的字符输入函数 getchar。其一般格式为

```
getchar();
```

参数:getchar 函数没有参数。

含义:从计算机终端输入一个字符。该函数只能接受一个字符,如果需要输入多个字符,则需要多个 getchar 函数。函数值可以赋给一个字符变量,也可以赋给一个整型变量。

返回值:为用户输入的 ASCII 码,出错返回 EOF。

例 3 - 4　getchar 函数的使用。

```
#include<stdio.h>
main()
{
  int a;
  char b;
  printf("请输入字符:");
  a=getchar();                          //从键盘输入字符,该字符的 ASCII 码
                                          值赋给 a
  b=getchar();
  printf("%c,%c",a,b);                  //输出 a 对应的字符
  printf("转换为十六进制为:%x,%x\n",a,b); //输出 a 对应的十六进制的 ASCII 码值
}
```

运行结果:

请输入字符:A1

A,1

转换为十六进制为:41,31

注意:

(1)在使用键盘输入信息时,并不是在键盘上敲一个字符,该字符马上送入计算机中,而是这些字符先暂存在键盘的缓冲器中,当按下回车(Enter)键后,字符才被送入计算机,然后按先后顺序赋给对应的变量。所以执行 getchar 函数进行字符输入时,输入字符后需要按回车(Enter)键,这样程序才会相应输入,继续执行后续语句。

(2)getchar( )也将回车作为一个回车符读入,因此,在用 getchar( )连续输入两个字符时要注意回车符。上面例题在输入字符'A'之后连续按了两下回车键,将第一个字符 A 赋给变量 a,将回车换行符作为第二个字符赋给了变量 b,然后将结果送给计算机。

3.3.2　数据的格式化输入函数 scanf

scanf( )函数称为格式化输入函数,即按用户指定的格式从键盘上把数据输入到指定

的变量中。其一般格式为

scanf("格式控制字符串",地址列表);

参数：

1. 地址列表

语句中的地址列表是由若干个地址组成的列表,可以是变量的地址、字符串的首地址、指针变量等(指针即地址),各地址之间以逗号间隔。

对于变量的地址,常用地址运算符 &,如 &a、&b 分别表示变量 a 和变量 b 的地址。这个地址就是编译系统在内存中给 a、b 变量的地址。变量的值和变量的地址是两个不同的概念:变量的地址是 C 语言编译系统分配的,用户不必关心具体的变量地址是多少;而变量的值是指实际在内存中存储的数据。

格式化输入函数执行结果是将键盘输入的数据流按格式转换成数据,存入与格式相应的地址存在的存储单元中。

例如:

```
scanf("% d",&a);                        /* 按十进制整数输入 */
输入:10↙
则      a = 10
scanf("% x",&a);                        /* 按十六进制整数输入 */
    输入:17↙
则      a = 17
```

2. 格式控制字符串

格式控制字符串由两部分构成:格式控制字符和普通字符。格式控制字符串必须用英文的双引号括起来,它的作用是控制输入项的格式和输出一些提示信息。

功能:按指定格式从键盘读入数据,存入地址列表指定的存储单元中,并按回车键结束。

返回值:正常时返回输入数据的个数,遇文件结束返回 EOF;出错则返回 0。

例 3 - 5　程序举例。

```
#include < stdio.h >
main()
{
    char c1,c2;                         //声明两个字符变量 c1 和 c2
    printf("请输入两个字符:");           //提示用户输入字符
    scanf("% c% c",&c1,&c2);            //使用 scanf 函数让用户输入数据,以
                                        //  回车结束输入
    printf("c1 = % c,ASCII 码为:% d\n",c1,c1);  //显示 c1 字符及其 ASCII 码值
    printf("c2 = % c,ASCII 码为:% d\n",c2,c2);  //显示 c2 字符及其 ASCII 码值
}
```

运行结果:

请输入两个字符:ah

c1 = a,ASCII 码为 97

c2 = h,ASCII 码为 104

请按任意键继续…

注意：

（1）scanf 函数中的"格式控制"后面应该是变量地址，而不是变量名。

例如 scanf("%d",a)；是错的，应该为 scanf("%d",&a)；

（2）如果在"格式控制"字符串中除了格式声明以外还有其他字符，则需要在输入数据时在对应的位置上输入与这些字符相同的字符。

例如 scanf("a=%d,b=%d",&a,&b)；

引号里面除格式控制字符外的内容（a=,b=）要原样输入，即输入 a=2,b=3 然后回车结束输入，如果只输入 2,3 就错了，因为系统会把它与 sacnf 函数中的格式字符串中的字符逐个对照检查。另外在 a=2 后面要输入一个逗号，它与 scanf 函数的"格式控制"中的逗号对应，如果输入时不用逗号而是用空格或其他字符是不对的。

（3）在用%c 格式声明输入字符时，空格字符和转义字符中的字符都作为有效字符输入。

例如 scanf("%c%c%c",&c1,&c2,&c3)；

在输入数据时应连续输入三个字符，中间不能用空格分隔，如输入 abc，若输入的是 a␣b␣c，则第一个字符 a 送给 c1，第二个字符空格送给 c2，第三个字符 b 送给 c3。

（4）在输入数值时，两个数值之间需要插入空格或其他分隔符，使系统能够区分两个数值，当输入回车或非法字符时系统认为该数据结束。

例如 scanf("%d%c%f",&c1,&c2,&c3)；

若输入为 123a 124o.55 a c d

第一个数据对应十进制整型数据（%d）格式，在输入 123 之后遇到字符 a，因此系统认为数值 123 后已经没有数字了，第一个数据到此结束，即将 123 送给 c1，第二个数据对应字符（%c）格式，对应字符 a，所以将其送给 c2，第三个数据对应浮点型数据（%f），duiying 124，系统将其转换为浮点型 124.000000 然后送给 c3。

指定输入数据所占宽度。可以在格式字符前加一个整数，用来指定输入数据所占宽度。当输入数值数据时，一些 C 编译系统并不要求必须按指定的宽度输入数据，用户可以按未指定宽度时的方式输入。

（5）跳过输入数据的方法。可以在格式字符和"%"之间加一个"*"号，它的作用是跳过对应的输入数据。例如：

```
int a1,a2,a3;
scanf("%d%*d%d%d",&a1,&a2,&a3);
```

当输入以下数据时：

10␣␣20␣␣30␣␣40↙

此列中将把 10 赋予 a1，跳过 20，把 30 赋予 a2，把 40 赋予 a3。

（6）输入的数据少于 scanf 函数要求输入的数据。这时 scanf 函数将等待输入，直到满足要求或遇到非法字符为止。

（7）输入的数据多于 scanf 函数要求输入的数据。这时多余的数据将留在缓冲区作为下一次输入操作的输入数据。

（8）在格式控制串中插入其他字符。scanf( )函数中的格式控制串是为输入数据用的，其间的字符不能输入到屏幕上，因此，如果想在屏幕上输出字符串来提示输入，应该另外使用 printf( )函数。

(9)scanf( )函数中没有精度控制,例如%10.2f 是非法的。

(10)输入数据时,遇到下列情况之一认为输入结束。

①遇到空格键、Tab 键或回车键;

②遇到宽度结束;

③遇到非法输入。

例如:

scanf("% d% c% f",&a,&b,&c);

输入 1234a123o.26 ✓

则 a 的值为 1234,b 的值为字符 a,c 的值为 123。

(11)输入函数留下的"垃圾"("垃圾"只通过输入函数输入的非用户需要的数据,如:换行符)。

例如:

int x;

char ch;

scanf("% d",&x);

scanf("% c",&ch);

printf("x = % d,ch = % d\n",x,ch);

输入:123 ✓

输出:x = 123,ch = 10("垃圾")/ * 换行符的 ASCII 码值为 10,ch 将接受换行符 */

解决办法:

①用 getchar( )清除;

②用函数 flush(stdin)清除全部剩余内容(此部分内容在后续章节中介绍);

③用格式串中的空格或"% * c"来"吃掉"垃圾。

例如:

int x;

char ch;

scanf("% d",&x);

scanf("% c",&ch);

可改写为

int x;

char ch;

scanf("% d",&x);

scanf("% * c% c",&ch);

3.4　常用数学函数

调用数学函数时,要求在源文件中包括以下命令行:#include < math. h >。常用的数学函数见表 3 - 3。

表 3 - 3　常用的数学函数

函数原型说明	功能	返回值	说明
int abs(int x)	求整数 x 的绝对值	计算结果	
double fabs(double x)	求双精度实数 x 的绝对值	计算结果	
double cos(double x)	计算 cos(x) 的值	计算结果	x 的单位为弧度
double exp(double x)	求 e^x 的值	计算结果	
double log(double x)	求 ln x	计算结果	x > 0
double sin(double x)	计算 sin(x) 的值	计算结果	x 的单位为弧度
double sqrt(double x)	计算 x 的开方	计算结果	x ≥ 0
double tan(double x)	计算 tan(x)	计算结果	
int rand(void)	产生 0 ~ 32767 的随机整数	返回一个随机整数	

例 3 - 6　程序举例。

```
#include < stdio.h >
#include < math.h >
main( ){
    double a;
    double x = 8 .676;
    a = log( x) ;
    printf( "x = % lf,a = % lf",x,a);
}
```

运行结果：

x = 8 .676000,a = 2 .160561

例 3 - 7　程序举例。

```
#include < stdio.h >
#include < stdlib.h >
#include < time.h >                     //用到了 time 函数
int main( )
{
    int i,number;
    srand(( unsigned) time( NULL)) ;    //用时间做种,每次产生随机数不一样
    for ( i = 0; i < 50; i ++ )
    {
        number = rand( ) % 101;         //产生 0 ~ 100 的随机数
        printf( "% d ", number);
    }
    return 0;
}
```

3.5　顺序结构程序设计举例

例 3 - 8　输入任意 3 个整数,求它们的平均值。

分析:

(1)定义需要使用的变量 x、y、z 和 ave(注意变量类型);

(2)从键盘上输入变量 x、y、z 的值;

(3)计算输入的 3 个整数的平均值,赋值给变量 ave;

(4)输出结果,即变量 ave 的值。

算法描述如图 3 - 2 所示。

程序如下:

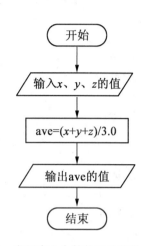

图 3 - 2　求任意 3 个整数平均值的流程图

```c
#include <stdio.h>
main()
{
    int x,y,z;
    float ave;
    printf("Please input three integers:");
    scanf("%d%d%d",&x,&y,&z);
    ave = (x + y + z)/3.0;
    printf("ave = %.2f\n",ave);
}
```

运行结果:

```
Please input three integers:2  3  8
ave = 4.33
```

例 3 - 9　输入三角形的 3 条边长,求三角形的面积。假定输入的 3 条边能构成三角形。

分析:三角形的面积计算公式如下:

$$area = \sqrt{s(s-a)(s-b)(s-c)}$$

式中,a、b、c 为三角形的边长;s 为三角形的半周长;area 为三角形的面积。

分析:

(1)定义需要使用的变量 a、b、c、s 和 area;

(2)确定三角形的边长,即变量 a、b、c 的值(直接赋值或从键盘上输入);

(3)计算三角形的半周长,即变量 s 的值;

(4)计算三角形的面积,即变量 area 的值;

(5)输出变量 area,显示计算结果。

算法描述如图 3 - 3 所示。

程序如下:

```c
#include <math.h>
```

```
#include <stdio.h>
main()
{
    float a,b,c,s,area;
    printf("Please input a,b,c: ");
    scanf("%f%f%f",&a,&b,&c);
    s=(a+b+c)/2;
    area=sqrt(s*(s-a)*(s-b)*(s-c));
    printf("area=%.2f\n",area);
}
```

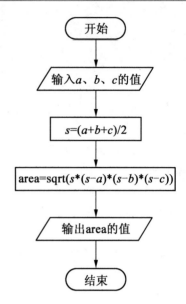

第一次运行

```
Please input a,b,c:4  5  6↙
area=9.92
```

第二次运行

```
Please input a,b,c:6  8  10↙
area=24.00
```

图 3-3　求三角形的面积的流程图

其中 sqrt( ) 是开平方函数,属于数学函数,该函数原型在头文件"math.h"中。

例 3-10 输入一个 double 类型的数,使该数保留小数点后两位,对第 3 位小数进行四舍五入后处理,然后输出此数,以便验证处理是否正确。

程序如下:

```
#include <stdio.h>
main()
{   double x;
    printf("Enter x: ");
    scanf("%lf",&x);
    printf("(1) x=%f\n",x);
    x=x*100;
    x=x+0.5;
    x=(int)x;
    x=x/100;
    printf("(2) x=%f\n",x);
}
```

运行结果:

```
Entet x:5
(1)x=5.000000
(2)x=5.000000
```

3.6　基本能力上机实验

3.6.1　实验目的和要求

(1)进一步熟悉 C 语言的基本语句。熟悉 C 语言的基本数据类型及其相关的数据运算。掌握 C 语言中使用最多的一种语句——赋值语句的使用方法。

(2)熟悉顺序结构程序中语句的执行过程。

(3)掌握 scanf 和 printf 函数的使用。

(4)能设计简单的顺序结构程序。

3.6.2　知识要点

1. printf( )函数

printf( )函数的一般格式为

```
printf("格式控制字符串"[,输出项列表]);
```

它的作用是向计算机系统默认的输出设备(终端或显示器)输出一个或多个任意的数据。

2. scanf( )函数

scanf( )函数的一般格式为

```
scanf("格式控制字符串",地址列表);
```

它的作用是通过键盘可以同时输入多个任意类型的数据。

3. 顺序结构程序

顺序结构程序中各语句是按照位置的先后次序顺序执行的,且每个语句都会被执行到。从 C 主函数的第一条语句开始执行,顺序一条一条语句执行,执行到函数的最后一条语句结束。

3.6.3　实验内容和步骤

1. 输入三角形的三边长,求三角形面积。

```c
#include <stdio.h>
#include <math.h>
main( )
{
    float a,b,c,s,area;
    scanf("%f,%f,%f",&a,&b,&c);
    s=1.0/2*(a+b+c);
    area=sqrt(s*(s-a)*(s-b)*(s-c));
    printf("a=%7.2f,b=%7.2f,c=%7.2f,s=%7.2f\n",a,b,c,s);
    printf("area=%7.2f\n",area);
}
```

2.摄氏华氏温度转换,输入一个摄氏温度将其转换为华氏温度。

```c
#include<stdio.h>
#include<math.h>
void main()
{
    float C,F,K;
    printf("请输入摄氏温度\n输入示例25.0即指25.0摄氏度\n");
    scanf("%f",&C);
    F=9.0/5.0*C+32;
    K=273.16+C;
    printf("华氏温度为%.1f,绝对温度为%.1f\n",F,K);
}
```

3.7 拓展能力上机实验

1.编写一个程序,计算以 r 为半径的圆周长、圆面积、圆球表面积、圆球体积。其中 r 的值通过键盘输入,输出结果时取小数点后两位数字并要有文字说明。

```c
#include<stdio.h>
#define PI 3.14159
main()
{
    float r,c,s1,s2,v;
    printf("Enter r: ");
    scanf("%f",&r);
    c=2*PI*r;
    s1=PI*r*r;
    s2=4*PI*r*r;
    v=4/3.0*PI*r*r*r;
    printf("The circumferenceis %.2f.\n",c);
    printf("Th area is %.2f.\n",s1;
    printf("The surface areais %.2f.\n",s2);
    printf("The volume is %.2f.\n",v);
}
```

如运行时输入 r 的值为 5,则运行的输出结果为

```
Enter r:5
The circumference is 31.42.
The area is 78.54.
The surface area is 314.16.
The volume is 523.60.
```

2.运行下面程序,分析运行结果。

```c
#include<stdio.h>
void main()
```

```
{
    int a,b;
    float d,e;
    char c1,c2;
    double f,g;
    long m,n;
    unsigned int p,q;
    a = 61;b = 62;
    c1 = 'a';c2 = 'b';
    d = 3.56;e = -6.87;
    f = 3157.890121;g = 0.123456789;
    m = 50000;n = -60000;
    p = 32768;q = 40000;
    printf("a = % d,b = % d\nc1 = % c,c2 = % c\nd = % 6.2f,e = % 6.2f\n",a,b,c1,c2,d,e);
    printf("f = % 15.6f,g = % 15.12f\nm = % ld,n = % ld\np = % u,q = % u\n",f,g,m,n,p,q);
}
```

运行结果为

a = 61,b = 62

c1 = a,c2 = b

d = 3.56,e = -6.87

f = 3157.890121,g = 0.123456789000

m = 50000,n = -60000

p = 32768,q = 40000

3. 交换两个变量的值。

```
#include < stdio.h >
main()
{
    int x,y,temp;                      //定义三个变量
    printf("请分别输入 x 和 y 的值\n");
    scanf("% d ,% d",&x,&y);            //终端输入变量 x、y
    temp = y;                          //把 y 赋值给 temp
    y = x;                             //把 x 赋值给 y
    x = temp;                          //把 y 赋值给 temp
    printf("% d, % d",x,y);            //输出交换后 x 和 y 的值
}
```

3.8 习　　题

1. 填空题

(1)语句 printf(" % % d% d",123);的输出结果为_____。

(2)若有定义:int m = 5,y = 2;,则执行表达式 y + = y - = m * = y 后的 y 值是_____。

（3）由赋值表达式加上一个分号构成_____。

（4）字符输出函数为_____。

（5）C 语言语句可分为 5 类，分别为控制语句、函数调用语句、_____、空语句和_____。

（6）只有一个分号的语句叫_____。

2. 选择题

（1）执行以下程序段后的输出结果是　　　　　　　　　　　　　　　（　　）

```
int i =012;
float f =1.234e -2;
printf("i =% -5df =% 5.3f",i,f);
```

　A.i =　012f =1.234　　B.i =10　f =0.012　　C.10　0.012　　　D.100.012

（2）putchar 函数可以向终端输出一个　　　　　　　　　　　　　　（　　）

　A. 整型变量表达式值　　　　　　　　　　B. 实型变量值

　C. 字符串　　　　　　　　　　　　　　　D. 字符或字符型变量值

（3）执行以下程序段后，变量 a、b、c 的值分别是　　　　　　　　　（　　）

```
int x =10,y =9;
int a,b,c;
a =( - -x = =y ++)? - -x:++y;
b =x ++ ;
c =y;
```

　A.a =9,b =9,c =9　　　　　　　　　　　B.a =8,b =8,c =10

　C.a =9,b =10,c =9　　　　　　　　　　　D.a =1,b =11,c =10

（4）以下程序的运行结果是　　　　　　　　　　　　　　　　　　（　　）

```
main()
{int k =4,a =3,b =2,c =1;
  printf("\n% d\n",k <a? k:c <b? c:a);
}
```

　A.4　　　　　　　　　B.3　　　　　　　　　C.2　　　　　　　　　D.1

（5）printf 函数中用到格式符%5s,其中数字 5 表示输出的字符串占用 5 列。如果字符串长度小于 5,则输出按方式　　　　　　　　　　　　　　　　　　　（　　）

　A. 从左起输出该字符串,右补空格

　B. 按原字符长从左向右全部输出

　C. 右对齐输出该字符串,左补空格

　D. 输出错误信息

（6）已有定义 int a = -2;和输出语句 printf("% 8lx",a);,以下叙述正确的是（　　）

　A. 整型变量的输出格式符只有%d 一种

　B.% x 是格式符的一种,它可以适用于任何一种类型的数据

　C.% x 是格式符的一种,其变量的值按十六进制输出,但%8lx 是错误的

　D.% 8lx 不是错误的格式符,其中数字 8 规定了输出字段的宽度

（7）若运行时给变量 x 输入 12，则以下程序的运行结果是　　　　　（　　）

```
main()
{ int x,y;
  scanf("% d",&x);
  y = x > 12? x + 10:x - 12;
  printf("% d\n",y);
}
```

A. 0　　　　　　　　　B. 22　　　　　　　C. 12　　　　　　D. 10

（8）若 x、y 均定义为 int 型，z 定义为 double 型，以下不合法的 scanf 函数调用语句是
　　　　　　　　　　　　　　　　　　　　　　　　　　　　　　　（　　）

A. scanf("% d% lx,% le",&x,&y,&z);

B. scanf("%2d * % d% lf"&x,&y,&z);

C. scanf("% x% * d% o",&x,&y);

D. scanf("% x% o%6.2f",&x,&y,&z);

（9）已有程序段和输入数据的形式如下，程序中输入语句的正确形式应当为　（　　）

```
main()
{ int a;float  f;
  printf("\nInput number:");
  输入语句
  printf("\nf =% f,a =% d\n",f,a);
}
```

Input number：4.5 2 < CR >

A. scanf("% d,% f",&a,&f);　　　　　　　B. scanf("% f,% d",&f,&a);

C. scanf("% d% f",&a,&f);　　　　　　　D. scanf("% f% d",&f,&a);

（10）x、y、z 均为 int 型变量，则执行语句 x =(y =(z = 10) + 5) - 5;后，x、y 和 z 的值
是　　　　　　　　　　　　　　　　　　　　　　　　　　　　　　（　　）

A. x = 10,y = 15,z = 10　　　　　　　B. x = 10,y = 10,z = 10

C. x = 10,y = 10,z = 15　　　　　　　D. x = 10,y = 5,z = 10

第4章 选择结构

本章介绍 C 语言的控制结构方式——选择结构,需要掌握关系运算符与逻辑运算符,它们的优先级以及关系表达式和逻辑表达式的应用;掌握选择结构中 if 语句的基本形式以及 if 语句的嵌套;多分支语句 switch 语句的基本形式以及 break 语句在 switch 语句中如何实现选择结构。

4.1 if 选择结构

4.1.1 if 条件语句的两种形式

1. if 语句

C 语言的 if 语句有两种形式。

(1)不含 else 子句的 if 语句。

①语句形式如下:

if(表达式) 语句

例如:

if(a < b) max = b;

与

if(a < b) {t = a;a = b;b = t;}

其结构用流程图描述,如图 4 - 1 所示。它的执行过程是:先对表达式进行判断,若成立(值为非 0),就执行语句,然后顺序执行该结构的下一条语句;否则(不成立,值为 0),直接执行该结构的下一条语句。

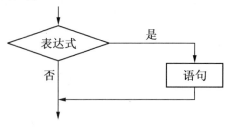

图 4 - 1 单分支 if 结构的流程图

其中,if 是 C 语言的关键字,表达式两侧的圆括号不可少,最后是一条语句,称为 if 子句。如果在 if 子句中需要多个语句,则应该使用花括号把一组语句括起来组成复合语句,这样在语法上仍满足"一条语句"的要求。复合语句后面不用加分号作为语句结束的标志,这也是复合语句中需要特殊记忆的地方。

② if 语句的执行过程。首先计算紧跟在 if 后面一对圆括号中的表达式的值,如果表达式的值为非零("真"),则执行其后的 if 子句,然后去执行 if 语句后的下一个语句;如果表达式的值为零("假"),则跳过 if 子句,直接执行 if 语句后的下一个语句。

例 4 – 1 求一个数的绝对值。程序流程图,如图 4 – 2 所示。

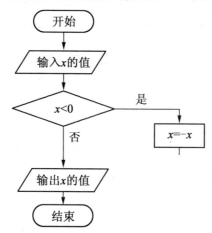

图 4 – 2 用单分支 if 结构解决求一个数的绝对值的流程图

程序如下:

```
#include <stdio.h>
main()
{
  float x;
  printf("please input anumber");
  scanf("% f",&x);
  if(x<0)
  x = -x;
printf("|x| =% f\n",x);
}
please input a number: -8 ↙
|x| =8
```

需要注意的是,不管分支语句是否执行,if 后的表达式是一定执行的。

例 4 – 2 输入 3 个整数,分别放在变量 a、b、c 中,编写程序把输入的数据重新按由小到大的顺序放在变量 a、b、c 中,最后输出 a、b、c 的值。

程序如下:

```
#include <stdio.h>
main()
{ int a,b,c,t;
  printf("input a,b,c:");
  scanf("% d% d% d",&a,&b,&c);
  printf("a =% d, b =% d,c =% d\n",a,b,c);
```

```
    if(a>b)                          /*如果a比b大,则进行交换,把小的数放入a中*/
        {t=a; a=b; b=t; }
    if (a>c)                         /*如果a比c大,则进行交换,把小的数放入a中*/
        {t=a; a=c; c=t; }            /*至此a、b、c中最小的数已放入a中/*
    if (b>c)                         /*如果b比c大,则进行交换,把小的数放入b中*/
        {t=b;b=c;c=t;}               /*至此a、b、c中的数已按由小到大顺序放好/*
printf("% d,% d,% d\n",a,b,c);
}
```

以上程序无论给 a、b、c 输入什么数,最后总是把最小数放在 a 中,把最大数放在 c 中。

(2)含 else 子句的 if 语句。

①语句形式如下:

```
if(表达式)      语句1
else            语句2
```

例如:

```
if (a>b) max=a;
else max=b;
```

与

```
if(a! =0) printf("a! =0\n");
else printf("a= =0\n");
```

"语句 1"称为 if 子句,"语句 2"称为 else 子句,这些子句只允许是一条语句,若需要多条语句,则应该使用花括号把这些语句括起来组成复合语句。

应该注意:else 不是一条独立的语句,它只是 if 语句的一部分,不允许有如下的语句:

```
else printf("* * *");
```

在程序中,else 必须与 if 配对,共同组成一条 if – else 语句。

②if – else 语句的执行过程。首先计算紧跟在 if 后面一对圆括号内表达式的值。如果表达式的值为非零,执行 if 子句,然后跳过 else 子句,去执行 if 语句后的下一条语句;如果表达式的值为零,跳过 if 子句,去执行 else 子句,接着去执行 if 语句后的下一条语句。

③说明:

a. if – else 结构中的"表达式"一般为关系表达式或逻辑表达式,也可以是任意值类型的表达式。

b. if – else 结构中"语句 1"和"语句 2"可以是简单语句,也可是复合语句。

要注意 if – else 结构中分号的使用位置。

例 4 – 3 输入一个数,判别它是否能被 3 整除,若能够被 3 整除,打印 YES;不能被 3 整除,打印 NO。

程序如下:

```
#include<stdio.h>
main()
{int n;
printf("input n: ");   scanf("% d",% n);
if(n% 3= =0)              /*判n能否被3整除/*
        printf("n=% n YES\n",n);
```

```
else
        printf("n = % d NO\n",n);}
```

4.1.2　if 条件语句的嵌套

if 和 else 子句中可以是任意合法的 C 语句,因此也可以是 if 语句,通常称此为嵌套的 if 语句。内嵌的 if 语句既可以嵌套在 if 子句中,也可以嵌套在具有 else 子句的 if 语句中。

1. 在 if 子句中嵌套具有 else 子句的 if 语句

语句形式如下:

```
if(表达式1)
    if(表达式2)        语句1
    else              语句2
else
    语句3
```

当表达式 1 的值为非 0 时,执行内嵌的 if – else 语句;当表达式 1 的值为 0 时,执行语句 3。

2. 在 if 子句中嵌套不含 else 子句的 if 语句

语句形式如下:

```
if(表达式1)
{    if(表达式2)    语句1    }
else
        语句2
```

如以上语句写成:

```
if(表达式1)
    if(表达式2)        语句1
else
        语句2
```

当用花括号把内层 if 语句括起来后,此内层 if 语句在语法上成为一条独立的语句,从而使得 else 与外层的 if 配对。

3. 在 else 子句中嵌套 if 语句

语句形式如下:

(1)嵌套 if 语句带有 else。

```
if(表达式1)            语句1
else
    if(表达式2)        语句2
    else              语句3
```

或写成:

```
if(表达式1)            语句1
else    if(表达式2)    语句2
        else          语句3
```

(2)嵌套 if 语句不带 else。

```
if(表达式1)            语句1
else
```

```
if(表达式2)              语句2
```
或写成：
```
if(表达式1)              语句1
else   if(表达式2)       语句2
```

由以上两种语句形式可以看到，内嵌在else子句中的if语句无论是否有else子句，在语法上都不会引起误会，因此建议读者在设计嵌套的if语句时，尽量把内嵌的if语句嵌在else子句中。

C语言程序有比较自由的书写格式，但是过于"自由"的程序书写格式，人们往往很难读懂，因此要求读者参考本书例题程序中按层缩进的书写格式来写自己的程序。不断地在else子句中嵌套if语句可形成多层嵌套。

（3）else if语句。

前两种形式的if语句一般都用于不多于两个分支的情况，但多个分支选择时，可采用else if语句，其一般形式为
```
if(表达式1)
   语句1；
else if(表达式2)
   语句2；
…
else if(表达式n)
   语句n；
else 语句n+1；
```

执行过程是：依次判断if后面表达式的值，当出现某个值为真时，则执行其对应的语句，然后跳到整个结构之外继续执行程序；如果所有的表达式均为假，则执行语句$n+1$，然后继续执行后续程序。else if语句的执行过程如图4-3所示。

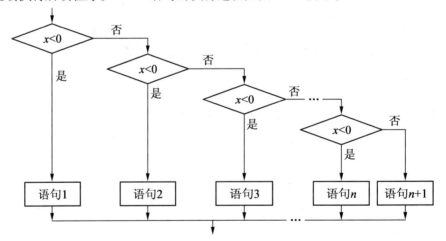

图4-3 else if结构的流程图表示

例如：
```
if(表达式1)
     语句1
else
```

```
  if(表达式 2)
      语句 2
  else
      if(表达式 3)
          语句 3
      else
          if(表达式 4)
              语句 4
              …
              else
                  语句 n
```

这时形成二阶梯形的嵌套 if 语句,此语句可用以下语句形式表示,使得读起来既层次分明又不占太多的篇幅。

```
if(表达式 1)
    语句 1
else if(表达式 2)
        语句 2
else if(表达式 3)
        语句 3
else if(表达式 4)
        语句 4
        …
```

以上形式的嵌套 if 语句执行过程可以这样理解:从上向下逐一对 if 后的表达式进行检测。当某一个表达式的值为非零时,就执行与此有关子句的语句,阶段形中的其余部分就被越过去;如果所有表达式的值都为零,则执行最后的 else 子句。此时,如果程序中最内层的 if 语句没有 else 子句,即没有最后的那个 else 子句,那么将不进行任何操作。

例 4-4　编写程序,根据输入的学生成绩,给出相应的等级。90 分以上的等级为 A,60 分以下的等级为 E,其余每 10 分为一个等级。

程序如下:

```
#include<stdio.h>
main()
{ int g;
  printf("Enter  g:  ");
  scanf("% d",&g);
  printf("g = % d:",g);
  if(g > =90)
    printf("A\n");
  else if(g > =80)
    printf("B\n");
  else if(g > =70)
    printf("C\n");
  else if(g > =60)
    printf("D\n");
```

```
else
    printf("E\n");
}
```

当执行以上程序时,首先输入学生的成绩,然后进入 if 语句:if 语句中的表达式将依次对学生成绩进行判断,若能使某 if 后的表达式值为 1,则执行与其相应的子句,之后便退出整个 if 结构。

例如,若输入的成绩为 72 分,首先输出 g = 72:,当从上向下逐一检测时,使 g > = 70 这一表达式的值为 1,因此在输出"g = 72:"之后再输出 C,便退出整个 if 结构。

如果输入 55 分,则首先输出"g = 55:",因此所有 if 子句中的表达式的值都为 0,因此执行最后 else 子句中的语句,输出 E,然后退出 if 结构。

例 4 – 5　分段函数可以用嵌套的 if 语句结构来完成,其算法描述如图 4 – 4 所示。

程序如下:

```
#include < stdio.h >
main()
{
    float x,y;
    printf("please input x: ");
    scanf("% f",&x);
    if(x > 0)
    if(x < = 10)   y = x – 5;
    else y = x – 10;
else
    if(x < = – 10)   y = x + 10;
    else y = x + 5;
printf("y = % f\n",y);
}
```

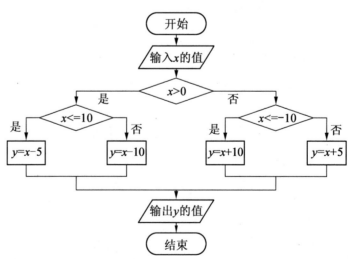

图 4 – 4　用嵌套的 if 结构解决计算分段函数的流程图

例 4 - 6 求方程 $ax^2 + bx + c = 0$。

分析：

因系数 a、b、c 的解不确定，应分情况讨论。

当 $a = 0, b = 0$ 时，方程无解；

当 $a = 0, b \neq 0$ 时，方程只有一个实根 $-c/d$。

当 $a \neq 0$ 时，需要考虑 $b^2 - 4ab$ 的情况：

若 $b^2 - 4ac > = 0$，方程有两个实根；

若 $b^2 - 4ac < 0$，方程有两个虚根。

算法描述如图 4 - 5 所示。

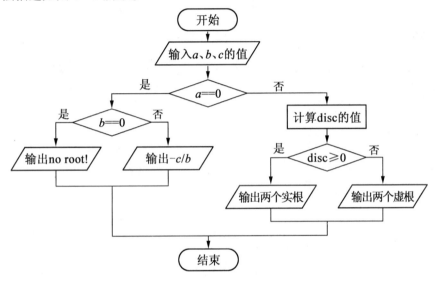

图 4 - 5 求方程 $ax^2 + bx + c = 0$ 的流程图

程序如下：

```c
#include <math.h>
main()
{
  float a,b,c;
  printf("please input a,b,c: ");
scanf("% f,% f,% f",&a,&b,&c);
if(a = =0)
  if(b = =0) printf("no root! \n");
  else printf("the single root is % f\n", -c/b);
else
}
}
float term1,term2,twoa,disc;
disc = b * b - 4 * a * c;
twoa = 2 * a;
term1 = -b/twoa;
```

```
term2 = sqrt(fabs(disc))/twoa;
if(disc> =0)
  printf("real root:\n root1 = % f,root2% f\n",term1 +term2,term1 -term2);
else
  printf("complesx root:\nroot1 = % f + % f I,toot2 = % f - % f i\n",
term1,term2,term1,term2);
 }
 }
```

第1次运行:

```
please input a,b,c:0,0,4 ✓
no root!
```

第2次运行:

```
please input a,b,c:0,3, -6 ✓
the single root is 2.000000
```

第3次运行:

```
please input a,b,c:1,3,4 ✓
complex root:
root1 = -1.5000000 +2.500000 i,root2 = -1.5000000 -2.500000 i
```

上述问题也可以利用 else if 语句解决,读者可以自己试着解决一下。

例4-7 判断某一年是否为闰年。

分析:输入年号,如果能被400整除,则它是闰年;如果能被4整除,而不能被100整除,则是闰年;否则不是闰年。为了方便处理,可以设置一个标志 flag,若为闰年,将 flag 设置为1,否则设置为0,最后根据 flag 的值来输出某一年是否为闰年。算法描述如图4-6所示。

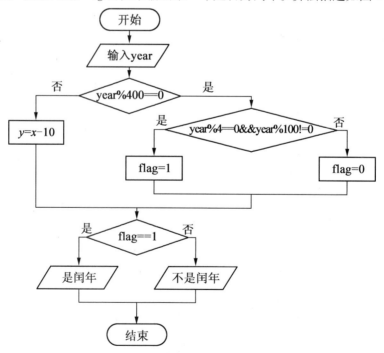

图4-6 判断某一年是否为闰年的流程图

程序如下：

```
#include<stdio.h>
main()
{
  int year,flag;
  printf("please input year: ")
  scanf("&d",&year);
  if(year%400= =0)
    flag=1;
else
{
  if(year%4= =0&&year%100! =0)
    flag=0;
}
  if(flag= =1) printf("%d is a leap year! \n,year);
  else printf(%d is not a leap year! \n,year);
}
```

运行结果：

```
please input year:2000↙
2000 is a leap year!
```

当然，也可以将程序中嵌套的 if 语句结构用下面的结构来替换：

```
if((year%400= =0)||(year%4= =0)&&(year%100! =0)) flag=1;
else flag=0
```

4.2 switch 选择结构

虽然嵌套的 if 语句可以实现多路分支的选择，但如果分支较多，则嵌套的 if 语句层数多，程序冗长而且可读性降低，容易出现编写错误。C 语言提供了专门处理多分支选择的语句——switch 语句，也称为开关语句。

4.2.1 switch 语句的基本形式

switch 语句形式如下：

```
switch(表达式)
{  case    常量表达式 1:语句 1
   case    常量表达式 2:语句 2
   …
   case    常量表达式 n:语句 n
   default            :语句 n+1
}
```

说明

（1）switch 是关键字，switch 语句后面用花括号括起来的部分称为 switch 语句体。

（2）紧跟在 switch 后一对括号中的"表达式"可以是整数表达式及后面将要学习的字符型或枚举型表达式等。表达式两边的一对括号不能省略。

（3）case 也是关键字，与其后面的常量表达式合称 case 语句标号。常量表达式的类型必须与 switch 后的表达式类型相同。各 case 语句标号的值应该互不相同。

（4）default 也是关键字，起标号的作用，代表所有 case 标号之外的那些标号。default 标号可以出现在语句体中任何标号位置上。在 switch 语句体中也可以没有 default 标号。

（5）case 语句标号后的语句 1、语句 2 等，可以是一条语句，也可以是若干语句。

（6）必要时，case 语句标号后的语句可以省略不写。

（7）在关键字 case 和常量表达式之间一定要有空格，如 case 10；不能写成 case10；。

4.2.2　switch 语句的执行过程

当执行 swich 语句时，首先计算紧跟其后一对括号中的表达式的值，然后在 switch 语句体结束。如果有与该值相当的符号，则执行该标号后开始的各语句，包括在其后的所有 case 和 default 中的语句，直到 switch 语句体结束；如果没有与该值相等的标号，并且存在 default 标号，则从 default 标号后的语句开始执行，直到 switch 语句体结束；如果没有与该值相等的标号，且不存在 default 标号，则跳过 switch 语句体，什么也不做。

在使用 switch 语句时应注意以下几点。

（1）一个 switch 结构的执行部分是一个由一些 case 分支与一个可省略的 default 分支组成的复合语句，因此需要用花括号括起来。

（2）switch 后面的表达式一般是一个整数表达式（后字符表达式）；与之对应，case 后面应是一个整数或字符，也可以是不含变量与函数的常量表达式。

（3）case 后面的各常量表达式的值必须互不相同，即不允许对表达式的同一个值有两种或两种以上的处理方案。

（4）在每个 case 分支中允许有多个处理语句，可以不用花括号括起来。

（5）在实际应用中，往往会在每个分支的处理语句后加上一个 break 语句，目的是执行完该 case 分支的处理语句后就跳出 switch 结构，以实现多分支选择的功能。

（6）如果每个分支的处理语句中都有 break 语句，各分支的先后顺序可以变动，而不会影响程序执行结果。

（7）各 case 分支可以共用同一组处理语句。

（8）default 分支可以省略。

（9）switch 结构允许嵌套。

（10）用 switch 结构实现的多分支选择程序，完全可以用 if 语句和 if 语句的嵌套来解决。

例 4-8　输入一个由两个整数和一个运算符组成的表达式，根据运算符完成相应的运算，并将结果输出。

分析：输入形如 a op b 的表达式，a 和 b 为整型数据。如果运算符 op 是 +、-、* 中的任意一个，则进行相应的运算；如果运算符 op 为 % 或 /，则应先判断 b 是否为 0，并做相应处理。

程序如下：

```
#include < stdio.h >
```

```
main()
{
    int a,b;
    char op;
    printf("please input a op b: ");
    scanf("%d%c%d",&a,&op,&b);
    switch(op)
    {
        caer '+':printf ("%d +%d =%d\n",a,b,a+b);break;
        caer '-':printf ("%d -%d =%d\n",a,b,a-b);break;
        caer '*':printf ("%d *%d =%d\n",a,b,a*b);break;
        caer '/':if(b! =0)  printf("%d /%d =%d\n",a,b,a/b);break;
        caer '%':if(b! =0)  printf("%d mod %d =%d\n",a,b,a%b);break;
        default:printf("input error\n")
    }
}
```

第 1 次运行:

please input a op b:4 * 6 ✓

4 * 6 = 24

第 2 次运行:

please input a op b:5 % 3 ✓

5 % 3 = 2

例 4 - 9　根据输入的学生成绩判断等级。成绩大于等于 90 分为 A 级;成绩大于等于 80 分小于 90 分为 B 级;成绩大于等于 70 分小于 80 分为 C 级;成绩大于等于 60 分小于 70 分为 D 级;成绩小于 60 分为 E 级。

分析(该问题可以利用 else if 语句解决,这里使用 switch 语句结构来解决):设成绩用 score 表示,并且 score 为整型数据。若 score > =90,score 可能是 100,99,98,…,90,把这些值都列出来太麻烦了,可以利用两个整数相除,结果自动取整的方法,即当 90 < = score < =100 时,score/10 只有 10 和 9 两种情况,这样用 switch 语句来解决便简便了。

程序如下:

```
#include < stdio.h >
main()
{
    int score;
    printf("please input score: ");
    scanf("%d",&score);
    switch(score/10)
    {
        case 10:
        case 9:printf("%d: A\n"score);break;
        case 8:printf("%d: B\n"score);break;
        case 7:printf("%d: C\n"score);break;
        case 6:printf("%d: D\n"score);break;
```

```
        case 5：
        case 4：
        case 3：
        case 2：
        case 1：
        case 0：printf("% d： E\n"score);break;
        default：printf("input error\n");
    }
}
```

　第 1 次运行：

please input score:76↙

76:C

　第 2 次运行：

please input score:45↙

45:E

4.2.3　用 switch 和 break 语句实现选择结构

　　break 语句也称间断语句。可以在 case 之后的语句最后加上 break 语句，每当执行到 break 语句时，立即跳出 switch 语句体。switch 语句通常总是和 break 语句联合使用，使得 switch 语句真正起到分支的作用。

　　例 4 - 10　用 break 语句修改例 4 - 4。

　　程序如下：

```
#include < stdio.h >
main()
{    int g;
    printf("Enter a mark ：  ");
    scanf("% d",&g);  /*  g 中存放学生的成绩 * /
    printf("g = % d ： ",g);
    switch(g/10)
    {  case   10  ：
       case   9  :printf("A\n");  break;
       case   8  :printf("B\n");  break;
       case   7  :printf("C\n");  break;
       case   6  :printf("D\n");  break;
       default   :printf("E\n");
    }
}
```

　　程序执行过程如下：

　　(1)当给 g 输入 100 时，switch 后一对括号中的表达式"g/10"的值为 10。因此选择 case 10 分支，因为没有遇到 break 语句，所以继续执行 case 9 分支，在输出"g = 100:A"之后，遇 break 语句，执行 break 语句，退出 switch 语句体。由此可见，成绩 90 ~ 100 分执行的是同一分支。

（2）当输入成绩为 45 时，switch 后一对括号表达式的值为 4，将选择 default 分支，在输出"g=45：E"之后，退出 switch 语句体。

（3）当输入成绩为 85 时，switch 后一对括号中表达式的值为 8，因此选择 case 8 分支，在输出"g=85：B"之后，执行 break 语句，退出 switch 语句体。

4.3　选择结构程序设计举例

例 4-11　模拟计算机的功能。编写一个程序，能够根据用户输入的运算符，对两个数进行运算。

程序如下：

```
#include < stdio.h >
main( )
{
    float x,y;                              /*存放两个运算符分量*/
    char operator;                         /*存放运算符*/
    printf("请输入 x,运算符和 y;");
    scanf("% f% c% f",&x,&operator,&y);
    if(operator = = '+')
    printf("\n% .2f +% .2f =% .2f",x,y,x+y);   /* .2 说明输出结果保留两位小数*/
    else if(operator = = '-')
    printf("\n% .2f -% .2f =% .2f",x,y,x-y);
    else if(operator = = '*')
    printf("\n% .2f *% .2f =% .2f",x,y,x*y);
    else if(operator = = '/')
      {if(y = =0)
        printf("除数是零无意义");
      else
        printf("% .2f /% .2f =% .2f",x,y,x/y);
      }
    else printf("运算符无效");
}
```

运行结果：

请输入 x,运算符和 y:3 +9

3.00 +9.00 =12.00

在运行程序提示输入时，要输入 3 个值且它们之间不能有空格。因为第 2 个"% c"会把空格作为字符输入，那么输入的运算符就是空格，从而输出"运算符无效"。

程序运行中有 5 个分支，用 if - else 语句根据条件沿不同支路向下执行，程序的层次太多，不够简洁，同时在一定程度上影响可读性。读者可以用 switch 语句重新写出上面的程序。

例 4-12　2004 年元旦是星期四，求出 2004 年的任何一个日期是星期几（用 0~6 表示星期日至星期六）。

程序如下:

```
#include<stdio.h>
  main( )
    {
      int month,day,week;              /*day 保存当前的日期*/
      int err=0,leap=1;                /*2004 年是闰年*/
      int totalday=0;                  /*统计总的天数*/
      printf("请输入月,日:\n");
      scanf("%d,%d",&month,&day);
      switch(month-1){
          case 11:totalday+=30;
          case 10:totalday+=31;
          case 9:totalday+=30;
          case 8:totalday+=31;
          case 7:totalday+=31;
          case 6:totalday+=30;
          case 5:totalday+=31;
          case 4:totalday+=30;
          case 3:totalday+=31;
          case 2:if(leap==1)
            Totalday+=29;              /*闰年 2 月有 29 天*/
            else
            Totalday+=28;
      case 1:totalday+=31;
      case 0:totalday+=day;break;
    deafuult:printf("输入错误");
        err=1;
    }
    if(err==0)
    }
    week=(totalday+3)%7;               /*计算出星期*/
    printf("2004 年%d 月%d 年%d 日是星期%d",month,day,week);
    }
}
```

运行结果:

请输入日期 2,17

2004 年 2 月 17 日是星期 2

　　在本程序中,先求出从 1 月 1 日到当前日期一共是多少天,用累加的办法算出 totalday。例如,6 月 6 日,则所有的天数为 1~5 月共有的天数加上 6,最终求得 totalday = 158。经过巧妙的设计,把 case 后面表示月份的常量从大到小排列,不需要加入 break 语句,达到求总天数的目的。"week = (totalday +3)%7"是根据 1 月 1 日是星期四来调整的,因为日子是从 1 月 1 日开始算的,因此 totalday 加的是 3 而不是 4。当然,还可以采用其他的解决方法,读者自己可以试试。引入变量 err 的目的是:err 赋初值为 0,当输入的月份不是 1 ~ 12 时,提示输入错误,并使 err = 1 作为一个标志,当 err = 1 时,就不执行程序最后的 if 语句,否则,当月份输入错误时,仍要执行 week = (totalday + 3)% 7;和 printf 两条语句,那是不合情理的。

4.4　基本能力上机实验

4.4.1　实验目的

(1)掌握 if 语句的基本格式及编程方法。
(2)掌握 switch 语句的格式及编程方法。

4.4.2　实验内容

1. 某工厂实行差别计件工资制。规定如下:不足 50 件,每件 0.5 元;超过 50 件而不足 100 件,超过的部分每件 1 元;超过 100 件,超过的部分每件 2.5 元。编制一段程序,计算工人的计件工资。

程序如下:

```c
#define   p1   0.5
#define   p2   1
#define   p3   2.5
#include < stdio.h >
main()
{
  int n;
  float s;
  printf(" Enter n: ");
  scanf("% d", &n);
  switch(n/50)
  {
  case   0: s = p1 * n;break;
  case   1:s = p2 * n - 50 * (p2 - p1);break;
  case   2:s = p3 * n - 50 * (p3 - p1) - 50 * (p3 - p2);
  }
  printf ("% f",s);
}
```

2. 利用条件运算符的嵌套来完成此题:学习成绩大于等于 90 分的同学用 A 表示;60 ~ 89 分之间的用 B 表示;60 分以下的用 C 表示。

```c
#include < stdio.h >
main()
{
  int score;
  char grade;
```

```
    printf("please input a score\n");
    scanf("% d",&score);
    grade = score > =90?'A'score > =60?'B':'C');
    printf("% d belongs to % c",score,grade);
}
```

3. 输入某年某月某日,判断这一天是这一年的第几天。

```
#include < stdio.h >
main()
{
    int day,month,year,sum,leap;
    printf("\nplease input year,month,day\n");
    scanf("% d,% d,% d",&year,&month,&day);
    switch(month)                        /*先计算某月以前月份的总天数*/
    {
    case 1:sum =0;break;
    case 2:sum =31;break;
    case 3:sum =59;break;
    case 4:sum =90;break;
    case 5:sum =120;break;
    case 6:sum =151;break;
    case 7:sum =181;break;
    case 8:sum =212;break;
    case 9:sum =243;break;
    case 10:sum =273;break;
    case 11:sum =304;break;
    case 12:sum =334;break;
    default:printf("data error");break;
    }
    sum = sum + day;                         /*再加上某天的天数*/
    if(year% 400 = =0||(year% 4 = =0&&year% 100! =0))   /*判断是不是闰年*/
    leap =1;
    else
    leap =0;
    if(leap = =1&&month >2)            /*如果是闰年且月份大于2,总天数应该加一天*/
    sum ++ ;
    printf("It is the % dth day.",sum);
}
```

4.5 拓展能力上机实验

4.5.1 实验目的

(1)能利用 if 语句、switch 进行综合程序设计。
(2)培养学生团队合作、分析问题的能力。
(3)培养学生设计简单算法的能力。

4.5.2 实验内容

1.给一个不多于 5 位的正整数,要求:求它是几位数,逆序打印出各位数字。

```
#include<stdio.h>
main( )
{
    long a,b,c,d,e,x;
    scanf("%ld",&x);
    a=x/10000;                                    /*分解出万位*/
    b=x%10000/1000;                               /*分解出千位*/
    c=x%1000/100;                                 /*分解出百位*/
    d=x%100/10;                                   /*分解出十位*/
    e=x%10;                                       /*分解出个位*/
    if(a!=0) printf("there are 5,%ld%ld%ld%ld%ld\n",e,d,c,b,a);
    else if(b!=0) printf("there are 4,%ld%ld%ld%ld\n",e,d,c,b);
      else if(c!=0) printf(" there are 3,%ld%ld%ld\n",e,d,c);
      else if(d!=0) printf("there are 2,%ld%ld\n",e,d);
      else if(e!=0) printf(" there are 1,%ld\n",e);
}
```

2.从键盘输入一个 4 位数的年份,判断是否为闰年,若是则输出该年份,否则不输出任何信息。

```
#include<stdio.h>
main( )
{
    int year;
    printf("请输入一个 4 位的年份:\n");
    scanf("%d",&year);
    if(year%4==0&&year%100!=0||year%400==0)
                                    /*若括号内表达式成立,则为闰年*/
    printf("%d",year);             /*若为闰年,则输出该年份*/
}
```

3.企业发放的奖金根据利润提成。利润低于或等于 10 万元时,奖金可提 10%;利润高于 10 万元,低于 20 万元时,低于 10 万元的部分按 10% 提成,高于 10 万元的部分,可提成 7.5% ;20 万到 40 万之间时,高于 20 万元的部分,可提成 5% ;40 万到 60 万之间时高于 40 万元的部分,可提成 3% ;60 万到 100 万之间时,高于 60 万元的部分,可提成 1.5% ,高于 100 万时,超过 100 万元的部分按 1% 提成。从键盘输入当月利润,求应发放奖金总数。

```c
#include<stdio.h>
main()
{
    long int i;
    int bonus1,bonus2,bonus4,bonus6,bonus10,bonus;
    scanf("% ld",&i);
    bonus1 = 100000 * 0.1;bonus2 = bonus1 + 100000 * 0.75;
    bonus4 = bonus2 + 200000 * 0.5;
    bonus6 = bonus4 + 200000 * 0.3;
    bonus10 = bonus6 + 400000 * 0.15;
    if(i < = 100000)
    bonus = i * 0.1;
    else if(i < = 200000)
    bonus = bonus1 + (i? 100000) * 0.075;
    else if(i < = 400000)
    bonus = bonus2 + (i? 200000) * 0.05;
    else if(i < = 600000)
    bonus = bonus4 + (i? 400000) * 0.03;
    else if(i < = 1000000)
    bonus = bonus6 + (i? 600000) * 0.015;
    else
    bonus = bonus10 + (i? 1000000) * 0.01;
    printf("bonus = % d",bonus);
}
```

4.6　习　　题

1.填空题

(1)C 语言中用＿＿＿＿表示逻辑值"真",用＿＿＿＿表示逻辑值"假"。

(2)将下列数学式改写成 C 语言的关系表达式或逻辑表达式(A)＿＿＿＿(B)＿＿＿＿。

　　(A)$a = b$ 或 $a < c$ 　　　　　　　　　　(B)$|x| > 4$

(3)当 $a = 1$,$b = 2$,$c = 3$ 时,以下 if 语句执行后,a、b、c 中的值分别为＿＿＿＿、＿＿＿＿、＿＿＿＿。

```c
if(a > c)
b = a; a = c; c = b;
```

2.选择题

(1)下列运算中优先级最高的运算符是　　　　　　　　　　　　　　（　　　）

A.!　　　　　　　　　　B.%　　　　　　　C. - =　　　　　D.&&

(2)为表示关系 x≥y≥z,应使用的 C 语言表达式是　　　　　　　（　　　）

A.(x > = y)&&(y > = z)　　　　　　　B.(x > = y)AND(y > = z)

C.(x > = y > = z)　　　　　　　　　　D.(x > = y)&(y > = z)

(3)设 a、b 和 c 都是 int 型变量,且 a = 3,b = 4,c = 5,则以下的表达式中,值为 0 的表达式是　　　　　　　　　　　　　　　　　　　　　　　　　　（　　　）

A.a&&b　　　　　　　　　　　　　　B.a < = b

C.a ‖ b + c&&b - c　　　　　　　　　D.! ((a<b)&&! c ‖ 1)

(4)以下程序段中输出结果是　　　　　　　　　　　　　　　　　（　　　）

A.0　　　　　　　　　B.1　　　　　　C.2　　　　　　D.3

```
main()
{
    int a = 2,b = -1,c = 2;
    if(a < b)
    if(b < 0) c = 0;
    else c + = 1;
    printf("% d\n",c);
}
```

3.编程题

(1)编写程序,输入一位学生的生日(年:y0、月:m0、日:d0),并输入当前的日期(年:y1、月:m1、日:d1),输出该学生的实际年龄。

(2)编写程序,输入一个整数,打印出它是奇数还是偶数。

(3)有一函数:

$$y = \begin{cases} x & (-5 < x < 0) \\ x - 1 & (x = 0) \\ x + 1 & (0 < x < 10) \end{cases}$$

编写程序,要求输入 x 的值,输出 y 的值,分别用下列 4 种语句。

①不嵌套的 if 语句;

②嵌套的 if 语句;

③if-else 语句;

④switch 语句。

(4)由键盘输入一个整数,判断其能否既被 3 整除又被 5 整除。

(5)如果要将全班 50 名学生的百分成绩都转换为等级成绩,如何才能使一段程序运行 50 次? 如果要将全班 50 名学生的成绩按 10 分一段进行统计,该如何进行程序设计?

第 5 章　循环结构

本章介绍 C 语言的第 3 种结构——循环结构。C 语言提供了 3 种基本的循环语句：for 语句、while 语句和 do – while 语句。3 种循环语句还可以组合构成循环嵌套。本章还将介绍 break 语句和 continue 语句在循环结构中的应用。

5.1　while 循环结构

循环或重复是计算机程序设计的一个重要特征。计算机运算速度快，最适宜重复性的工作。在程序设计时，人们总是把复杂的、不易理解的求解过程转换成易于理解的、多次简单的过程。这样，一方面可以降低问题的复杂性，减低程序设计的难度；另一方面可以充分发挥计算机运算速度快，并且能自动执行程序的优势。

首先看一个代表性的例子。

例 5 – 1　计算 $1 + 2 + 3 + \cdots + 99 + 100$，即求自然数 $1 \sim 100$ 之和。

分析：这是一个数学累加问题。可以这样分析计算过程：假设存在一个容器，初始为空，第 1 次投入 1 个硬币，第 2 次投入 2 个硬币，依此类推，直到第 100 次投入 100 个硬币，此时容器中硬币的个数即为投入的总和。按照这一思想，可以构建以下算法。

(1)声明一个变量(sum)作为"容器"存放加法的和，并设置初值为 0；

(2)将 1 加入 sum；

(3)将 2 加入 sum；

(4)将 3 加入 sum；

　　　　…

(101)将 100 加入 sum；

(102)输出 sum 的值。

可以看出，步骤(2)至步骤(101)描述的是相同的动作，即

(1)声明变量 sum，初值为 0；

(2)设置变量 n，初值为 1；

(3)将 n 加入 sum；

(4)n 的值增加 1；

(5)当 $n \leqslant 100$ 成立时，重复执行步骤(3)和步骤(4)，当 $n > 100$ 时，执行步骤(6)；

(6)输出 sum 的值。

算法描述如图 5 – 1 所示。

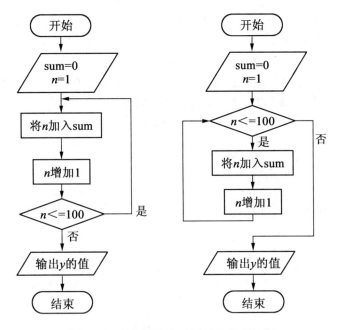

图 5 - 1 求自然数 1～100 之和的流程图

从上面的描述中可以看出,完成重复的操作可以利用结构化程序设计语言提供的循环结构来解决。

循环结构是程序流程过程中一种很重要的结构,其特点是:在给定的条件成立时,反复执行某程序段,直到条件不成立时退出循环。给定的条件称为循环条件,反复执行的程序段称为循环体。C 语言提供了 3 种基本循环语句结构:while 语句、do - while 语句和 for 语句,它们可以组成各种形式的循环结构。

在使用循环结构的时候,一般需要考虑 3 个方面。

(1)参与循环的各个变量的初值;

(2)满足什么条件的情况下进行循环,即循环条件;

(3)在满足条件的情况下执行什么操作,即循环体。

其实最难把握的是循环控制问题,循环控制一般有两种方法:计数法与标志法。计数法要先确定循环次数,然后进行测试,完成测试次数后,循环结束;标志法是达到某种目标后,循环结束。

5.1.1 while 循环的一般形式

while 语句的一般格式为

while(循环条件表达式)

循环体语句

5.1.2 while 循环的执行过程

在执行 while 语句时,先对循环条件表达式进行计算,若其值为真(非 0),则执行循环体语句,然后重复上述过程,直到循环条件表达式的值为假(0)时,循环结束,程序控制转至 while 循环语句的下一语句。

使用 while 语句时,应注意以下几个问题。

(1)while 语句的特点是"先判断,后执行",也就是说,若循环条件表达式的值一开始就为 0,则循环体一次也不执行。但要注意的是:循环条件表达式是一定要执行的。

(2)while 语句中的循环条件表达式一般是关系表达式或逻辑表达式,也可以是数值表达式或字符表达式,只要其值非 0,就可以执行循环体。

(3)循环体内可以由多个语句组成,当有多个语句时,必须用花括号括起来,作为一个复合语句。

(4)为使循环最终能够结束,不产生"死循环",每执行一次循环体,循环条件表达式的值趋于"0"变化。

例 5 - 2　用 while 语句描述例 5 - 1(对应的程序流程为图 5 - 1 中的右图)。

程序如下:

```c
#include < stdio.h >
main()
{
  int sum = 0, n = 1;
  while(n < = 100)
  {
    sum + = n;
  n ++ ;
  }
  printf("1 + 2 + 3 + … + 100 = % d\n",sum);
}
```

运行结果:

1 + 2 + 3 + … + 100 = 5050

例 5 - 3　用 while 语句描述兔子繁殖问题,算法描述如图 5 - 2 所示。

程序如下:

```c
#include < stdio.h >
main()
{
  int fb,fb1 = 1,fb2 = 1,n = 3;
  while(n < = 10)
  {
    fb = fb1 + fb2;
    fb1 = fb2;
    fb2 = fb;
    n ++ ;
  }
  printf("% d\n",fb);
}
```

运行结果:

144

例 5-4 欧几里得算法(辗转相除法):求两个非负整数 u 和 v 的最大公约数。

分析:求两个非负整数的最大公约数可以利用辗转相除法,其过程如下。

当 v 不为 0 时,辗转用操作:$r=u\%v, u=v, v=r$ 消去相同的因子。直到 $v=0$ 时,u 的值即为所求的解。

算法描述如图 5-3 所示。

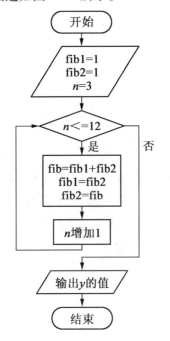

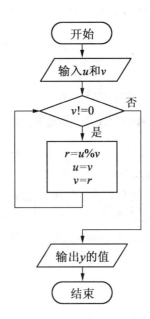

图 5-2 兔子繁殖问题的流程图　　图 5-3 程序流程图

程序如下:

```c
#include <stdio.h>
main()
{
    int u,v,r;
    printf("please input u and v: ");
    scanf("% d,% d",&u,&v);
    while(v! =0)
    {
        r=u% v;
        u=v;
        v=r;
    }
    printf("% d\n",u);
}
```

运行结果:

please input u and v:36,16 ↙

4

5.2　do‑while 循环结构

5.2.1　do‑while 循环的一般形式

do‑while 语句的一般格式为

```
do
{
    循环体语句
}while(循环条件表达式);
```

5.2.2　do‑while 循环的执行过程

限制性循环体语句,无论条件表达式的值是否为真,都要先计算表达式的值,然后对循环条件表达式进行计算,若其值为真(非 0),则重复上述过程,直到循环条件表达式的值为假(0)时,循环结束,程序控制转至该结构的下一条语句。与 while 语句相比,do‑while 语句无论条件是否成立,循环体至少要执行一次。

例 5‑5　用 do‑while 语句描述例 5‑1。

程序如下:

```
#include<stdio.h>
main()
{
  int sum=0 n=1;
  do
  {
    sum+=n;
    n++;
  }while(n<=100);
printf("1+2+3+…+100=%d\n",sum);
}
```

5.3　for 循环结构

5.3.1　for 循环的一般形式

for 语句是 C 语言提供的结构紧凑、使用广泛的一种循环语句,其一般形式为

```
for(表达式 1;表达式 2;表达式 3)
语句;
```

(1)表达式 1:通常用来给循环变量赋初值,一般是赋值表达式,通常称为"初始化表达式"。允许在 for 语句外给循环变量赋初值,此时可以省略该表达式。

（2）表达式 2：通常是循环条件，一般为关系表达式或逻辑表达式，通常称为"条件表达式"。

（3）表达式 3：通常可以用来修改循环变量的值，一般为赋值表达式，通常称为"修正表达式"。

一般形式中的"语句"即为循环体语句。在循环体语句比较少的情况下，可以将其放在"表达式 3"之后，和原有的"表达式 3"一起组成一个逗号表达式，作为新的"表达式 3"，此时，循环体将变为一个空语句。

5.3.2　for 循环的执行过程

for 语句的执行流程如下。

（1）计算表达式 1 的值。

（2）计算表达式 2 的值，若值为真（非 0）则执行循环体一次，否则跳出循环。

（3）计算表达式 3 的值，然后转回第（2）步重复执行。

在整个 for 循环过程中，"表达式 1"只执行一次，"表达式 2"和"表达式 3"则可能执行多次。循环体可能多次执行，也可能一次都不执行。for 语句的执行流程如图 5 - 4 所示。

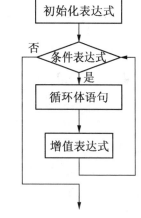

图 5 - 4　for 循环结构的流程图

例 5 - 6　用 for 语句描述例 5 - 1 的程序如下（算法描述如图 5 - 5 所示）。

```c
#include <stdio.h>
main()
{
    int sum,n;
    for(sum=0;n<=100;n++)
        sum+=n;
    printf("1+2+3+…+100=%d\n",sum);
}
```

当然，上述程序中对变量 sum 和 n 的赋值可以放在 for 语句之前，此时，for 语句中"表达式 1"就没有了。

上述程序中的 for 语句也可以改写为

```c
for(sum=0,n=1;n<=100;sum+=n,n++);
```

5.3.3　for 语句的说明

（1）for 语句中的表达式可以部分或全部省略，但两个";"不可省略，例如：

```c
for( ; ; ) printf("*");
```

其中 3 个表达式均省略，但因缺少条件判断，循环将会无限制地执行，而形成无限循环（通常称"死循环"）。

（2）for 后一对括号中的表达式可以是任意有效的 C 语言表达式。例如：

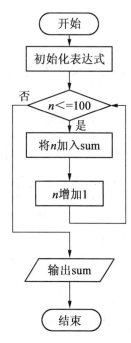

图 5 - 5　用 for 结构解决求 1 ~ 100 之和的流程图

```
for(sum = 0,i = 1;  i < = 100;   sum = sun + i,i ++ ) {…}
```

其中表达式 1 和表达式 3 都是逗号表达式。

（3）for 循环中的语句部分可以是循环结构（循环嵌套）。

C 语言中的 for 语句书写灵活，功能较强。在 for 后的一对圆括号中，允许出现各种形式的与循环控制无关的表达式，虽然在语法上是合法的，但会降低程序的可读性。

5.4　break 和 continue 语句

5.4.1　break 语句

break 语句的形式为

```
break;
```

break 语句可以用在 switch 结构或循环结构中，它的功能是终止所在的结构，使程序执行流程从所在处转向所在的结构之后。需要注意的是，break 语句只能跳出它所在的那一层结构。

例如：

```
int sum = 0,n = 1;
for(;;)
{
  sum + = n;
  n ++ ;
  if(n > 100) break;
}
```

本程序中，虽然 for 语句没有循环条件，但在循环体中有一个 break 语句，当条件 n > 100 成立时，break 语句强制终止 for 循环，使程序的执行流程转向循环结构后面的语句，从而使程序完成从 1 加到 100 的功能。

5.4.2　continue 语句

continue 语句的形式为

```
continue;
```

continue 语句的功能是提前结束本次循环（不再执行 continue 下面的语句），继续根据循环条件来决定是否进入下一次循环。

例如：

```
#include < stdio.h >
main()
{
  int sum,n,x;
  for(sum = 0,n = 1;n < = 100;n ++ )
  {
    scanf("% d",&x);
```

```
  if(x < =0) continue;
  sum + = x;
 }
 printf("% d\n",sum);
}
```

　　该程序的功能是求从键盘上输入的 100 个整数中正数的和。在本程序中,当从键盘上输入一个 0 或负数的时候,条件 x < =0 成立,continue 语句将提前结束本次循环,也就是说,将跳过语句"sum + = x;"进入下次循环。

5.5　由语句标号和 goto 语句构成的循环结构

5.5.1　语句标号

　　在 C 语言中,语句标号不必特殊加以定义,标号可以是任意合法的标识符,当在标识符后面加一个冒号,如 flag1:、stop0:,该标识符就成了一个语句标号。注意:在 C 语言中,语句标号必须是标识符,因此不能简单地使用 10;、15;等形式。标号可以和变量同名。

　　在 C 语言中,可以在任何语句前加上语句标号。例如:

```
stop : printf("END\n");
```

　　通常,标号用作 goto 语句的转向目标。如:

```
goto stop;
```

5.5.2　goto 语句

　　goto 语句被称为无条件转移语句。它的作用是使程序流程从所在处转向本函数内的某一处,程序必须指出转向的目的地,目的地用标号指出。goto 语句的语法形式为

```
goto 标号;
```

其中,标号必须是一个合法的标识符,它写在某一个语句的前面,后跟一个分号,表示程序的流程将转向此语句。

　　例 5 - 7　goto 语句的使用。

```
#include < stdio.h >
main()
{
  int sum =0,n =1;
loop:if(n < =100)
  {
    sum + = n;
    n ++ ;
    goto loop;
  }
  printf("% d\n",sum);
}
```

　　在本程序中,利用 goto 语句构成一个循环结构,从而完成从 1 加到 100 的功能。

需要注意的是,过多地使用 goto 语句会使程序流程混乱,但在某些情况下还是有用的,因此,应当有限制地使用 goto 语句。

5.6　循环语句的嵌套

在循环结构中又有另一个完整的循环结构的形式称为循环的嵌套。嵌套在循环结构内的循环结构称为内循环,外面的循环结构称为外循环。如果内循环体又有嵌套的循环结构,则称为多层循环。while 语句、do – while 语句和 for 语句都可以互相嵌套。在嵌套的循环结构中,要求内循环必须包含在外循环的循环体中,不允许出现内外层循环体交叉的情况。

例 5 – 8　打印九九乘法表。

```
1 * 1 = 1
1 * 2 = 2   2 * 2 = 4
1 * 3 = 3   2 * 3 = 6   3 * 3 = 9
1 * 4 = 4   2 * 4 = 8   3 * 4 = 12   4 * 4 = 16
1 * 5 = 5   2 * 5 = 10  3 * 5 = 15   4 * 5 = 20   5 * 5 = 25
1 * 6 = 6   2 * 6 = 12  3 * 6 = 18   4 * 6 = 24   5 * 6 = 30   6 * 6 = 36
1 * 7 = 7   2 * 7 = 14  3 * 7 = 21   4 * 7 = 28   5 * 7 = 35   6 * 7 = 42   7 * 7 = 49
1 * 8 = 8   2 * 8 = 16  3 * 8 = 24   4 * 8 = 32   5 * 8 = 40   6 * 8 = 48   7 * 8 = 56   8 * 8 = 64
1 * 9 = 9   2 * 9 = 18  3 * 9 = 27   4 * 9 = 36   5 * 9 = 45   6 * 9 = 54   7 * 9 = 63   8 * 9 = 72   9 * 9 = 81
```

分析:

(1)九九乘法表共有 9 行,因此

```
for( i = 1;i < = 9;i ++ )
{
    打印第 i 行;
    换行;
}
```

(2)第 i 行上有 i 个式子,因此

```
for( i = 1;i < = 9;i ++ )
{
  for( j = 1;j < = i;j ++ )
    {打印第 i 行上的第 j 个式子;}
     换行;
}
```

(3)分析第 i 行上的第 j 个式子应该为:j 的值 * i 的值 = j * i 的值,即"打印第 i 行上的第 j 个式子",可写为:printf(" % d * % d = % - 4d" ,j,i,i * j)。

算法描述如图 5 – 6 所示。

程序如下:

```
#include < stdio.h >
main()
{
```

```
    int i,j;
for(i =1;i < =9;i ++ )
  {
    for(j =1;j < =i;j ++ )
      printf("% d*% d=% -4d",j,i,i*j);
    printf("\n");
  }
}
```

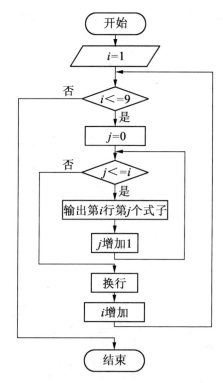

图 5 - 6   打印九九乘法表的流程图

例 5 – 9   找出 700 ~ 1000 中的全部素数。

分析：

(1)对 700 ~ 1000 内的每一个数进行测试；

(2)测试 i 是否为素数的一个简单方法是,用 $2,3,\cdots,i-1$ 这些数逐个去除 i,只要被其中的一个数整除,则 i 就不是素数。数学上已证明,对于自然数 i 只需要 $2,3,\cdots,\sqrt{i}$ 测试即可。在测试之前,我们可以设置一个表示 flag,初值为 1;在测试过程中,i 只要能被 $2,3,\cdots,\sqrt{i}$ 中的一个数整除,就将 flag 置为 0,测试便结束。

算法描述如图 5 – 7 所示。

程序如下：

```
#include < math.h >
main( )
{
  int i,j,flag,count =0;
```

```
for(i =700;i < =1000;i ++ )
{
for(flag =1,j =2;j < =(int)sqrt(i);j ++ )
  if(i% j = =0)  {flag =0;break;}
  if(i% j = =1)
  {
    printf("% 4d",i);
    count ++ ;
    if(count% 20 = =0)  printf("\n");  /* 每行输出 20 个素数 */
  }
 }
}
```

运行结果:

7 701 709 719 727 733 739 743 751 757 761 769 773 787 797 809 811 821 823 827 82 839 853 857 859 863 877 881 883 887 907 911 919 929 937 941 947 953 967 971 977 983 991 997

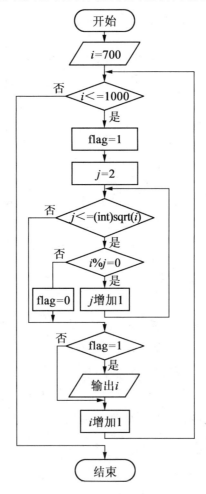

图 5 - 7　找出 700 ~ 1000 内的全部素数的流程图

例 5 – 10　打印如下图案。

```
            *
          * * *
        * * * * *
      * * * * * * *
    * * * * * * * * *
      * * * * * * *
        * * * * *
          * * *
            *
```

分析:打印前 5 行。前 5 行中第 i 行中的打印可以分为 3 步。

(1)打印 2 * (5 – i)个空格;

(2)打印 2 * i – 1 个" * ",并在每一个" * "后加一个空格;

(3)换行即可。

```
for( i = 1;i < =4;i ++ )
{
  for( j = 1;j < =2 * i;j ++ )
    putchar('');
  for( j = 1;j < =2 * (5 – i) – 1;j ++ )
    {putchar('*');putchar('');}
  putchar('\n');
}
```

算法描述如图 5 – 8 所示。

程序如下:

```
#include < stdio.h >
#define N 5
main( )
{
  int i,j;
  for( i = 1;i < =N;i ++ )
  {
    for( j = 1;j < 2 * (N – i);j ++ )  putchar('');
    for( j = 1;j < 2 * i – 1;j ++ ) {putchar('*');putchar('');}
    putchar('\n');
  }
  for( i = 1;i < N – 1;i ++ )
  {
    for( j = 1;j < 2 * i;j ++ )  putchar('');
    for( j = 1;j < 2 * (N – i) – 1;j ++ )  {putchar('*');putchar('');}
    putchar('\n');
  }
}
```

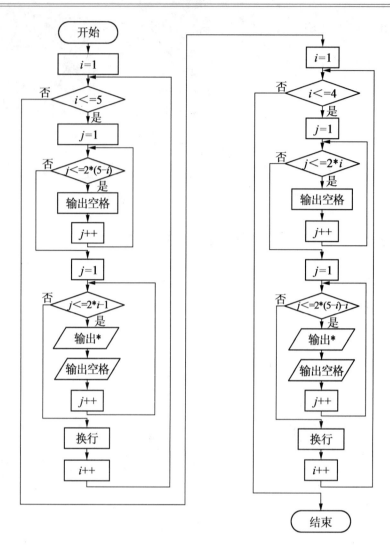

图 5 - 8　算法流程图

5.7　循环结构程序设计举例

例 5 - 11　"百钱百鸡问题"：1 只公鸡 5 元；1 只母鸡 3 元；3 只小鸡 1 元。如果用 100 元买 100 只鸡，能恰好买公鸡、母鸡和小鸡各多少只？

分析：假设要买 x 只公鸡，y 只母鸡，z 只小鸡，列出方程如下：

$$x + y + z = 100$$
$$5x + 3y + z/3 = 100$$

从问题中知道：x、y 和 z 的取值范围一定是 0 ~ 100 的正整数。最简单的方法是将一组 x、y 和 z 的值代入方程组计算，若满足方程组则是一组解。这样在各个变量的取值范围内不断变化 x、y 和 z 的值，就可以得到问题的全部解。实际上就是要在 x、y 和 z 的所有可能的组合中找出合适的解，即可以让 x、y 和 z 分别从 0 变化到 100。

```
#include<stdio.h>
main( )
{
    int x,y,z;
    for(x=0;x<=100;x++)
    for(y=0;y<=100;y++)
    for(z=0;z<=100;z++)
    if((x+y+z)==100&&5*x+3*y+z/3==100&&z%3==0)
    printf("一共可买%d只鸡,其中公鸡%d只,母鸡%d只,小鸡%d只\n",x+y+z,x,y,z);
}
```

这实际上用的是穷举法,穷举法是最简单、最常见的一种程序设计方法,它充分利用了计算机处理的高效性。穷举法的基本思想:对问题的所有可能状态一一测试,直到找到解或将全部可能状态都测试过为止。

使用穷举法的关键是确定正确的穷举范围,穷举的范围既不能过分扩大,以免程序的运行效率太低,也不能过分缩小,有可能遗漏正确的结果而产生错误。为了提高程序的运行效率,可在循环控制条件上进行优化,因为实际上 100 元绝对不会买 100 只公鸡,最多可能买 20 只,同样,100 元钱最多只能买 33 只母鸡,所以循环的条件可以改为

```
for(x=0,x<=20;x++)
for(y=0,y<=33,y++)
for(z=0,z<=100;z++)
```

这样搜索的范围就减小了。

例 5－12　用二分法求方程的根。求方程 $x-6x-1=0$ 在 $[-5,5]$ 之间的近似根,误差为 10。

若函数有实根,则函数的曲线应和 x 轴有交点。在根附近的左右区间内,函数值的符号应当相反。利用这一原理,逐步缩小区间的范围,保持在区间的两个端点处的函数值符号相反,就可以逐步逼近函数的根。

分析:设 $f(x)$ 在 $[a, b]$ 上连续,且 $f(a) \cdot f(b) < 0$,找使 $f(x) = 0$ 的点,如图 5－9 所示。

用二分法求方程根的步骤如下。

（1）取区间 $[a, b]$ 中点 $x = (a+b)/2$。

（2）若 $f(x) = 0$,即 $(a+b)/2$ 为方程的根。

（3）否则,若 $f(x)$ 与 $f(a)$ 同号,则变区间为 $[x, b]$;异号,则变区间为 $[a, x]$。

（4）重复步骤（1）至步骤（3）,直至取到近似根为止。

程序如下:

```
#include<stdio.h>
#include<math.h>
main( )
{
float a,b,x;
float fa,fb,fx;
a=-5;
```

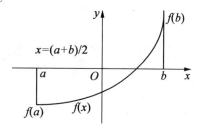

图 5－9　算法流程图

```
b = 5;
fa = a * a * a - 6 * a - 1;
fb = b * b * b - 6 * b - 1;
do
{
x = (a + b)/2;
fx = x * x * x - 6 * x - 1;
if(fa * fx < 0)
{
b = x;
fb = b * b * b - 6 * b - 1;
}
else
{
a = x;
fa = a * a * a - 6 * a - 1;
}
}
while(fabs(fa - fb) > 1e-4);
printf("x = % f\n",(a + b)/2);
printf("f(% f) = % f"(a + b)/2,fa);
}
}
}
```

运行结果:

x = 2.528918

f(2.528918) = - 0.000034

经过多次迭代,当 $x = 2.528918$ 时,$f(x)$ 的结果为 - 0.000034 已经接近 0,误差小于 10 数量级,读者可进行简单改写,输出每一次的迭代结果。

例 5 - 13 求 Fibonacci 数列的前 40 项,并以每行 5 项的方式输出。

分析:Fibonacci 数列的前两项均为 1,从第 3 项开始,每项的值为前两项之和,即 1、1、2、3、5、8、13、21、34 等。

这种问题称为递推问题,即可以从前一项或几项推出下一项的结果。

解决这种问题的思路如下。

(1)先将数列前两项的值赋值给 f1 和 f2,即 f1 = 1,f2 = 1。

(2)输出 f1 和 f2 两项的值。

(3)将 f1 与 f2 之和赋值给 f1,然后新的 f1 值与原来的 f2 值之和赋值给 f2。

(4)重复(2)、(3),直到获得最终结果。

程序如下:

```
#include < stdio.h >
main()
{
    long f1,f2;
```

```
f1 = f2 = 1;
  for(i = 1;i < = 20i ++ )
|
 printf("\n% 10ld% 10ld",f1,f2);
  if(i% 2 = =0) printf("\n");
  f1 = f1 + f2;
  f2 = f1 + f2;
|
|
```

5.8 基本能力上机实验

5.8.1 实验目的

（1）掌握 while 循环、do – while 循环、for 循环的语句格式。

（2）掌握 break 语句、continue 语句的使用方法。

（3）掌握循环嵌套语句的编程方法。

5.8.2 实验内容

1. 判断 101 ~ 200 之间有多少个素数，并输出所有素数。

程序分析　判断素数的方法：用一个数分别去除 2 到 sqrt（这个数），如果能被整除，则表明此数不是素数，反之是素数。

```
#include < math.h >
main( )
|
  int m,i,k,h =0,leap =1;
  printf("\n");
  for(m =101;m < =200;m ++ )
  | k = sqrt(m +1);
  for(i =2;i < = k;i ++ )
  if(m% i = =0)
  |leap =0;break;|
  if(leap) |printf("% -4d",m);h ++ ;
  if(h% 10 = =0)
  printf("\n");
  |
  leap =1;
  |
  printf("\nThe total is % d",h);
|
```

2. 打印出所有的"水仙花数"，所谓"水仙花数"是指一个三位数，其各位数字立方和等于该数本身。例如,153 是一个"水仙花数",因为 $153 = 1^3 + 5^3 + 3^3$。

```
main()
{
int i,j,k,n;
printf("'water flower'number is:");
for(n = 100;n < 1000;n ++ )
{
i = n/100;                                        /* 分解出百位 * /
j = n/10% 10;                                     /* 分解出十位 * /
k = n% 10;                                        /* 分解出个位 * /
if(i * 100 + j * 10 + k = = i * i * i + j * j * j + k * k * k)
{
printf("% -5d",n);
}
}
printf("\n");
}
```

3. 将一个正整数分解质因数。例如,输入 90,打印出 90 = 2 * 3 * 3 * 5。

程序分析 对 n 进行分解质因数,应先找到一个最小的质数 k,然后按下述步骤完成。

(1)如果这个质数恰等于 n,则说明分解质因数的过程已经结束,打印输出即可。

(2)如果 $n! = k$,但 n 能被 k 整除,则应打印出 k 的值,并用 n 除以 k 的商,作为新的正整数 n,重复执行第一步。

(3)如果 n 不能被 k 整除,则用 $k + 1$ 作为 k 的值,重复执行第一步。

```
main()
{
  int n,i;
  printf("\nplease input a number:\n");
  scanf("% d",&n);
  printf("% d = ",n);
  for(i =2;i < =n;i ++ )
  {
  while(n! = i)
  {
  if(n% i = =0)
  { printf("% d * ",i);
  n = n/i;
  }
  else
  break;
  }
  }
  printf("% d",n);
}
```

4. 输入两个正整数 m 和 n，求其最大公约数和最小公倍数。

```
main()
{
  int a,b,num1,num2,temp;
  printf("please input two numbers:\n");
  scanf("% d,% d",&num1,&num2);
  if(num1<num2)
  { temp=num1;
  num1=num2;
  num2=temp;
  }
  a=num1;b=num2;
  while(b! =0)/*利用辗除法,直到 b 为 0 为止*/
  {
  temp=a% b;
  a=b;
  b=temp;
  }
  printf("gongyueshu:% d\n",a);
  printf("gongbeishu:% d\n",num1*num2/a);
}
```

5. 求 $s=a+aa+aaa+aaaa+aa\cdots a$ 的值，其中 a 是一个数字。例如 $2+22+222+2222+22222$（此时共有 5 个数相加）。

```
main()
{
  int a,n,count=1;
  long int sn=0,tn=0;
  printf("please input a and n\n");
  scanf("% d,% d",&a,&n);
  printf("a=% d,n=% d\n",a,n);
  while(count<=n)
  {
  tn=tn+a;
  sn=sn+tn;
  a=a*10;
  ++count;
  }
  printf("a+aa+…=% ld\n",sn);
}
```

5.9　拓展能力上机实验

5.9.1　实验目的

(1)熟练使用三种循环结构进行程序设计。
(2)掌握循环结构程序设计的思路和方法。

5.9.2　实验内容

1. 一球从 100 m 高度自由落下,每次落地后反跳回原高度的一半,再落下,求它在第 10 次落地时,共经过多少米? 第 10 次反弹多高?

```
main()
{
  float sn=100.0,hn=sn/2;
  int n;
  for(n=2;n<=10;n++)
  {
  sn=sn+2*hn;                /*第 n 次落地时共经过的米数*/
  hn=hn/2;                   /*第 n 次反跳高度*/
  }
  printf("the total of road is %f\n",sn);
  printf("the tenth is %f meter\n",hn);
}
```

2. 一只猴子摘了 n 个桃子,第一天吃了一半又多吃了一个,第二天又吃了余下的一半又多吃了一个,到第十天的时候发现还有一个,求猴子第一天摘了几个桃子。

```
main()
{
  int i,s,n=1;
  for(i=1;i<10;i++)
  {
  s=(n+1)*2
  n=s;
  }
  printf("第一天共摘了%d 个桃\n",s);
}
```

3. 打印出如下图案(菱形)。

```
      *
    * * *
  * * * * *
* * * * * * *
  * * * * *
    * * *
      *
```

```
main( )
{
  int i,j,k;
  for(i =0;i < =3;i ++ )
  {
  for(j =0;j < =2 - i;j ++ )
  printf(" ");
  for(k =0;k < =2 * i;k ++ )
  printf(" * ");
  printf("\n");
  }
  for(i =0;i < =2;i ++ )
  {
  for(j =0;j < =i;j ++ )
  printf(" ");
  for(k =0;k < =4 -2 * i;k ++ )
  printf(" * ");
  printf("\n");
  }
}
```

4.有 1、2、3、4 四个数字,能组成多少个互不相同且无重复数字的三位数? 都是多少?

```
main( )
{
  int i,j,k;
  printf("\n");
  for(i =1;i <5;i ++ )                          /* 以下为三重循环 * /
  for(j =1;j <5;j ++ )
  for (k =1;k <5;k ++ )
  {
  if (i! = k&&i! = j&&j! = k)                    /* 确保 i、j、k 三位互不相同 * /
  printf("% d,% d,% d\n",i,j,k);
  }
}
```

5.一个整数,它加上 100 后是一个完全平方数,再加上 168 又是一个完全平方数,请问该数是多少?

```
#include "math.h"
main( )
{
  long int i,x,y,z;
  for (i =1;i <100000;i ++ )
  { x = sqrt(i +100);                           /* x 为加上 100 后开方后的结果 * /
  y = sqrt(i +268);                             /* y 为再加上 168 后开方后的结果 * /
  if(x * x = = i +100&&y * y = = i +268)         /* 如果一个数的平方根的平方等于该
                                                   数,这说明此数是完全平方数 * /
```

```
     printf("\n% ld\n",i);
     }
  }
```

6. 输出 9 * 9 口诀。

```
#include<stdio.h>
main()
{
  int i,j,result;
  printf("\n");
  for (i=1;i<10;i++)
  { for(j=1;j<10;j++)
    {
    result=i*j;
    printf("% d*% d=% -3d",i,j,result);        /* -3d 表示左对齐,占 3 位 */
    }
    printf("\n");                              /* 每一行后换行 */
  }
}
```

7. 两个乒乓球队进行比赛,各出 3 人。甲队为 a、b、c 3 人,乙队为 x、y、z 3 人。以抽签决定比赛名单。有人向队员打听比赛的名单。a 说他不和 x 比,c 说他不和 x、z 比,请编程序找出 3 队赛手的名单。

```
main()
{
  char i,j,k;                         /* i 是 a 的对手,j 是 b 的对手,k 是 c 的对手 */
  for(i='x';i<='z';i++)
    for(j='x';j<='z';j++)
    {
    if(i!=j)
      for(k='x';k<='z';k++)
      { if(i!=k&&j!=k)
        { if(i!='x'&&k!='x'&&k!='z')
        printf("order is a--% c\tb--% c\tc--% c\n",i,j,k);
        }
      }
    }
}
```

8. 有一分数序列:2/1,3/2,5/3,8/5,13/8,21/13,…,求出这个数列的前 20 项之和。

```
main()
{
  int n,t,number=20;
  float a=2,b=1,s=0;
  for(n=1;n<=number;n++)
    {
```

```
    s = s + a/b;
    t = a;a = a + b;b = t;                /* 这部分是程序的关键,请读者思考 t 的作用 */
    }
  printf("sum is % 9.6f\n",s);
}
```

9. 求 1 + 2! + 3! + … + 20! 的和。

```
main()
{
  float n,s = 0,t = 1;
  for(n = 1;n < = 20;n ++ )
    {
    t * = n;
    s + = t;
    }
  printf("1 + 2! + 3! + … + 20! = % e\n",s);
}
```

10. 利用递归方法求 5!。

```
#include < stdio.h >
main()
{
  int i;
  int fact();
  for(i = 0;i < 5;i ++ )
    printf("\40:% d! = % d\n",i,fact(i));
  }
  int fact(j)
  int j;
  {
  int sum;
  if(j = = 0)
    sum = 1;
  else
    sum = j * fact(j - 1);
  return sum;
}
```

5.10 习　题

1. 填空题

(1) 以下程序段的输出结果是_____。

```
int k,n,m;
n = 10; m = 1; k = 1;
```

```
while(k< =n) m* =2;
printf("% d\n",m);
```

(2)以下程序的输出结果是_____。

```
main()
{
int x =2;
while(x - -);
printf("% d\n",x);
}
```

(3)以下程序段的输出结果是_____。

```
int i =0,sum =1;
do
{ sum + = i ++;
}while(i <5);
printf("% d\n",sum);
```

2.选择题

(1)以下程序段的输出结果是   (   )

A. 12   B. 15   C. 20   D. 25

```
int i,j,m =0;
for(i =1; i < =15; i + =4)
for(j =3;j < =19; j + =4) m ++;
printf("% d\n",m);
```

(2)以下程序段的输出结果是   (   )

A. 10   B. 9   C. 10   D. 9

    9   8   9   8

    8   7   8   7

                                     7   6

```
int n =10;
  while(n >7)
    { n - -;
      printf("% d\n",n);
    }
```

(3)以下程序段的输出结果是   (   )

A. 1   B. 3 0   C. 1 -2   D. 死循环

```
int x =3;
do
{
printf("% 3d",x - =2);
}while(! ( - -x));
```

(4)以下程序的输出结果是   (   )

A. 15   B. 14   C. 不确定   D. 0

```
main()
```

```
{
  int i, sum;
  for(i = 1; i < 6; i ++ ) sum + = sum;
  printf( "% d\n",sum);
}
```

(5)以下程序的输出结果是　　　　　　　　　　　　　　　　　　(　　)

A. 741　　　　　　　　B. 852　　　　　　　C. 963　　　　　　D. 875421

```
main( )
{
  int y = 10;
  for( ;y > 0;y - - )
  if(y% 3 = =0)
  { printf( "% d", - -y); continue; }
}
```

第6章 函　　数

采用结构化设计方式,对程序进行由上而下的逐一分析,将主要的大问题逐步分解成各个小问题,并将这些小问题分别交给不同的程序设计师编写程序代码。这种方法不仅能大幅提高代码的重用性(reusability),而且可以减少出错的范围,程序的维护工作也更加轻松。因此,在 C 程序中,函数可以视为一种独立的模块,当需要某项功能时,只要调用编写完的函数来执行就可以了。事实上,整个 C 语言程序的编写,就是由这些具有各种功能的函数所组成的。

6.1　函数概述

C 语言程序由一个主函数或多个函数组成,函数是完成某一功能的程序段,是程序的基本组成成分。从用户的使用角度看,C 语言中的函数分为系统函数和用户函数。系统函数也称标准函数或库函数,它是由系统提供的,用户不必定义这些函数,可以直接使用它们。不同的 C 系统提供的库函数的数量和功能是不同的,当然有一些基本的函数是共同的。用户函数是用户自己定义的,用以解决用户的专门需要。

从函数的形式看,函数分为无参函数和有参函数。在调用无参函数时,主调函数并不将数据传送给被调用函数,一般用来执行指定的一组操作,无参函数可以代回函数值也可以不代回函数值,一般不代回函数值。在调用有参函数时,在主调函数和被调用函数之间有数据传递,主调函数可以将数据传给被调用函数使用,被调用函数中的数据也可以代回来供主调函数使用。

6.2　函数声明和定义

6.2.1　函数的声明

C 语言中的所有函数与变量一样,在使用之前必须说明。所谓声明就是指声明函数是什么类型的函数,一般库函数的声明都包含在相应的头文件"＊.h"中,标准的输入/输出函数包含在"stdio.h"中,非标准输入/输出函数包含在"io.h"中,以后在使用库函数时必须先知道该函数包含在哪个头文件中,在程序的开头用#include ＜＊.h＞或#include "＊.h"声明。

函数声明的一般形式为

函数类型 函数名(数据类型 形式参数 1,数据类型 形式参数 2,…,数据类型 形式参数 n);

其中,函数类型是该函数返回值的数据类型,可以是整型、长整型、单精度类型、双精度类型、字符型以及无值型(表示函数没有返回值)。

```
int max( int a,int b);                    /* 说明一个整型函数 * /
float min( float m,float n);               /* 说明一个浮点型函数 * /
void stu( int p,int q);                    /* 说明一个不返回值的函数 * /
```

6.2.2 函数的定义

函数的定义格式有两种:传统格式和现代格式。传统格式是早期编译系统使用的格式,现代格式则是现代编译系统的格式。本书建议使用现代格式。现代格式在形参表中既说明其名称又说明其类型。传统格式只在形参表中说明形式参数的名称,而把其类型说明放在函数名和函数体左花括号之间。具体定义的语法格式如下所示。

1. 现代格式

函数的类型说明　函数名(带有类型说明的参数表)

{ 函数体;}

2. 传统模式

函数的类型说明　函数名(不带有类型说明的参数表)

参数的类型说明;

{

　　函数体;

}

对函数定义中各个部分的说明如下。

(1)函数名。函数名是编译系统识别函数的依据,除了 main( )函数有固定名称外,其他函数由用户按标识符的规则自行命名。函数名与其后的圆括号之间不能留空格,编译系统依据一个标识符后有没有圆括号来判定它是不是函数。函数名是一个常数,代表该段程序代码在内存中的首地址,也叫作函数入口地址。

(2)函数的形式参数。函数的形式参数也称为形参,用来建立函数之间的数据联系,它们被放在函数名后面的圆括号中。当一个函数被调用时,形参接收来自调用函数的实在参数(也称实参),实现函数与函数之间的数据通信,称为虚实结合。形参可以是变量、数组、指针,也可以是函数、结构体、联合等,当形参有多个时,相互之间用逗号隔开。

有的函数在被调用时不需要与调用函数进行数据交换,也就不需要形参,这时,函数名后面的圆括号中可以是空白或 void,这种函数称为无参数,即

```
float sub(void)
```

或

```
float sub( )
```

(3)函数的数据类型。函数的数据类型指的是该函数返回值的类型,可以是 char、int、float、double、指针等。如果省略函数的数据类型,则默认为 int 型。如果 return 中的表达式类型与函数类型不一致,则编译系统自动将表达式的类型转换成函数的类型后返回。

无返回值的函数可以定义为无值类型。在传统格式中,定义无值类型时,函数名前不加任何关键字;在现代格式中,则加上关键字 void。例如:

```
void print(float x,float y)
void input(void)
```

（4）函数的存储类型。函数的存储类型用来标识该函数能否被其他程序文件中的函数调用。当一个程序文件中的函数允许被另一个程序文件中的函数调用时，可以将它定义成 extern 型，否则，就要定义成 static 型。如果在函数定义时默认存储类型，则为 extern。

（5）函数体。函数体是函数实现特定处理功能的语句集合，其形式与 main( ) 函数完全相同。C 语言允许一个函数调用另一个函数，但不允许在一个函数体内再定义另一个函数。

6.2.3 有参函数、无参函数的定义

1. 有参函数的定义

有参函数定义的一般形式为

类型标识符 函数名（数据类型 形式参数 1，数据类型 形式参数 2，…，数据类型 形式参数 n）

```
{
    函数体；
}
```

在进行函数调用时，主调函数将实际参数传递给形式参数。由于形参是变量，因此必须在形参表中给出形参的类型说明。

例如，定义一个函数，该函数的功能是找出 3 个数中的最大数。

程序如下：

```
int max(int a,int b,int c)
{
    int max;
    max = a;
    if(a < b) max = b;
    if(max < c) max = c;
    return(max);
}
```

程序第 1 行 max 前面的 int 说明 max( ) 函数是一个整型函数，该函数的返回值是一个整数。形参 a、b、c 也均为整型变量。a、b、c 的具体值由主调函数在调用时传送。在"{}"中的函数体内，定义了一个用来存放最大数的整型变量 max。在 max( ) 函数中的 return 语句是把 a、b、c 中的最大值作为函数的值返回给主调函数。

在 C 程序中，一个函数的定义可以放在任意位置，既可放在主函数 main( ) 之前，也可放在 main 之后。例如，下面所示的程序是将 max( ) 函数放在 main( ) 之前。

例 6 - 1 编写函数 max( )，求三个数中最大值并返回主函数输出。

```
#include < stdio.h >
int max(int a,int b,int c)
{
    int max;
    max = a;
    if(a < b) max = b;
        if(max < c) max = c;
    return(max);
}
```

```
main()
{
    int max(int a,int b,int c);
    int z,m,n,y;
    printf("input three numbers:\n");
    scanf("% d% d% d",&m,&n,&y);
    z = max(m,n,y);
    printf("The max is % d",z);
}
```

运行结果：

```
input three numbers:
23 1 78
The max is 78
```

下面从函数定义、函数说明以及函数调用的角度来分析整个程序，从中进一步了解函数的各个特点。

程序的第 2 行至第 9 行为 max( ) 函数定义。进入主函数后，因为准备调用 max( ) 函数，故先对 max( ) 函数进行说明（程序第 10 行）。注意，函数定义和函数说明并不是一回事，函数说明与函数定义中的函数头部分相同，但是末尾要加分号。程序第 14 行为调用 max( ) 函数，并把 m、n、y 中的值传送给 max 的形参 a、b、c。max( ) 函数执行的结果（最大值）将返回给变量 z。最后由主函数输出 z 的值。

2. 无参函数的定义

无参函数定义的一般形式为

类型标识符 函数名( )
{
        函数体；
}

其中，类型标识符和函数名称为函数头。类型标识符指明了本函数的类型，函数的类型实际上是函数返回值的类型。该类型标识符与前面介绍的各种说明符相同。函数名是由用户命名的标识符。可以看到，函数名后面括号中无任何参数，但是这里的括号不可少。｛｝中的内容称为函数体。在函数体中的声明部分，是对函数体内部所用到的变量的类型说明。

在很多情况下不要求无参函数有返回值，此时的函数类型符可以写为 void。

```
void Hello ( )
{
  printf("Hello human\n");
}
```

Hello 函数是一个无参函数，当该函数被其他函数调用时，输出"Hello human"字符串。

6.2.4 空函数

在程序设计中有时会用到空函数，它的形式为

类型说明符 函数名( )

```
{    }
```

例如：

```
void khs()
{    }
```

调用此函数时,什么工作也不做,没有任何实际作用。在主调函数中写上"khs( );"表明"这里要调用一个函数",而现在这个函数没有起作用,等以后扩充函数功能时补充上。

在程序设计中往往根据需要确定若干模块,分别由一些函数来实现。而在第一阶段只设计最基本的模块,其他一些次要功能或需要增加的功能则在以后需要时陆续补上,在编写程序的开始阶段,可以在将准备扩充功能的地方写上一个空函数(函数取名将来采用实际函数名,如用 merge( )、matproduct( )、concatenate( )、shell( )等,分别代表合并、矩阵相乘、字符串连接、希尔法排序等),只是这些函数未编好,先占一个位置,以后用一个编好的函数代替它。这样做,程序的结构清楚,可读性好,以后扩充新功能方便,对程序结构影响不大。

6.3　函数的调用

在一个完整的 C 程序中,各函数之间的逻辑联系是通过函数调用实现的。

函数在程序中的调用方式有函数表达式、函数语句和函数参数 3 种方式。

1. 函数表达式

函数作为表达式中的一项出现在表达式中,以函数返回值参与表达式的运算即为函数表达式。这种方式要求函数有返回值。

```
z = max(x,y) * 8;
```

其实,函数 max 是赋值表达式的一部分,它的值乘以 8 后再赋予变量 z。

2. 函数语句

函数调用的一般形式加上分号即构成函数语句,例如：

```
printf("% d,m");
max(x,y);
```

这些都是以函数调用的方式调用函数。

3. 函数参数

在 C 语言函数调用中,被调函数作为另一个函数调用的实际参数出现。这种情况是把该函数的返回值作为实参传递给调用函数,因此该函数必须有返回值。例如：

```
printf("% d",max(m,n));
```

上述语句是把 max 函数的返回值又作为 printf 函数的实参来使用。

在函数调用时,需要对被调用函数进行说明。对函数进行说明时需要注意以下两点。

(1)在调用系统函数时,需要包含命令#include"头文件名. h",将定义系统函数的库文件包含在本程序中。有关包含命令的相关知识在后面章节中将详细介绍。

(2)如果调用函数和主函数在一个编译单元中,则在书写顺序上被调用函数比主函数先出现;或者被调用函数虽然在主函数之后出现,而被调用函数的数据类型是整型或字符型,可以不对被调用函数加以说明。除了上述两种情况以外,都要对被调用函数加以说明。函数说明的位置一般在主函数体开头的数据说明语句中,说明格式为

　　数据类型　　被调用函数名( );

6.3.1 函数的一般调用

在 C 语言程序设计中,主函数调用其他函数时,直接使用函数名和实参的方法,函数调用的一般形式为

被调用函数名([参数表达式 1,参数表达式 2,…;参数表达式 n);

其中,参数前不加数据类型说明,参数表达式可以是常量、变量或表达式,各个参数表达式之间用逗号分隔。参数表示式的个数与该函数定义时形式参数的个数、数据类型都应该匹配,否则会出现预料不到的结果。如果被调用函数是无参函数,即[ ]中没有内容时,函数名后面的括号不要省略。

使用 C 语言的库函数就是函数的简单调用方法。

例如:

```
main()
{
    printf("* * * * * *\n");
}
```

上述程序在 main( )函数中调用输出函数 printf 来输出一行星号。

6.3.2 函数的嵌套调用

C 语言中不允许做嵌套的函数定义。因此各函数之间是平行的,不存在上一级函数和下一级函数的问题。但是 C 语言允许在一个函数的定义中出现对另一个函数的调用。这样就出现了函数的嵌套调用。即在被调函数中又调用其他函数。例如,在调用 A 函数的过程中,还可以调用 B 函数,在调用 B 函数的过程中,还可以调用 C 函数……当 C 函数调用结束后返回到 B 函数,当 B 函数调用结束后返回到 A 函数,当 A 函数调用结束后再返回到 A 的调用函数中。假定 main( )调用 A 函数,上述的嵌套调用关系如图 6-1 所示。

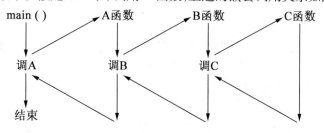

图 6-1 函数的嵌套调用关系

例 6-2 编程求 $1^k + 2^k + 3^k + \cdots + n^k$。

```
#include<stdio.h>
#define K 4
#define N 6
int k,n;
int fun(int k,int n);
int powers(int m,int n);
main()
{   printf("Sum of% dth powers of integers from 1 to % d = ",K,N);
```

```
    printf("% d\n",fun(K,N));
}
int fun(int k,int n )
{
    int i,sum =0;
    for(i =1;i < =n;i ++ )
    sum + = powers(i,k);
    return ( sum );
}
int  powers(int m,int n)
{
    int i,product =1;
    for(i =1;i < =n;i ++ )
      product * = m;
    return (product);
}
```

输出结果:

sum of 4th powers of integers from 1 to 6 = 2275

6.3.3　函数的递归调用

C 语言可以使用递归函数。递归函数又称为自调用函数,它的特点是在函数内部直接或间接地调用自己。从函数定义的形式上看,在函数体出现调用该函数本身的语句时,它就是递归函数。递归函数的结构十分简单,对于可以使用递归函数算法实现功能的函数,可以把它们编写成递归函数。某些问题(如解汉诺塔问题)用递归算法来实现,所写程序的代码十分简洁,但并不意味着执行效率就高,为了进行递归调用,系统要自动安排一系列的内部操作,通常使效率降低,而且并不是所有问题都可用递归算法来实现的,一个问题要采用递归方法来解决时,必须符合以下 3 个条件。

(1)找出递归问题的规律,运用此规律使程序控制反复地进行递归调用。把一个问题转化为一个新的问题,而这个新问题的解法仍与原问题的解法相同,只是所处理的对象有所不同,是有规律地递增或递减。

(2)可以通过转化过程使问题得以解决。

(3)找出函数递归调用结束的条件,否则程序无休止地进行递归,不但解决不了问题,而且会出错,也就是说必须要有某个终止递归的条件。

在递归函数程序设计的过程中,只要找出递归问题的规律和递归调用结束的条件两个要点,问题就会迎刃而解,递归函数的典型例子是阶乘函数。数学中 n 的阶乘按下列公式计算:

$$n! =1 \times 2 \times 3 \times \cdots \times n$$

在归纳算法中,它由下列两个计算式表示:

n! =n * (n-1)!

1! =1

由公式可知,求 n! 可以转化为 n * (n-1)!,而(n-1)! 的解决方法仍与求 n! 的解法相同,只是处理对象比原来的递减 1,变成 n-1。对于(n-1)! 又可转化为求(n-1) * (n-2)!,依此类推,当 n =1 时,n! =1,这是结束递归的条件,从而使问题得以解

决。求 4 的阶乘时,其递归过程是

4! = 4 * 3!

3! = 3 * 2!

2! = 2 * 1!

1! = 1

　按上述相反过程回溯计算就得到了计算结果:

1! = 1

2! = 2

3! = 6

4! = 24

上面给出的阶乘递归算法用函数实现时,就形成了阶乘的递归函数。根据递归公式很容易写出以下的递归函数 f。

例 6 - 3　阶乘的递归函数。

```
#include < stdio.h >
int f( int n)
{
  if(n = =1)
   return(1);
   else
   return(n * f(n -1));
}
main( )
{ int x =4;
  printf("n! = % d\n",f(x));
}
```

　输出结果:

n! = 24

该函数的功能是求形式参数 x 为给定值的阶乘,返回值是阶乘值。从函数的形式上可以看出,函数体中最后一个语句出现了 f(n -1),这正是调用该函数自己,所以它是一个递归函数。假如在程序中要求计算 4!,则从调用 f(4) 开始函数的递归过程。递归函数的执行过程如图 6 -2 所示。

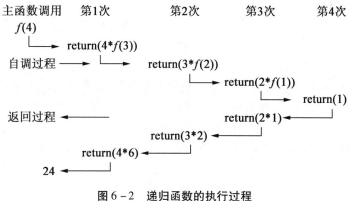

图 6 - 2　递归函数的执行过程

　　分析递归调用时,应当弄清楚当前是在执行第几层调用,在这一层调用中各内部变量的值是什么,上一层函数的返回值是什么,这样才能确定本层的函数返回值是什么。现以上面的求阶乘函数为例,最初的调用语句为 f(4)。分析步骤如下。

　　(1)进入第 1 层调用,n 接受主调函数实参值 4,进入函数体后,由于 n≠1,所以执行 else 下的 return(n * f(n−1))语句,首先要求出函数值 f(n−1),因此进行第 2 层调用,这时实参表达式 n−1 的值为 3。

　　(2)进入第 2 层调用,形参 n 接受来自上一层的实参值 3,n≠1,执行 return(n * f(n−1))语句,需要先求函数值 f(n−1),因此进行第 3 层调用,这时实参的值为 2。

　　(3)进入第 3 层调用,形参 n 接受来自上一层的实参值 2,因为 n≠1,所以执行 return(n * f(n−1))语句,需要进行第 4 层调用,实参表达式 n−1 的值为 1(等价于 f(1))。

　　(4)进入第 4 层调用,形参 n 接受来自上一层的实参值 1,因为 n=1,因此执行 return(1)。在此遇到了递归结束条件,递归调用终止,并返回本层调用所得的函数值 1。至此自调用过程终止,程序控制开始逐步返回。每次返回时,函数的返回值乘 n 的当前值,其结果作为本次调用的返回值。

　　(5)返回到第 3 层调用,f(n−1)(即 f(1))的值为 1,本层的 n 值为 2,表达式 n * f(n−1)的值为 2,返回函数值为 2。

　　(6)返回到第 2 层调用,f(n−1)(即 f(2))的值为 2,本层的 n 值为 3,表达式 n * f(n−1)的值为 6,返回函数值为 6。

　　(7)返回到第 1 层调用,f(n−1)(即 f(3))的值为 6,本层的 n 值为 4,因此返回到主调函数的函数值为 24。

　　(8)返回到主调函数,表达式 f(4)的值为 24。

　　从上述递归函数的执行过程中可以看到,作为函数内部变量的形式参数 n,在每次调用时它有不同的值。随着自调用过程的层层进行,n 在每层都取不同的值。在返回过程中,返回到每层时,n 恢复该层的原来值。递归函数中局部变量的这种性质是由它的存储特性决定的。这种变量在自调用过程中,它们的值被依次压入堆栈存储区。而在返回过程中,它们的值按后进先出的顺序一一恢复。由此得出结论:在编写递归函数时,函数内部使用的变量应该是 auto 堆栈变量。

　　C 编译系统对递归函数的自调用次数没有限制,但是当递归层次过多时可能会产生堆栈溢出。在使用递归函数时应特别注意这个问题。

　　例 6 − 4　Hanoi(汉诺)问题,也称梵塔问题,这是一个典型的用递归方法解决的问题。有 3 根针 A、B、C,A 针上有 64 个盘子,盘子大小不等,大的在下,小的在上。要求把这 64 个盘子从 A 针移到 C 针,在移动过程中可以借助 B 针,每次只允许移动一个盘子,且在移动过程中在 3 根针上都保持大盘在下,小盘在上。要求编程序打印出移动的步骤。

　　将 n 个盘子从 A 针移到 C 针可以分解为 3 个步骤:①将 A 针上 n−1 个盘借助 C 针先移到 B 针上;②把 A 针上剩下的一个盘移到 C 针上;③将 n−1 个盘从 B 针借助 A 针移到 C 针上。

　　下面以图 6−3 所示的 3 个盘子为例,想要将 A 针上 3 个盘子移到 C 针上,可以分解为以下 3 个步骤。

　　(1)将 A 针上 2 个盘子移到 B 针上(借助 C)。

　　(2)将 A 针上 1 个盘子移到 C 针上。

（3）将 B 针上 2 个盘子移到 C 针上（借助 A）。

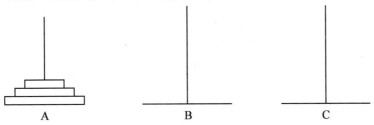

图 6-3　Hanoi（汉诺塔）问题

其中第（2）步可以直接实现。第（1）步又可以用递归方法分解如下。

①将 A 针上 1 个盘子从 A 针上移到 C 针上。

②将 A 针上 1 个盘子从 A 针上移到 B 针上。

③将 C 针上 1 个盘子从 C 针上移到 B 针上。

第（3）步可以分解如下。

①将 B 针上 1 个盘子从 B 针上移到 A 针上。

②将 B 针上 1 个盘子从 B 针上移到 C 针上。

③将 A 针上 1 个盘子从 A 针上移到 C 针上。

将以上综合起来，可得到移动的步骤为

A→C，A→B，C→B，A→C，B→A，B→C，A→C

上面第（1）步和第（3）步，都是把 $n-1$ 个盘子从一个针移到另一个针上，采取的办法是一样的，只是针的名字不同而已。为使之一般化，可以将第（1）步和第（3）步表示为

将"one"针上 $n-1$ 个盘移到"two"针，借助"three"针。

只是在第（1）步和第（3）步中，one、two、three 和 A、B、C 的对应关系不同。第（1）步中的对应关系是

one—A，two—B，three—C

第（3）步中的对应关系是

one—B，two—C，three—A

因此，可以把上面 3 个步骤分成两步来操作。

（1）将 $n-1$ 个盘子从一个针移到另一个针上（ $n>1$ ）。这是一个递归的过程。

（2）将一个盘子从一个针上移到另一个针上。

下面编写程序，分别用两个函数实现上面的操作，用 hanoi（ ）函数实现上面第（1）步操作，用 move（ ）函数实现上面第（2）步操作。

```
hanoi(n,one,two,three);
```

表示将 n 个盘子从"one"针移到"three"针，借助"two"针。

```
move(getone,putone);
```

表示将一个盘子从"getone"针移到"putone"针。getone 和 putone 也是代表 A、B、C 之一，根据每次不同的情况分别取 A、B、C 代入。

程序如下：

```
#include<stdio.h>
void move (char getone, char putone)
{
```

```
        printf("% c - - >% c\n",getone,putone);
        }
        void hanoi(int n,char one,char two,char three)
                                    /* 将 n 个盘从 one 借助 two,移到 three */
        {
        if(n = =1)
        move(one,three);
        else
        {
            hanoi(n-1,one,three,two);
            move(one,three);
            hanoi(n-1,two,one,three);
        }
        }
        main()
        {
        int m;
        printf("input the number of diskes:");
        scanf("% d",&m);
        printf("the step to moving % 3d diskes:\n",m);
        hanoi(m,'A','B','C');
        }
```

运行结果:

```
input the number of diskes:3
the step to moving 3 diskes:
A - >C
A - >B
C - >B
A - >C
B - >A
B - >C
A - >C
```

例 6 - 5 编写程序求 4 个整数的最大值,其中 4 个整数由键盘输入。

```
#include <stdio.h >
int max(int a, int b, int c)                /* 定义求 3 个整数中最大值的函数 */
{
    int max;
    max = a;
    if(max <b)
    max = b;
    if(max <c)
    max = c;
    return(max);
}
```

```
main()                                    /* 主函数 */
{
  int x,y,z,m,n;                          /* 定义主函数中所用到的变量 */
  printf("please input four numbers:\n");
  scanf("% d,% d,% d,% d",&x,&y,&z,&m);   /* 输入要进行处理的整数 */
  n = max(x,y,z);                         /* 调用 max 函数求 4 个数的最大值 */
  if(m>n)                                 /* 将 3 个数中的最大值与第 4 个数进行
                                             比较,求 4 个数中的最大值 */

    n = m;
    printf("max = % d\n",n);              /* 输出结果 */
                                          /* 等待任意键 */

}
```

运行结果:
```
please input four numbers:
4,3,2,1
max = 4
```

在本例中,由于被调用函数 max( )出现在主调用函数之前,所以不必进行说明。如果定义被调用函数出现在主调用函数之后,则需要在主函数的开始处进行说明。

例 6 - 6 被调用函数在主调用函数之后,求最大值问题。

```
#include < stdio.h >
int max (int a, int b, int c);            /* 声明求 3 个整数中最大值的函数 */
main()                                    /* 主函数 */
{
  int x,y,z,m,n;                          /* 定义主函数中所用到的变量 */
  puts ("please input four numbers:\n");
  scanf ("% d,% d,% d,% d",&x,&y,&z,&m);  /* 输入要进行处理的整数 */
  n = max(x,y,z);                         /* 调用 max 函数求 3 个数的最大值 */
  if(m>n)                                 /* 将 3 个数中的最大值与第 4 个数进行
                                             比较,求 4 个数中最大值 */

    n = m;
  printf ("max = % d\n",n);               /* 输出结果 */
}
int max( int a,int b, int c)              /* 定义求 3 个整数 a、b、c 中的最大数的
                                             函数 */

{
int max;
max = a;
if( a < b)max = b;
if( max < c)max = c;
return(max);
}
```

上述两个程序的运行状况为
```
please input four numbers:
```

3,1,7,2

max＝7

（3）如果调用函数和主函数不在一个编译单元,则需要在定义函数的编译单元中用下列方式将被调用函数用函数定义成外部函数:

extern 数据类型 函数名(形式参数表)

同时,在主调用函数的函数体中,或所在编译单元的开头将要调用的函数说明为"外部函数"。具体的说明语句格式为

extern 数据类型 被调函数名();

6.4　函数的参数及其传递方式

6.4.1　函数的参数

1. 形参和实参

形参出现在函数定义中,在整个函数体内都可以使用,离开该函数则不能使用。实参出现在主调函数中,进入被调函数后,实参变量也不能使用。形参和实参两者相互配合进行数据传输。函数调用时,主调函数把实参的值传送给被调函数的形参从而实现主调函数向被调函数的数据传输。

例 6-7　求 m 个自然数之和。

```c
#include <stdio.h>
int   sum(int m);
main( )
{
  int m;
  printf("please  inptut  munber:\n");
  scanf("% d",&m);                    /*输入自然数的个数 m 的值*/
  sum(m);                             /*调用求和函数 sum*/
  printf("m =% d\n",m);              /*输出 m 的值*/
}
  int   sum(int m)                    /*求和函数 sum 的定义*/
{
  int  i;
  for(i =m-1;i > =1;i - -)
      m =m + i;
  printf("sum =% d\n",m);
}
```

运行结果:

please input number:

200

sum = 20100

m = 200

在这个程序中定义了一个函数 sum( ),用来实现求和运算。程序执行时,在主函数中输入值,并作为实参,在调用时传送给 sum( )函数的形参变量 m。注意,本例的形参变量和实参变量的标识符都为 m,但这两个不同的变量,各自的作用域是不同的。在主函数中用 printf 语句输出一次 m 值,这个 m 值是实参 m 的值。从运行情况看,输入 m 值为 200,即实参 m 的值为 200。把此值传给函数 sum( )时,形参 m 的初值也为 200,在执行函数过程中,形参 m 的值变为 20100。但是在返回主函数之后,输出实参 m 的值仍为 200。可见实参的值不随形参的变化而变化。

2. 形参和实参的特点

在使用形参和实参解决实际问题时,应注意它们各自的特点。

实参可以是常量、变量、表达式、函数等。无论定义的实参是何种类型,在进行函数调用时,它们都必须具有确定的值,以便程序在运行时把这些值传送给形参。

形参变量只是在被调用时系统才为其分配内存单元,在调用结束时,随即释放所分配的内存单元。因此,形参只在函数内部有效,函数调用结束后则不能再使用该形参变量。

函数调用中发生的数据传送是单向的,即只能把实参的值传送给形参,而不能把形参的值反向传送给实参。因此,在函数调用过程中,形参的值发生改变,而实参中的值不会发生改变。

实参和形参在数量上、类型上、顺序上应严格一致,否则会发生"类型不匹配"的错误。

6.4.2 参数的传递方式

参数传递是在程序运行过程中,实际参数就会将参数值传递给相应的形式参数,然后在函数中实现对数据处理和返回的过程,方法有 3 种。

1. 值传递

```
#include < stdio.h >                          //值传递传值
void swap( int x, int y);
int main( )
{
    int a = 2,b = 3;
    printf( "before:实参为 a,b\na = % d,地址为% d\nb = % d,地址为% d\n\n",a,&a,b,
&b);
    swap(a,b);
    printf( "after:实参为 a,b\na = % d,地址为% d\nb = % d,地址为% d\n\n",a,&a,b,
&b);
    return 0;
}
void swap(int x,int y)
{
    int tmp;
    tmp = x;
    x = y;
    y = tmp;
    printf( "inside:形参为 x,y\nx = % d,地址为% d\ny = % d,地址为% d\n\n",x,&x,y,
```

&y);

　　}

　　运行结果如图 6 - 4 所示。

图 6 - 4　值传递运行结果

2. 地址传递

```
#include < stdio.h >                                //值传递传地址
void swap( int * x, int * y);
int main( )
{
    int a = 2,b = 3;
    printf( "before:实参为 &a,&b\na = % d,地址为% d\nb = % d,地址为% d\n\n",a,&a,
b,&b);
    swap(&a,&b);
    printf( "after:实参为 &a,&b\na = % d,地址为% d\nb = % d,地址为% d\n\n",a,&a,b,&b);
    return 0;
}
void swap( int * x,int * y)
{
    int * tmp = NULL;
    tmp = x;
    x = y;
    y = tmp;
        printf( "inside:形参为 * x, * y\n * x = % d,x = % d,地址为% d\n * y = % d,y =
% d,地址为% d\n\n", * x,x,&x, * y,y,&y);
}
```

　　运行结果如图 6 - 5 所示。

图 6 - 5 地址传递运行结果

3. 引用传递

```
#include < stdio.h >                          //引用传递
void swap( int &x, int &y);
int main( )
{
    int a = 2,b = 3;
    printf( "before:实参为 a,b\na = % d,地址为% d\nb = % d,地址为% d\n\n",a,&a,b,
&b);
    swap(a,b);
    printf( "after:实参为 a,b\na = % d,地址为% d\nb = % d,地址为% d\n\n",a,&a,b,
&b);
    return 0;
}
void swap( int &x,int &y)
{
    int tmp;
    tmp = x;
    x = y;
    y = tmp;
        printf( "inside:形参为 &x,&y\nx = % d,地址为% d\ny = % d,地址为% d\n\n",x,
&x,y,&y);
}
```

运行结果如图 6 - 6 所示。

图 6 - 6 引用传递运行结果

6.5　函数的返回语句

6.5.1　函数的返回值

函数的值可以通过 return 语句来实现返回。return 语句的一般形式为

```
return  表达式;
```

或者 return(表达式);

return 语句的功能是计算表达式的值,并返回给主调函数。在函数中允许有多个 return 语句,但每次调用只能有一个 return 语句被执行,因此只能返回一个函数值。

函数值为整型时,在函数定义时可以省去类型说明。

函数值的类型和函数定义中说明的函数的类型应保持一致。如果两者不一致,则以函数类型为准,自动进行类型转换。

不返回函数值的函数,可以明确定义为"空类型",空类型的说明符为"void"。

例如:

```
void  m(int n)
{
…
}
```

一旦函数被定义为空类型后,就不能在主调函数中使用被调函数了。例如,在定义函数 m 为空类型后,在主调函数中写下述语句企图调用该函数就错了:

```
sum = m(n);
```

因此,为了使程序有良好的可读性并减少出错,凡不要求返回值的函数都应定义为空类型。

6.5.2　函数的结束标志

函数未必有固定的结尾,一般遇到 ret 指令,函数即退出,而一个函数中可以有多条 ret 指令。有时遇到 exit 系统调用的话,整个程序都会退出,之前不管执行到哪里,均无法返回。

从可执行文件的格式来看,如果函数对应一个外部符号,概念上可以通过分析可执行文件来找到函数的起始和终止位置,但这只是符号意义上的,因为函数未必执行到对应符号的最后一条指令才退出。

6.5.3　函数的返回值类型

函数的返回值类型是由定义函数时所定义的函数的类型决定的。也就是说定义函数是什么类型,返回值就是什么类型。例如:

函数定义 int fun(int a, char b)

返回值就是整型;

函数定义 float fun(float a)

返回值就是基类型为单精度型;

函数定义 void fun(int a)

无返回值。

6.6 变量的作用域和存储类别

6.6.1 变量的作用域

1.局部变量

局部变量也称为内部变量。局部变量是在函数内做定义说明的。其作用域仅限于函数内,离开该函数后再使用这种变量是非法的。

例如:

```
int f1(int a)                          /* 函数 f1 */
{
int b,c;
...
}
```
a,b,c 有效
```
int f2(int x)                          /* 函数 f2 */
{
int y,z;
...
}
```
x,y,z 有效
```
main()
{
  int m,n;
  ...
}
```
m,n 有效

在函数 f1 内定义了 3 个变量,a 为形参,b、c 为一般变量。在 f1 的范围内 a、b、c 有效,或者说 a、b、c 变量的作用域限于 f1 内。同理,x、y、z 的作用域限于 f2 内。m、n 的作用域限于 main( )函数内。关于局部变量的作用域还要说明以下几点。

(1)主函数中定义的变量也只能在主函数中使用,不能在其他函数中使用。同时,主函数中也不能使用其他函数中定义的变量,因为主函数也是一个函数,它与其他函数是平行关系,这一点是与其他语言不同的,应予以注意。

(2)形参变量是属于被调函数的局部变量,实参变量是属于主调函数的局部变量。

(3)允许在不同的函数中使用相同的变量名,它们代表不同的对象,分配不同的单元,互不干扰,也不会发生混淆。例如,在前例中,形参和实参的变量名都为 n,是完全允许的。

(4)在复合语句中也可定义变量,其作用域只在复合语句范围内。

例如:

```
main()
{
```

```
    int i = 2,j = 3,k;
    k = i + j;
    {
      int k = 8;
      printf("% d\n",k);
    }
    printf("% d,% d\n",i,k);
}
```

　　本程序在 main( )中定义了 i、j、k 3 个变量,其中 k 未赋初值。而在复合语句内又定义了一个变量 k,并赋初值为 8。应该注意这两个 k 不是同一个变量。在复合语句外由 main 定义的 k 起作用,而在复合语句内则由在复合语句内定义的 k 起作用。因此,程序第 4 行的 k 为 main 所定义,其值应为 5。第 7 行输出 k 值,该行在复合语句内,由复合语句内定义的 k 起作用,其初值为 8,故输出值为 8。第 9 行输出 i、k 值,i 是在整个程序中有效的,第 3 行对 i 赋值为 2,所以输出也为 2。而第 9 行已在复合语句之外,输出的 k 应为 main 所定义的 k,此 k 值由第 4 行已获得为 5,故输出也为 5。

　　2. 全局变量

　　全局变量也称为外部变量,它是在函数外部定义的变量。全局变量不属于哪一个函数,它属于一个源程序文件,其作用域是整个源程序。在函数中使用全局变量,一般应做全局变量说明。只有在函数内经过说明的全局变量才能使用。全局变量的说明符为 extern。但在一个函数之前定义的全局变量,在该函数内使用可不再加以说明。

　　例如:

```
extern int a,b;                          /* 外部变量 */
void f1()                                /* 函数 f1 */
{
  ...
}
float x,y;                               /* 外部变量 */
int f2()                                 /* 函数 f2 */
{
  ...
}
main()                                   /* 主函数 */
{
  ...
}
```

　　从上例可以看出 a、b、x、y 都是在函数外部定义的外部变量,都是全局变量。但 x、y 定义在函数 f1 之后,而在 f1 内又无对 x、y 的说明,所以它们在 f1 内无效。a、b 定义在源程序最前面,因此在 f1、f2 及 main 内不加说明也可使用。

　　例 6 - 8　输入正方体的长宽高 l、w、h,求体积及 3 个面 x * y、x * z、y * z 的面积。

　　程序如下:

```
#include < stdio.h >
int s1,s2,s3;
```

```
int vs( int a,int b,int c)
{
    int v;
    v = a * b * c;
    s1 = a * b;
    s2 = b * c;
    s3 = a * c;
    return v;
}
main()
{
    int v,l,w,h;
    printf("\ninput length,width and height\n");
    scanf("% d % d % d",&l,&w,&h);
    v = vs(l,w,h);
    printf("\nv = % d,s1 = % d,s2 = % d,s3 = % d\n",v,s1,s2,s3);
}
```

运行结果：

input length,width and height

10 20 30

v = 6000,s1 = 200,s2 = 600,s3 = 300

外部变量与局部变量同名。

```
#include < stdio.h >
int a = 3,b = 5;                          /* a、b 为外部变量 */
int max( int a,int b)                     /* a、b 为局部变量 */
{
    int c;
    c = a > b? a:b;
    return(c);
}
main()
{
    int a = 8;
    printf("% d\n",max(a,b));
}
```

运行结果：

8

如果同一个源文件中,外部变量与局部变量同名,则在局部变量的作用范围内,外部变量被"屏蔽",即它不起作用。

说明：

(1)可以利用全局变量以减少函数实参与形参的个数,从而减少内存空间以及传递数据时的时间消耗。

(2)建议不在必要时不要使用全局变量,原因如下。

①全局变量在程序的全部执行过程中都占用存储单元而不是仅在需要时才开辟单元。

②它使函数的通用性降低了,因为函数在执行时要依赖于其所在的外部变量。如果将一个函数移到另一个文件中,还要将有关的外部变量及其值一起移过去。模块的功能要单一,其他模块的相互影响要尽量少,而用全局变量是不符合这个原则的。一般要求把 C 程序中的函数做成一个封闭体,除了可以通过"实参－形参"的渠道与外界发生联系外,没有其他渠道,这样的程序移植性好,可读性强。

③使用全局变量过多,会降低程序的清晰性,人们往往难以清楚地判断出每个瞬时各个外部变量的值。在各个函数执行时都可能改变外部变量的值,程序容易出错。因此,要限制使用全局变量。

(3)如果外部变量在文件开头定义,则在整个文件范围内都可以使用该外部变量,如果不在文件开头定义,按上面规定作用范围只限于定义点到文件终了。如果在定义点之前的函数想引用该外部变量,则应该在该函数中用关键字 extern 做"外部变量说明",表示该变量在函数的外部定义,在函数内部可以使用它们。

例 6 – 9　编写函数利用全局变量求两个数中较大者并解出。

```
#include<stdio.h>
int max(int x,int y)                         /*定义 max 函数*/
{
    int z;
    z=x>y? x:y;
    return(z);
}
main()
{
    extern int a,b;                          /*外部变量说明*/
    printf("% d",max(a,b));
}
int a=13;
int b=-8;                                     /*外部变量定义*/
```

运行结果:

13

由于外部变量定义在函数 main( )之后,因此在 main( )函数引用外部变量 a 和 b 之前,应该用 extern 进行外部变量说明,说明 a 和 b 是外部变量。如果不做 extern 说明,编译时会出错,系统不会认为是已定义的外部变量。一般做法是外部变量的定义放在引用它的所有函数之前,这样可以避免在函数中多加一个 extern 说明。

外部变量定义和外部变量说明并不是同一回事。外部变量的定义只能有一次,它的位置在所有函数之外,而同一文件中的外部变量的说明可以有多次,它的位置在函数之内(哪个函数要用就在哪个函数中说明)。系统根据外部变量的定义(而不是根据外部变量的说明)分配存储单元。对外部变量的初始化只能在定义时进行,而不能在说明中进行。原则上,所有函数都应当对所用的外部变量做说明(用 extern),只是为简化起见,允许在外部变量的定义点之后的函数可以省写这个"说明"。

(4)如果在同一个源文件中,外部变量与局部变量同名,则在局部变量的作用范围内,外部变量不起作用。

例 6-10　编程求 a、b 中较大者并输出(全局变量与局部变量同名)。

```
#include<stdio.h>
int a=3,b=5;                          /*a、b 为外部变量,a、b 作用范围*/
int max(int a,int b)
{
    int c;                           /*形参 a、b 作用范围*/
    c=a>b? a:b;
    return(c);
}
main()                               /*局部变量 a 作用范围*/
{
    int a=8;                         /*a 为局部变量*/
    printf("%d",max(a,b));
}
```

运行结果为

8

这里故意重复使用 a、b 做变量名,请读者区别不同的 a、b 的含义和作用范围。第 1 行定义了外部变量 a、b 并使之初始化。第 2 行开始定义函数 max( ),a、b 是形参,形参也是局部变量。函数 max( )中的 a、b 不是外部变量 a、b,它们的值是由实参传给形参的,外部变量 a、b 在 max( )函数范围内不起作用。最后 5 行是 main( )函数,它定义了一个局部变量 a,因此全局变量 a 在 main( )函数范围内不起作用,而全局变量 b 在此范围内有效。因此,printf( )函数中的 max(a,b)相当于 max(8,5),程序运行后得到结果为 8。

6.6.2　变量的存储类别

1. 动态存储与静态存储的存储方式

变量的存储方式可分为静态存储和动态存储两种。

静态存储变量通常是在变量定义时就分配存储单元并一直保持不变,直至整个程序结束。全局变量即属于此类存储方式。动态存储变量是在程序执行过程中,使用它时才分配存储单元,使用完毕立即释放。典型的例子是函数的形式参数,在函数定义时并不给形参分配存储单元,只是在函数被调用时,才予以分配,调用函数完毕立即释放。如果一个函数被多次调用,则反复地分配、释放形参变量的存储单元。从以上分析可知,静态存储变量是一直存在的,而动态存储变量则时而存在时而消失。我们把这种由于变量存储方式不同而产生的特性称为变量的生存期。生存期表示了变量存在的时间。生存期和作用域是从时间和空间这两个不同的角度来描述变量的特性,这两者既有联系,又有区别。一个变量究竟属于哪一种存储方式,并不能仅从其作用域来判断,还应有明确的存储类型说明。

在 C 语言中,对变量的存储类型说明有以下 4 种。

auto　自动变量

register　寄存器变量

```
extern    外部变量
static    静态变量
```

自动变量和寄存器变量属于动态存储方式,外部变量和静态变量属于静态存储方式。对于一个变量的说明不仅应说明其数据类型,还应说明其存储类型。因此,变量说明的完整形式应为

存储类型说明符 数据类型说明符 变量名,变量名,…;

例如:

```
static int a,b;    说明 a、b 为静态类型变量
auto char c1,c2;       说明 c1、c2 为自动字符变量
static int a[5] = {1,2,3,4,5};  说明 a 为静态整型数组
extern int x,y;        说明 x、y 为外部整型变量
```

2. auto 变量

这种存储类型是 C 语言程序中使用最广泛的一种类型。C 语言规定,函数内凡未加存储类型说明的变量均视为自动变量,也就是说自动变量可省去说明符 auto。在前面各章的程序中所定义的变量凡未加存储类型说明符的都是自动变量。

例如:

```
{
  int i,j,k;
  char c;
  …
}
```

等价于:

```
{
  auto int i,j,k;
  auto char c;
  …
}
```

自动变量具有以下特点。

(1)自动变量的作用域仅限于定义该变量的个体内。在函数中定义的自动变量,只在该函数内有效。在复合语句中定义的自动变量只在该复合语句中有效。

例如:

```
int kv( int a)
{
  auto int x,y;
  {
    auto char c;
  }                                    /* c 的作用域 */
  …
}                                      /* a、x、y 的作用域 */
```

(2)自动变量属于动态存储方式,只有在使用它时,即定义该变量的函数被调用时才给它分配存储单元,开始它的生存期。函数调用结束,释放存储单元,结束生存期。因此,函数调用结束之后,自动变量的值不能保留。在复合语句中定义的自动变量,在退出复合

语句后也不能再使用,否则将引起错误。

(3)由于自动变量的作用域和生存期都局限于定义它的个体内(函数或复合语句内),因此,不同的个体中允许使用同名的变量而不会混淆。即使在函数内定义的自动变量也可与该函数内部的复合语句中定义的自动变量同名。

例 6 – 11　用 auto 声明变量与局部变量同名。

```
main()
{
    auto int a,s = 100,p = 100;
    printf("\ninput a number:\n");
    scanf("% d",&a);
    if(a > 0)
      {
      auto int s,p;
      s = a + a;
      p = a * a;
      printf("s = % d p = % d\n",s,p);
      }
    printf("s = % d p = % d\n",s,p);
}
```

运行结果:

```
input a number:
21
s = 42 p = 441
s = 100 p = 100
```

本程序在 main( )函数中和复合语句内两次定义了变量 s、p 为自动变量。按照 C 语言的规定,在复合语句内,应由复合语句中定义的 s、p 起作用,故 s 的值应为 a + a,p 的值为 a * a。退出复合语句后的 s、p 应为 main 所定义的 s、p,其值在初始化时给定,均为100。从输出结果可以分析出两个 s 和两个 p 虽变量名相同,但却是两个不同的变量。

(4)对构造类型的自动变量如数组等,不可做初始化赋值(在后续章节中详细讲述)。

3. 用 static 声明的局部变量

在局部变量的说明前加上 static 说明符就构成静态局部变量。

例如:

```
static int a,b;
```

静态局部变量属于静态存储方式,它具有以下特点。

(1)静态局部变量在函数内定义,但不像自动变量那样,当调用时就存在,退出函数时就消失。静态局部变量始终存在着,也就是说它的生存期为整个源程序。

(2)静态局部变量的生存期虽然为整个源程序,但是其作用域仍与自动变量相同,即只能在定义该变量的函数内使用该变量。退出该函数后,尽管该变量还继续存在,但不能使用它。

(3)允许对构造类静态局部变量赋初值。

(4)对基本类型的静态局部变量若在说明时未赋以初值,则系统自动赋予 0 值。而对自动变量不赋初值,则其值是不定的。

　　根据静态局部变量的特点,可以看出它是一种生存期为整个源程序的量。虽然离开定义它的函数后不能使用,但如再次调用定义它的函数时,它又可继续使用,而且保存了前次被调用后留下的值。因此,当多次调用一个函数且要求在调用之间保留某些变量的值时,可考虑采用静态局部变量。虽然用全局变量也可以达到上述目的,但全局变量有时会造成意外的副作用,因此仍以采用局部静态变量为宜。

　　例 6 – 12　auto 声明变量使用。

```
main()
{
  int i;
  void f();                          /* 函数说明 */
  for(i =1;i < =5;i ++ )
  f();                               /* 函数调用 */
}
void f()                             /* 函数定义 */
{
  auto int j =0;
  ++j;
  printf("% d\n",j);
}
```

　运行结果:

```
1
1
1
1
1
```

　　程序中定义了函数 f,其中的变量 j 说明为自动变量并赋予初始值为 0。当 main( )中多次调用 f 时,j 均赋初值为 0,故每次输出值均为 1。现在把 j 改为静态局部变量,程序如下:

```
#include < stdio.h >
main()
{
  int i;
  void f();
  for (i =1;i < =5;i ++ )
  f();
}
void f()
{
  static int j =0;
  ++j;
  printf("% d\n",j);
}
```

运行结果：

1

2

3

4

5

由于 j 为静态变量,能在每次调用后保留其值并在下一次调用时继续使用,因此输出值成为累加的结果。读者可自行分析其执行过程。

4. register 变量

上述各类变量都存放在存储器内,因此当对一个变量频繁读写时,必须要反复访问内存储器,从而花费大量的存取时间。为此,C 语言提供了另一种变量,即寄存器变量。这种变量存放在 CPU 的寄存器中,使用时,不需要访问内存,而直接从寄存器中读写,这样可提高效率。寄存器变量的说明符是 register。对于循环次数较多的循环控制变量及循环体内反复使用的变量均可定义为寄存器变量。

例 6 – 13　求 $\sum\limits_{i=1}^{200} i$。

```c
#include < stdio.h >
main( )
{
    register int i,s = 0;
    for( i = 1;i < = 200;i ++ )
        s = s + i;
    printf( "s = % d\n",s);
}
```

运行结果：

s = 20100

本程序循环 200 次,i 和 s 都将频繁使用,因此可定义为寄存器变量。

对寄存器变量还要说明以下几点。

(1)只有局部自动变量和形式参数才可以定义为寄存器变量,这是因为寄存器变量属于动态存储方式。凡需要采用静态存储方式的量不能定义为寄存器变量。

(2)在 Turbo C、MS C 等微机上使用的 C 语言中,实际上是把寄存器变量当成自动变量处理的,因此速度并不能提高。而在程序中允许使用寄存器变量只是为了与标准 C 保持一致。

(3)即使能真正使用寄存器变量的机器,由于 CPU 中寄存器的个数是有限的,因此使用寄存器变量的个数也是有限的。

5. 用 extern 声明外部变量

外部变量有如下两个特点。

(1)外部变量和全局变量是对同一类变量的两种不同角度的提法。全局变量是从它的作用域提出的,外部变量从它的存储方式提出的,表示了它的生存期。

(2)当一个源程序由若干个源文件组成时,在一个源文件中定义的外部变量在其他的源文件中也有效。例如,有一个源程序由源文件 F1.C 和 F2.C 组成：

```
F1.C
int a,b;                              /* 外部变量定义 */
char c;                               /* 外部变量定义 */
main()
{
...
}
F2.C
extern int a,b;                       /* 外部变量说明 */
extern char c;                        /* 外部变量说明 */
func (int x,y)
{
...
}
```

在 F1. C 和 F2. C 两个文件中都要使用 a、b、c 3 个变量。在 F1. C 文件中把 a、b、c 都定义为外部变量。在 F2. C 文件中用 extern 把 3 个变量说明为外部变量,表示这些变量已在其他文件中定义,编译系统不再为它们分配内存空间。对构造类型的外部变量,如数组等可以在说明时进行初始化赋值,若不赋初值,则系统自动定义它们的初值为 0。

6.7　内部函数和外部函数

6.7.1　内部函数

所谓内部函数就是定义于一个文件中有效的函数(GNU C 不支持内部函数)。内部函数名在它被定义的模块中是局部有效的,定义内部函数时,需要在函数的返回值类型前面添加 static 的关键字,也称静态函数。

```
(1)#include < stdio.h >
   void show( )
   {
   printf ("% s\n","first.c");
   }
(2)#include < stdio.h >
   static void show ( )
   {
   printf ("% s\n", "second.c");
   }
      void main ( )
        {
        show ( );
        }
```

假如当包含函数已退出后再通过地址方式来调用内部函数,结果不可预料。假如试着在内部函数的包含域退出之后调用它,而它使用了某些已不可见的变量,可能会得到正确结果,但是去冒这种风险并不明智。然而,假如内部函数没有使用到任何已不可见的量则应该是安全的。

6.7.2 外部函数

在定义函数时,如果在函数的最左端加关键字 extern,则表示此函数是外部函数,可供其他文件调用。

如函数首部可以写为

extern int fun (int a,int b);

这样,函数 fun( )就可以为其他文件调用。C 语言规定,如果在定义函数时省略 extern,则隐含为外部函数。本书前面所用的函数都是外部函数。

在需要调用此函数的文件中,用 extern 对函数做声明,表示该函数是在其他文件中定义的外部函数。

例 6 – 14 有一个字符串,内有若干个字符,今输入一个字符,要求程序将字符串中的该字符删去,用外部函数实现。

```
file1.c(文件1)
#include <stdio.h>
void main()
{
extern void enter_string(char str[]);
extern void delete_string(char str[],char ch);
extern void print_string(char str[]);        /*以上3行声明在本函数中将要调用的
                                               在其他文件中定义的3个函数*/
char c;
char str[80];
enter_string(str);
scanf("%c",&c);
print_string(str);
}
file2.c(文件2)
#include <stdio.h>
void enter_string(char str[80])              /*定义外部函数 enter_string */
{
gets(str);                                    /*向字符数组输入字符串*/
}
file3.c(文件3)
#include <stdio.h>
void delete_string(char str[],char ch)       /*定义外部函数 delete_string */
{
int  i,j;
for(i=j=0;str[i]! ='\0';i++)
  if(str[i]! =ch)
```

```
        str[j++] = str[i];
    str[j] = '\0';
}
file4.c(文件4)
#include <stdio.h>
void print_string(char str[])                    /*定义外部函数 print_string */
{
printf("% s\n",str);
}
```

运行情况如下：

```
abcdefgc↙          (输入 str)
c↙                 (输入要删去的字符)
abdefg             (输出已删去指定字符的字符串)
```

整个程序由 4 个文件组成,每个文件包含一个函数。主函数是主控函数,除声明部分外,由 4 个函数调用语句组成。其中 scanf( )是库函数,另外 3 个是用户自己定义的函数。函数 delete_string( )的作用是根据给定的字符串和要删除的字符 ch,对字符串做删除处理。

6.8　基本能力上机实验

6.8.1　实验目的

(1)掌握函数声明、定义、调用方法。
(2)利用函数解决实际问题。

6.8.2　实验内容

1. 编写函数 fun。要求:根据以下公式计算 s,计算结果作为函数值返回。n 通过形参传入。

$s = 1 + 1/(1+2) + 1/(1+2+3) + \cdots + 1/(1+2+3+4+\cdots+n)$

```
float fun(int n)
{int i;
    float s = 1.0,t = 1.0;
    for (i = 2;i <= n;i ++)
    {t = t + i;
        s = s + 1/t;}
    return s;
}
```

2. 编写一个函数 fun。它的功能是:根据以下公式求 p 的值,结果由函数值代回。m 与 n 为两个正整数,且要求 m > n。p = m! /n! (m − n)!

```
float fun(int m,int n)
{float p,t = 1.0;
```

```
  int i;
  for (i =1;i < =m;i ++ )
    t = t * i;
  p = t;
  for (t =1.0,i =1;i < =n;i ++ )
    t = t * i;
  p = p ⁄t;
  for(t =1.0,i =1;i <m - n;i ++ )
    t = t * i;
  p = p ⁄t;
  return p;
}
```

3. 有 5 个人坐在一起,问第 5 个人多少岁? 他说比第 4 个人大 2 岁。问第 4 个人的岁数,他说比第 3 个人大 2 岁。问第 3 个人,又说比第 2 人大两岁。问第 2 个人,说比第 1 个人大 2 岁。最后问第 1 个人,他说是 10 岁。请问第 5 个人多大?

```
age(n)
int n;
{
int c;
if(n = =1) c =10;
else c = age(n - 1) +2;
return(c);
}
main()
{ printf("% d",age(5));
}
```

4. 编写函数 fun。它的功能是:利用以下的简单迭代方法求方程 $\cos(x) - x =0$ 的一个实根。

迭代步骤如下:

(1)取 x1 初值为 0.0;

(2)x0 = x1,把 x1 的值赋给 x0;

(3)x1 = $\cos(x0)$,求出一个新的 x1;

(4)若 x0 - x1 的绝对值小于 0.000001,则执行步骤(5),否则执行步骤(2);

(5)所求 x1 就是方程 $\cos(x) - x =0$ 的一个实根,作为函数值返回。

程序将输出 Root =0.739085。

```
float fun()
{float x1 =0.0,x0;
  do
  {x0 = x1;
  x1 = cos(x0); }
  while (fabs(x0 - x1) > =1e - 6);
  return x1;
}
```

5. 请编写一个函数 unsigned fun(unsigned w) , w 是一个大于 10 的无符号整数 , 若 w 是 n(n≥2) 位的整数 , 则函数求出 w 这个数的后 n − 1 位的数作为函数值返回。

```
unsigned fun( unsigned w)
{unsigned t,s = 0,s1 = 1,p = 0;
  t = w;
  while( t > 10)
  {if( t∕10)
  p = t% 10;
  s = s + p * s1;
  s1 = s1 * 10;
  t = t∕10;
  }
  return s;
}
```

6.9　拓展能力上机实验

6.9.1　实验目的

(1)能够利用函数思想解决实际问题。
(2)掌握函数的编程方法。

6.9.2　实验内容

1. 请编写一个函数 float fun(double h)。函数的功能是 : 对变量 h 中的值保留 2 位小数 , 并对第 3 位进行四舍五入(规定 h 中的值为正数)。

```
float fun ( float h)
{long t;
float s;
h = h * 1000;
t = ( h + 5) ∕10;
s = ( float) t∕100.0;
return s;
}
```

2. 请编写一个函数 fun。它的功能是 : 根据以下公式求 x 的值(要求满足精度0.0005 , 即某项小于 0.0005 时停止迭代) :

$$x∕2 = 1 + 1∕3 + 1 × 2∕3 × 5 + 1 × 2 × 3∕3 × 5 × 7 + 1 × 2 × 3 × 4∕3 × 5 × 7 × 9 + \cdots + 1 × 2 × 3 × \cdots × n∕3 × 5 × 7 × (2n + 1)$$

```
double fun( double eps)
{double s;
float n,t,pi;
t = 1;pi = 0;n = 1.0;s = 1.0;
```

```
while((fabs(s)) > = eps)
{pi + = s;
  t = n /(2 * n + 1);
  s * = t;
  n ++ ;}
  pi = pi * 2;
  return pi;
}
```

3. 求 3 个数中最大数和最小数的差值。

```
#include < stdio.h >
int dif(int x,int y,int z);
int max(int x,int y,int z);
int min(int x,int y,int z);
void main()
{
int a,b,c,d;
scanf("% d% d% d",&a,&b,&c);
d = dif(a,b,c);
printf("Max - Min = % d\n",d);
}
int dif(int x,int y,int z)
{
return max(x,y,z) - min(x,y,z); }
int max(int x,int y,int z)
{
int r;
r = x > y? x:y;
return(r > z? r:z);
}
int min(int x,int y,int z)
{
int r;
r = x < y? x:y;
return(r < z? r:z);
}
```

4. 求 n 的阶乘。

```
#include < stdio.h >
int fac(int n)
{
int f;
if(n < 0)  printf("n < 0,data error!");
else if(n = =0||n = =1)  f = 1;
else f = fac(n - 1) * n;
return(f);
```

```
}
main( )
{
int n, y;
printf("Input a integer number:");
scanf("% d",&n);
y = fac(n);
printf("% d! = % 15d",n,y);
}
```

5. 求方程 $ax^2 + bx + c = 0$ 的根,用 3 个函数分别求当 $b^2 - 4ac > 0$、$= 0$ 和 < 0 时的根,并输出结果。从主函数输入 a、b、c 的值。

```
#include < stdio.h >
#include < math.h >
float x1,x2,disc,p,q;                          /* 全局变量 * /
void min( )
{void greater_than_zero(float,float);
void epual_to_zero(float,float);
void smaller_than_zero(float,float);
float a,b,c;
printf("\n input a,b,c:");
scanf("% f,% f,% f",&a,&b,&c);
printf("equation:% 5.2f * x * x + % 5.2f * x + % 5.2f =0\n",a,b,c);
disc = b * b - 4 * a * c;
printf("root:\n");
if (disc >0)
{
greater_than_zero(a,b);
prinrf("x1 = % f\t\tx2 = % f\n",x1,x2);
}
else if (disc = = 0)
{equal_to_zero(a,b);
printf("x1 = % f\t\tx2 = % f\n",x1,x2);
}
else
{smaller_than_zero(a,b);
printf("x1 = % f + % fi\tx2 = % f - % fi\n",p,q,p,q);
}
}
void greater_than_zero(float a,float b)        /* 定义一个函数,用来求 disc >0 时方
                                                  程的根 * /
{x1 = ( -b + sqrt(disc))/(2 * a);
x2 = ( -b - sqrt(disc))/(2 * a);
}
void equal_to_zero(float a,float b)            /* 定义一个函数,用来求 disc =0 时方
```

程的根 * /

```
}
x1 = x2 = ( -b) /(2 * a);
}
void smaller_than_zero( float a, float b)        /*定义一个函数,用来求 disc <0 时方
                                                  程的根 * /
{
p = -b/(2 * a);
q = sqrt( -disc) /(2 * a);
}
```

6.10 习   题

1. 选择题

(1)下列程序执行后输出的结果是   (   )

```
#include "stdio.h"
int d = 1;
void fun( int q)
{
int d = 5;
d + = q ++ ;
printf( "% d", d);
}
main( )
{
int a = 3;
fun( a);
d + = a ++ ;
printf( "% d\n", d);
}
```

A. 84   B. 96   C. 94   D. 85

(2)以下函数的类型是   (   )

```
func( double x)
{ printf( "% f\n", x * x);}
```

A. 与参数 x 的类型相同   B. void 类型

C. int 类型   D. 无法确定

(3)以下程序的输出结果是   (   )

```
#include "stdio.h"
main( )
{
double f( int x);
int i, m = 3;
```

```
float a = 0.0;
for(i = 0;i < m;i ++)
    a + = f(i);
  printf("% f\n",a);
}
double f(int n)
{
int i;
double s = 1.0;
for(i = 1;i < = n;i ++)
    s + = 1.0/i;
  return s;
}
```

　　A. 5. 500000　　　　　　B. 3. 000000　　　　　　C. 4. 000000　　　　　D. 8. 25

　　(4)以下程序的输出结果是　　　　　　　　　　　　　　　　　　　　　　　　(　　)

```
#include < stdio.h >
long fun(int n)
{
long s;
if(n = = 1||n = = 2)
  s = 2;
else
  s = n - fun(n - 1);
  return s;
}
main()
{ printf("% ld\n",fun(3)); }
```

　　A. 1　　　　　　　　　　B. 2　　　　　　　　　　C. 3　　　　　　　　　　D. 4

　　(5)C 语言中可以执行程序的开始执行点是　　　　　　　　　　　　　　　　　(　　)

　　A. 程序中第 1 条可以执行的语句　　　　B. 程序中第 1 个函数

　　C. 程序中的 main( )函数　　　　　　　　D. 包含文件中的第 1 个函数

　　(6)C 语言程序中,当调用函数时　　　　　　　　　　　　　　　　　　　　　(　　)

　　A. 实参和形参各占一个独立的存储单元

　　B. 实参和形参可以共用存储单元

　　C. 可以由用户指定是否共用存储单元

　　D. 由计算机系统自动确定是否共用存储单元

　　(7)以下所列的各函数首部中,正确的是　　　　　　　　　　　　　　　　　　(　　)

　　A. void play(var：interger,var　b：integer)　　B. void play(int a,b)

　　C. void play (int a, int b)　　　　　　　　　　D. sub play (a as integer,b as integer)

　　(8)以下程序的输出结果是　　　　　　　　　　　　　　　　　　　　　　　　(　　)

```
#include < stdio.h >
void fun(int x,int y,int z)
```

```
{ z = x * x + y * y; }
main( )
{
int a = 31;
fun(5,2,a);
printf("% d",a);
}
```

A. 0   B. 29   C. 31   D. 无定值

2. 读程序题

(1)
```
main( )
{ int n; long t,f( );
scanf("% d",&n);
t = f(n);
printf("% d! = % ld",n,t);
}
long f(int num)
{ long x = 1; int i;
  for(i = 0;i < = 2;i ++ )
    x * = i;
  return x;
}
```

若输入的值分别是 5、6,程序的运行结果是_____。

(2)
```
main( )
{ int i,p,sum;
  for(i = 0;i < = 2;i ++ )
  { scanf("% d",&p);
    sum = s(p); printf("sum = % d\n",sum);
  }}
 s (int p)
{ int sum = 10; sum = sum + p; return (sum);}
```

若输入的值分别是 1、3、5,程序的运行结果是_____。

(3)以下程序的运行结果为_____。
```
  main( )
{ int a = 2,b;
 b = f(a); printf("b = % d",b);}
 f(int x)
{int y; y = x * x; return y;}
```

(4)以下程序的运行结果为_____。
```
  main( )
{ printabc1( );
printfabc2( );
printabc1( );
}
```

```
printabc1()
{ printf("* * * * * * * *\n");}
printfabc2()
{ printf("欢迎使用 C 语言\n"):}
```

(5)以下程序的运行结果为_____。

```
#include "stdio.h"
main()
{ int k=4,m=1,p;
  p=func(k,m);
  printf("% d, ",p);
  p=func(k,m);
  printf("% d\n",p);
}
func(int a, int b)
{static   int m=0,i=2;
 i+ =m+1;
m=i+a+b;
 return m;
}
```

3. 程序设计题

(1)用递归函数求从键盘输入的两个数的最大公约数和最小公倍数。

(2)编写"(x+y)^2"的函数。

(3)编写函数:计算并返回一个整数的平方。

(4)编写一个判断奇偶数的函数,要求在主函数中输入一个整数,通过被调用函数输出该数是奇数还是偶数的信息。

(5)写一个函数,输入一个十六进制数,输出相应的十进制数。

(6)写一个函数,输入一行字符,将此字符串中单词的个数作为返回值输出。

第7章 数 组

数组(Array)是属于 C 语言中延伸的数据类型,可以把数组看作是一个具有相同名称与数据类型的集合,并且在内存中占有一块连续的内存空间。要存取数组中的数据时,配合索引值(Index)就可以找出数据在数组中的位置。

通常数组的使用可以分为一维数组、二维数组与多维数组等,基本的运作原理都相同。另外,在 C 语言中并没有字符串这样的数据类型,而是使用字符数组来表示,因此字符串与数组的关系相当密切。本章先介绍数组的定义与使用方法,再说明如何使用数组处理字符与字符串的各种应用。

7.1 一维数组

7.1.1 一维数组的定义

数组是有序数据的集合。数组中的每一个元素都属于同一个数据类型,用一个统一的数组名和下标来唯一地确定数组中的元素。

一维数组的定义方式为

类型定义符 数组变量名[成员个数];

其中,成员个数必须是一个大于 1 的常量,包括整型常量、符号常量和字符常量,但不能是一个变量。例如:

```
int a[10];
char mn['a'];
#define CLASS 32
long students_name[CLASS];
```

以上这些都是合法的。

在 int a[10]中,int a 表示定义了一个 int 型的数组,其变量名为 a,10 是这个数组中能用的元素个数,也就是相当于 a[0] ~ a[9]这 10 个 int 型数据。

在 char mn['a']中用的是字符常量定义成员个数,其实是用它的 ASCII 码值来定义,它相当于 char mn[97]。

在#define CLASS 32

```
long students_name[CLASS];
```

中,用的是符号常量来定义成员个数,在用这个符号常量之前要先定义这个符号常量。

既然不能以变量来定义成员个数,也就是说,当定义数组以后,其成员就是确定不能改变的,所以它占用的内存空间也是固定的。

7.1.2　一维数组的初始化

在定义数组时可以对数组元素赋初值,格式为

数据类型符 数组名称[常量表达式] = {表达式1,表达式2,…,表达式n};

该语法表示,在定义一个数组的同时,将各数组元素赋初值,规则是将第 1 个表达式的值赋给第 1 个数组元素,第 2 个表达式的值赋给第 2 个数组元素,依此类推。

例如:

int a[5] = {1,2,3,4,5};

初始化后的结果如图 7 – 1 所示。

如果表达式个数小于数组元素的个数,则未指定初值的单元被赋值为 0。例如:

int a[5] = {1,2,3 };

初始化后的结果如图 7 – 2 所示。

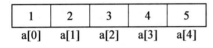

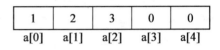

图 7 – 1　初始化各元素的值　　　　　图 7 – 2　初始化各元素的值

如果在定义数组时未给变量赋初值,还可以省略定义数组的大小,系统自动认定数组的大小为初值列表中表达式的个数。例如,下面定义的数组 f 的大小为 3:

float f[ ] = {1.5,2.5,5.0};

但是,数组如果没有赋初值,在定义时则不能省略数组的大小。

long a[3] = {1,2,3},b[3];

b = a;

在 C 语言中,数组名称不是代表数组元素的全部,而是代表数组在内存的首地址常量,数组名称不能被赋值。如果要复制一个数组,只能将数组中的每个元素逐个复制。

例 7 – 1　输入 10 个学生的成绩,求最高成绩、最低成绩和平均成绩。

可以定义一个长度为 10 的 int 型数组,用来存放 10 名学生的成绩。利用循环,遍历数组的每一个元素,将第 1 个元素和其他 9 个元素比较,得出最大值和最小值,使用累加变量在循环中累加所有变量的值。

```c
#include < stdio.h >
void main( )
{
    int nScore[10],i,nLowest,nHighest,nSum = 0;
    /* 输入 10 个学生的成绩 */
    printf( "\nPlease input scores: ");
    for(i = 0;i < 10;i ++ )
        scanf( "% d",&nScore[i]);
    /* 计算平均值、最高分数和最低分数 */
    nLowest = nHighest = nScore[0];
    for(i = 0;i < 10;i ++ )
    {
        nSum + = nScore[i];
        if(nScore[i] < nLowest)
```

```
        nLowest = nScore[i];
        if(nScore[i] > nHighest)
      nHighest = nScore[i];
  }                                              /* 打印结果 */
    printf("Average score = % 3.1f ",(float)nSum/10);
    printf("\nLowest score = % d,nHighest score = % d",nLowest,nHighest);
}
```

程序运行后,输入 10 个学生的成绩:

Please input scores: 65 32 77 61 92 68 84 95 77 62

Average score = 71.3

Lowest score = 32,nHighest score = 95

说明:

(1)程序在循环中用 nSum 累加了数组所有元素的和;用 nLowest 和 nHighest 同所有数组元素比较,得到最高分和最低分。

(2)将 10 个整数存入数组,删除数组中的某个元素。例如,数组中有 1,2,3,4,5,6,7,8,9,10 共 10 个元素,删除第 5 个元素后,数组中剩下 9 个元素 1,2,3,4,6,7,8,9,10。

(3)首先定义一个长度为 10 的 int 型数组,用来存放 10 个整数。循环输入数组的每个元素,以及要删除元素的序号(假设序号为 n)。

(4)使用循环,将数组中序号 n 后的所有元素向前移动一位,然后删除最后一个元素。这里要注意数组的下标是从 0 开始的,序号为 n 的数组元素,对应数组的下标应该是 $n-1$。

读者可以思考:如果本例是插入一个元素,循环应该如何来写?

```
#include < stdio.h >
void main()
{
    int nArray[10],i,num;              /* 输入 10 个整数 */
    printf("\nPlease input 10 integers: ");
    for(i = 0;i < 10;i ++ )
    scanf("% d",&nArray [i]);          /* 输入要删除的元素序号 */
    printf("\nPlease input sequence number of the element to delete: ");
    scanf("% d",&num);                 /* 从 nArray [num](第 num + 1 个元素)开始,
                                           依次向前移动一位 */
    for(i = num;i < 10;i ++ )
    nArray [i - 1] = nArray [i];       /* 删除最后一个元素 */
    nArray [10] = 0;                   /* 输出处理后的数组,最后一位不需要输出 */
    printf("\nProcessed array: ");
    for(i = 0;i < 9;i ++ )
    printf("% d ",nArray [i]);
}
```

程序运行后,输入 10 个整数:

Please input 10 integers: 1 2 3 4 5 6 7 8 9 10

Please input sequence number of the element to delete: 5

Processed array: 1 2 3 4 6 7 8 9 10

7.1.3　一维数组的引用

C 语言规定,不能直接存取整个数组,对数组进行操作时需要引用数组的元素,引用的格式为

数组名称[下标]

其中,下标可以是整型变量或整型表达式。C 语言规定,下标的最小值是 0,最大值为数组的大小减 1。例如:

int a[5];

对数组 a 的元素进行存取时,第 1 个数组元素的引用为 a[0],第 5 个为 a[4]而不是 a[5]。引用数组元素时,数组元素本身相当于一个变量,因此,对该数组元素的操作类似于变量操作。例如,下面的代码可以交换数组元素 a[0]和 a[1]的值:

int a[10],t;

t = a[0];

a[0] = a[1];

a[1] = t;

下面的代码接受用户的键盘输入,并将用户输入的数据存放在数组元素 a[0]中:

int a[10];

scanf("% d",&a[0]);

因为数组下标可以是整型变量,所以可以利用循环结构对数组元素进行操作:

int a[10],i;

for(i = 0;i < 10;i ++)

a[i] = i + 1;

结果是把 1 到 10 共 10 个整数依次存放在 a[0]到 a[9]共 10 个数据单元中。

需要注意的是,如果定义数组的长度为 n,那么引用数组元素的下标最多到 $n-1$。例如上面的例子,数组 a 有 10 个元素,引用数组元素最多只能到 a[9]。超界引用数组元素可能导致异常。

int a(5);

a(0) = 1;

例 7 - 2　给数组赋值然后逆序输出。

程序如下:

```
#include "stdio.h"
void main()
{
    auto int i,a[8];
    for(i = 0;i < 8;i ++ )
        scanf("% d",&a[i]);
    for(i = 7;i > =0;i - - )
        printf("% d",a[i]);
}
```

运行结果:

1 3 6 9 5 8 7 4

4 7 8 5 9 6 3 1

7.1.4　一维数组的应用

例 7 – 3　编写程序,定义一个含有 30 个元素的 int 型数组。依次给数组元素赋奇数 1,3,5,…,然后按每行 10 个数顺序输出,最后再按每行 10 个数逆序输出。

本题示例了如何利用 for 循环的循环控制变量,顺序或逆序地逐个引用数组元素,这是对数组元素进行操作的基本算法。另外,本题也示例了在连续输出数组元素数据的过程中,如何利用循环控制变量来进行换行的两种方法。程序如下:

```c
#include < stdio.h >
#define M 30
void main()
{
    int s[M],i,k =1;
    for(i =0;i < M;i ++){s[i] = k;k + =2;}        /* 给 s 数组元素依次赋 1,3,…* /
    printf("\nSequence Output:\n");              /* 按从前到后的顺序输出 * /
    for(i =0;i < M;i ++)
    {
    printf("% 4d",s[i]);
    if((i +1)% 10 = = 0)
    printf("\n");                                /* 利用 i 控制换行符的输出 * /
    }
    printf("\nInvert Output:\n");
    for(i = M -1;i > =0;i - -)
    printf("% 3d% c",s[i],(i% 10 = = 0)? '\n':' ');  /* 利用条件表达式来决定输出换行
                                                        符还是输出空格 * /
    printf("\n");
}
```

以上程序的输出如下:

```
Sequence Output:
1    3    5    7    9    11   13   15   17   19
21   23   25   27   29   31   33   35   37   39
41   43   45   47   49   51   53   55   57   59
Invert Output:
59   57   55   53   51   49   47   45   43   41
39   37   35   33   31   29   27   25   23   21
19   17   15   13   11   9    7    5    3    1
```

例 7 – 4　编程实现从键盘输入 10 个整数,用一维数组存储,求其中最大值及其下标并输出。

程序如下:

```c
#include < stdio.h >
int main()
{
    int a[10],i,max;
    for(i =0;i < =9;i ++)
```

```
    {
      printf("请输入第% d个数：",i +1);
      scanf("% d",&a[i]);
    }
    max = a[0];
    for(i =0;i < =8;i ++ )
       if(max < a[i])
           max = a[i];
    for(i =0;i < =9;i ++ )
       if(a[i] = =max)
          break;
    printf("最大的数是% d,其下标是% d\n",max,i +1);
    return 0;
}
```

运行结果：

请输入第 1 个数:2
请输入第 2 个数:5
请输入第 3 个数:5
请输入第 4 个数:6
请输入第 5 个数:8
请输入第 6 个数:4
请输入第 7 个数:1
请输入第 8 个数:2
请输入第 9 个数:3
请输入第 10 个数:1
最大的数是 8,其下标是 5

例 7 - 5　从键盘输入 7 个数存入一维数组中,将其中的值前后倒置后重新存入该数组中并输出。

```
#include < stdio.h >
int main()
{
    int a[7] = {1,5,7,3,6,9,8};
      int i,tem;
    for(i =0;i < =6;i ++ )
    {
      printf("请输入第% d个数：",i +1);
      scanf("% d",&a[i]);
    }
    for(i =0;i < = int(7/2);i ++ )
    {
      tem = a[i];
      a[i] = a[6 - i];
        a[6 - i] =tem;
    }
```

```
for(i=0;i<=6;i++)
    printf("%d",a[i]);
return 0;
}
```

运行结果：

请输入第 1 个数:4

请输入第 2 个数:4

请输入第 3 个数:5

请输入第 4 个数:7

请输入第 5 个数:2

请输入第 6 个数:6

请输入第 7 个数:1

1 6 2 7 5 4 4

7.2 二维数组

7.2.1 二维数组的定义

二维数组常用来表示一个矩阵。二维数组的定义形式为

数据类型符 数组名称[整型常量表达式 1][整型常量表达式 2]

例如：

```
int TwoD[2][3];
```

以上定义了一个 2 * 3(2 行 3 列)的数组,共 6 个数组元素,数组名称为 TwoD,数组元素的类型为 int。

数据类型符、数组名称和整型常量表达式的用法和一维数组相同。

提示:定义二维数组的错误形式为

```
float a[3,4];                    /*试图定义一个 3 行 4 列的二维数组。语法错误 */
```

应该定义为

```
float a[3][4];
```

7.2.2 二维数组的初始化

在定义二维数组时,可以对数组元素赋初值,具体形式如下。

(1)分行对数组元素赋初值。例如:

```
int a[2][4]={{1,2,3,4},{5,6,7,8}};
```

初始化的结果用二维表格表示如下:

a[0][0]:1 a[0][1]:2 a[0][2]:3 a[0][3]:4

a[1][0]:5 a[1][1]:6 a[1][2]:7 a[1][3]:8

其中,单元格中冒号前表示对应的数组元素,冒号后的值表示初始化后的值。

按照数组的内存映象顺序为数组元素赋初值,未指定的单元赋 0。例如:

```
int a[2][4]={1,2,3,4};
```

初始化的结果用二维表格表示如下:

a[0][0]: 1 a[0][1]: 2 a[0][2]: 3 a[0][3]: 4

a[1][0]: 0 a[1][1]: 0 a[1][2]: 0 a[1][3]: 0

（2）初始化时只为每一行提供有限数量的初值。例如：

```
int a[2][4]={{1,2},{3,4}};
```

初始化的结果用二维表格表示如下：

a[0][0]: 1 a[0][1]: 2 a[0][2]: 0 a[0][3]: 0

a[1][0]: 3 a[1][1]: 4 a[1][2]: 0 a[1][3]: 0

（3）如果提供全部的初值数据，则定义数组时可以不指定第 1 维的长度。例如：

```
int a[][4]={1,2,3,4,5,6,7,8};
```

系统会根据初值数据的个数和第 2 维长度自动计算 a 的第 1 维长度。但是，不能同时省略第 2 维的长度，下面的初始化代码会导致编译出错：

```
int a[][]={1,2,3,4,5,6,7,8};
```

例 7 - 6 某个班有 10 名同学。编写程序，输入 10 名学生的语文、数学和英语的成绩，打印输出每名学生的平均分数和全班各科的平均成绩，以及全班所有成绩的平均值。

根据题意，有 10 名学生，每名学生有 3 门成绩，可以定义一个 10 × 3 的二维数组存放这些数据。

用循环嵌套，输入 10 名学生、每人 3 科的成绩。

使用嵌套循环（外层 10 次，内层 3 次），计算每名学生的平均分数。在内层循环前面初始化累加变量，在内层循环中累加，这样可以得到每名学生 3 门课程的成绩总分。然后在内层循环后面将总分除以 3，就可以得到每名学生的平均成绩。

使用嵌套循环（外层 3 次，内层 10 次），计算每门课程的平均成绩。在内层循环前面初始化累加变量，在内层循环中累加，这样可以得到每门课程所有学生的成绩总分。然后在内层循环后面将总分除以 10，就可以得到每门课程的平均成绩。

代码如下：

```
#include<stdio.h>
vodi main()
{
    int nScore[10][3],i,j;
    float fStudAverScore[10],fSubjectAverScore[3];
    float fSumRow,fSumColumn,fSumAll=0;        /*输入 10 名学生的各科成绩*/
    printf("\nPlease input scores of students: ");
    for(i=0;i<10;i++)
    for(j=0;j<3;j++)
    scanf("%d",&nScore[i][j]);                  /*计算每个人的平均成绩*/
    for(i=0;i<10;i++)
    {
      fSumRow=0;                               /*fSumRow 用来统计各科成绩之和*/
      for(j=0;j<3;j++)
      fSumRow+=nScore[i][j];
      fStudAverScore[i]=fSumRow/3;
    }                                          /*计算各科的平均成绩*/
    for(j=0;j<3;j++)
```

```
    {
        fSumColumn = 0;                              /* fSumColumn 用来统计每科所有人
                                                        的成绩之和 */

        for( i = 0; i < 10; i ++ )
        fSumColumn + = nScore [i][j];
        fSubjectAverScore [j] = fSumColumn /10;
    }                                                /*计算各科的平均成绩之和 */
    for( i = 0; i < 3; i ++ )
    fSumAll + = fSubjectAverScore [i];               /*打印输出每个人的平均成绩 */
    for( i = 0; i < 10; i ++ )
    printf( "\nStudent % d(s average score = % 3.1f",i,fStudAverScore[i]);
                                                     /*打印输出每科的平均成绩 */
    for( i = 0; i < 3; i ++ )
    printf( "\nCourse % d(s average value = % 3.1f",i,fSubjectAverScore [i]);
                                                     /*打印输出全班各科的平均成绩 */
    printf( "\nAverage of all = % 3.1f",fSumAll/3 );
}
Please input scores of students:
81    83    85
92    96    98
78    77    79
82    84    87
96    83    86
78    83    94
99    93    87
64    68    78
79    73    86
82    85    88
Student 0's average score = 83.0
Student 1's average score = 95.3
Student 2's average score = 78.0
Student 3's average score = 84.3
Student 4's average score = 88.3
Student 5's average score = 85.0
Student 6's average score = 93.0
Student 7's average score = 70.0
Student 8's average score = 79.3
Student 9's average score = 85.0
Course 0's average value = 83.1
Course 1's average value = 82.5
Course 2's average value = 86.8
Average of all = 84.1
```

　　程序定义了一个 10 行 3 列的二维数组 nScore[10][3],用来存放 10 名学生的 3 门成绩;定义了数组 fStudAverScore[10],用于存放 10 名学生的 3 门课程的平均成绩;定义了数组 fSubjectAverScore[3],用于存放 3 个学科的总平均成绩。

　　程序利用了几个循环过程,累加了成绩总和,并求出平均值。最后的总平均值可以由数组 fStudAverScore 计算,也可以由 fSubjectAverScore 计算。

　　例 7 - 7　输入 m * n 整数矩阵,将矩阵中最大元素所在的行和最小元素所在的行对调后输出(m、n 小于 10)。

　　因为 m、n 都是未知量,要进行处理的矩阵行列大小是变量。但我们可以定义一个比较大的二维数组,只使用其中的部分数组元素。本例中 m、n 均小于 10,可以定义 10 × 10 的二维数组。

　　首先使用嵌套循环遍历二维数组的每个元素,从中找到最大元素和最小元素,同时记录最大元素和最小元素的行号 nMaxI 和 nMinI。

　　用一个 n 次的循环,将 nMaxI 行的所有元素和 nMinI 行的所有元素对换。

　　程序如下:

```
#include < stdio.h >
main()
{
  long lMatrix[10][10],lMin,lMax,lTemp;
  int i,j,m,n,nMaxI =0,nMinI =0;               /* 输入矩阵的 m 和 n */
  printf("\nPlease input m of Matrix:\n");
  scanf("% d",&m);
  printf("Please input n of Matrix:\n");
  scanf("% d",&n);                              /* 输入矩阵的每个元素 */
  printf("\nPlease input elements of Matrix(% d*% d):\n",m,n);
  for(i =0;i < m;i ++)
    for(j =0;j < n;j ++)
    {
    scanf("% ld",&lTemp);
    lMatrix[i][j] = lTemp;
    }                                           /* 遍历二维数组的每个元素,记录最大
                                                   元素所在的行号和最小元素所在的行
                                                   号 */
lMin = lMax = lMatrix[0][0];
for(i =0;i < m;i ++)
    for(j =0;j < n;j ++)
    {
        if(lMatrix[i][j] > lMax)
        {
            lMax = lMatrix[i][j];
            nMaxI = i;
        }
        if(lMatrix[i][j] < lMin)
```

```
        {
            lMin = lMatrix[i][j];
            nMinI = i;
        }
    }
                                        /*用循环将最大行和最小行的所有元
                                        素互换*/
for(j =0;j <n;j ++)
{
    lTemp = lMatrix[nMaxI][j];
    lMatrix[nMaxI][j] = lMatrix[nMinI][j];
    lMatrix[nMinI][j] = lTemp;
}
                                        /*打印输出结果*/
printf("\nResult matrix: \n");
for(i =0;i <m;i ++)
{
    for(j =0;j <n;j ++)
    printf("% ld ",lMatrix[i][j]);
    printf("\n");
    }
}
```

运行结果：

```
Please input m of Matrix:
4
Please input n of Matrix:
4
Please input elements of Matrix(4*4):
 1   4  57  7
43   5   6  8
-1   4   6  8
 5   6   7  8
Result matrix:
-1   4   6  8
43   5   6  8
 1   4  57  7
 5   6   7  8
```

7.2.3 二维数组元素的引用

二维数组的引用形式为

数组名称[下标1][下标2]

如果定义了一个 $m*n$ 的二维数组,那么下标1的范围是0到 $m-1$,下标2的范围是0到 $n-1$。

例如：

```
int a[2][3];
```

定义了一个 2 行 3 列的数组,那么它的 6 个数组元素为

a[0][0],a[0][1],a[0][2],

a[1][0],a[1][1],a[1][2]

这 6 个数组元素相当于 6 个 int 型的变量,可以直接对它们进行操作:

a[0][0] = 1;

a[0][1] = a[0][0] * 2;

同一维数组元素的应用类似,二维数组引用的下标也可以是整型变量,下面的代码利用循环将一个 3 * 4 二维数组的所有数组元素赋值为 0:

```
int i,j,matrix[3][4];
for(i = 0;i < 3;i ++ )
for(j = 0;j < 4;j ++ )
matrix[i][j] = 0;
```

7.3　二维数组的应用

例 7 - 8　编写程序,打印出以下形状杨辉三角。

```
1
1   1
1   2   1
1   3   3   1
1   4   6   4   1
1   5   10  10  5   1
1   6   15  20  15  6   1
1   7   21  35  35  21  7   1
1   8   28  56  70  56  28  8   1
1   9   36  84  126 126 84  36  9   1
```

可以将杨辉三角行的值放在矩阵的下半三角中,如果需打印 10 行杨辉三角形应该定义等于或大于 7 × 7 的方形矩阵,只是矩阵上半部和其余部分并不适用。

杨辉三角具有如下特点。

(1)第 1 列和对角线上的元素都是 1。

(2)除第 1 行和对角线上的元素之外,其他元素的值均为前一行上的同列元素和前一列元素之和。

程序如下:

```
#include < stdio.h >
#define N 10                          /* 维数 */
int main()
{
    int i;
    int j;
    int a[N][N];                      /* 定义存放杨辉三角的二维数组 */
    for(i = 0;i < N;i ++ )
```

```
    }
        a[i][0] = 1;                          /* 每行开始值为 1 */
        a[i][i] = 1;                          /* 每行结束值为 1 */
    }
    for(i = 2;i < N;i ++ )
        for(j = 1;j < i;j ++ )
            a[i][j] = a[i-1][j-1] + a[i-1][j];  /* 规律:左上与正上元素之和 */
    for( i = 0;i < N;i ++ )
    {
        for(j = 0;j < = i;j ++ )
            printf("% -5d",a[i][j]);
        printf("\n");
    }
    return 0;
}
```

例 7 - 9　输入二维数组行数,通过程序实现循环向内输出自然数。

程序如下:

```
#include < stdio.h >
void main()
{
int a,b,k,i,j,t,s,m,n;
int f[20][20];
printf("请输入您要的数组行数:\n");
scanf("% d",&n);
i = j = 0;a = b = n;t = s = 0;k = 1;
  for(m = 1;m < 2 * n;m ++ )          /*控制循环的次数*/
{
    if(m% 4 = =1)                    /*用来列升序赋值,周期为4,b控制升序的个数*/
    {
        for(;j < b;j ++ )
        {
            f[i][j] = k;
            k ++ ;
        }
        i ++ ;j - - ;b - - ;
    }
    else if(m% 4 = =2)              /*用来行升序排列赋值,周期为4,a控制升序的个数*/
    {
        for(;i < a;i ++ )
        {
            f[i][j] = k;
            k ++ ;
        }
        j - - ;i - - ;a - - ;
```

```
        }
        else if(m% 4 = =3)              /*用来列降序排列赋值,周期为4,s 控制最小值 */
        {
            for(;j > = s;j - - )
            {
                f[i][j] = k;
                k ++ ;
            }
            i - - ;j ++ ;s ++ ;
        }
        else                            /*用来行降序排列赋值,周期为4,t +1 控制最小值 */
        {
            for(;i > = t +1;i - - )
            {
                f[i][j] = k;
                k ++ ;
            }
            j ++ ;i ++ ;t ++ ;
        }
    }
    for(i =0;i < n;i ++ )
    {
        for(j =0;j < n;j ++ )
        {
            printf("% 3d ",f[i][j]);
        }
    printf("\n");
    }
}
```

运行结果：

请输入您要的数组行数：

5

```
1    2    3    4    5
16   17   18   19   6
15   24   25   20   7
14   23   22   21   8
13   12   11   10   9
```

例 7 – 10　求二维数组中最大元素值及其行列号。

```
#include < stdio.h >
main()
{   int a[3][4] = {{1,2,3,4},{9,8,7,6},{ -10,10, -5,2}};
    int i,j,row =0,colum =0,max;
    max = a[0][0];
    for(i =0;i < =2;i ++ )
```

```
    for(j=0;j<=3;j++)
        if(a[i][j]>max)
    {  max=a[i][j]; row=i;colum=j;}
    printf("max=%d,row=%d, \
        colum=%d\n",max,row,colum);
}
```

7.4 多维数组

C 语言支持多维数组。多维数组声明的一般形式如下：

数据类型 数组名 [下标 1][下标 2]...[下标 N];

例如,下面的声明创建了一个三维整型数组:

```
int threedim[5][10][4];
```

7.5 数组和函数

7.5.1 一维数组作为函数的参数

对库函数的调用不需要再做说明,但必须把该函数的头文件用 include 命令包含在源文件前部。数组作为函数参数数组可以作为函数的参数使用,进行数据传送。数组作为函数参数有两种形式,一种是把数组元素(下标变量)作为实参使用,另一种是把数组名作为函数的形参和实参使用。

数组元素作为函数实参,数组元素就是下标变量,它与普通变量并无区别。因此,它作为函数实参使用与普通变量是完全相同的,在发生函数调用时,把作为实参的数组元素的值传送给形参,实现单向的值传送。

例 7-11 判别一个整数数组中各元素的值,若大于 0 则输出该值,若小于等于 0 则输出 0 值。编程如下:

```
#include<stdio.h>
void nzp(int v)
{
  if(v>0)
  printf("%d ",v);
  else
  printf("%d ",0);
}
main()
{
  int a[5],i;
  printf("input 5 numbers\n");
  for(i=0;i<5;i++)
```

```
    {
      scanf("% d",&a[i]);
      nzp(a[i]);
    }
  }
  void nzp( int v)
  {
  ...
  }
  main( )
  {
    int a[5],i;
    printf("input 5 numbers\n");
    for( i =0; i <5; i ++ )
    {
      scanf("% d",&a[i]);
      nzp(a[i]);
    }
  }
```

本程序中首先定义一个无返回值函数 nzp( )，并说明其形参 v 为整型变量。在函数体中根据 v 值输出相应的结果。在 main( ) 函数中用一个 for 语句输入数组各元素，每输入一个就以该元素作为实参调用一次 nzp( ) 函数，即把 a[i] 的值传送给形参 v，供 nzp( ) 函数使用。

7.5.2 数组名作为函数参数

用数组名作为函数参数与用数组元素作为实参有几点不同。

（1）用数组元素作为实参时，只要数组类型和函数的形参变量的类型一致，那么作为下标变量的数组元素的类型也和函数形参变量的类型是一致的。因此，并不要求函数的形参也是下标变量。换句话说，对数组元素的处理是按普通变量对待的。用数组名作函数参数时，则要求形参和相对应的实参都必须是类型相同的数组，都必须有明确的数组说明。当形参和实参二者不一致时，即会发生错误。

（2）在普通变量或下标变量作为函数参数时，形参变量和实参变量是由编译系统分配的两个不同的内存单元。在函数调用时发生的值传送是把实参变量的值赋予形参变量。在用数组名作为函数参数时，不是进行值的传送，即不是把实参数组的每一个元素的值都赋予形参数组的各个元素。因为实际上形参数组并不存在，编译系统不为形参数组分配内存。那么，数据的传送是如何实现的呢？我们曾介绍过，数组名就是数组的首地址，因此在数组名作为函数参数时所进行的传送只是地址的传送，也就是说把实参数组的首地址赋予形参数组名。形参数组名取得该首地址之后，也就等于有了实在的数组。实际上是形参数组和实参数组为同一数组，共同拥有一段内存空间。

图 7 - 3 所示的实参数组和形参数组内存结构说明了这种情形，图中设 a 为实参数组，类型为整型。a 占有以 2000 为首地址的一块内存区。b 为形参数组名。当发生函数调用时，进行地址传送，把实参数组 a 的首地址传送给形参数组 b，于是 b 也取得该地址

2000。于是 a、b 两数组共同占有以 2000 为首地址的一段连续内存单元。从图 7 - 3 中还可以看出,a 和 b 下标相同的元素实际上也占相同的两个内存单元(整型数组每个元素占 2 字节)。例如,a[0] 和 b[0],都占用 2000 和 2001 单元,当然 a[0] 等于 b[0],依此类推则有 a[i] 等于 b[i]。

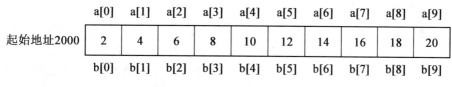

图 7 - 3 实参数组和形参数组内存结构图

例如:数组 a 中存放了一个学生 5 门课程的成绩,求平均成绩。

程序如下:

```c
#include < stdio.h >
float aver( float a[5])
{
    int i;
    float av,s = a[0];
    for( i = 1;i < 5;i ++ )
    s = s + a[i];
    av = s/5;
    return av;
}
void main( )
{
    float sco[5],av;
    int i;
    printf( "\ninput 5 scores:\n");
    for( i = 0;i < 5;i ++ )
    scanf( "% f",&sco[i]);
    av = aver( sco);
    printf( "average score is % 5.2f",av);
}
float aver( float a[5])
{
    ...
}
void main( )
{
    ...
    for( i = 0;i < 5;i ++ )
    scanf( "% f",&sco[i]);
    av = aver( sco);
    ...
```

　　　}

　　本程序首先定义了一个实型函数 aver( )，有一个形参为实型数组 a，长度为 5。在函数 aver( ) 中，把各元素值相加求出平均值，返回给主函数。主函数 main( ) 中首先完成数组 sco 的输入，然后以 sco 作为实参调用 aver( ) 函数，函数返回值送 av，最后输出给 av 值。从运行情况可以看出，程序实现了所要求的功能。

　　(3) 前面已经讨论过，在变量作为函数参数时，所进行的值传送是单向的，即只能从实参传向形参，不能从形参传回实参。形参的初值和实参相同，而形参的值发生改变后，实参并不变化，两者的终值是不同的。而当用数组名作为函数参数时，情况则不同。由于实际上形参和实参为同一数组，因此当形参数组发生变化时，实参数组也随之变化。当然这种情况不能理解为发生了"双向"的值传递。但从实际情况来看，调用函数之后实参数组的值将由于形参数组值的变化而变化。为了说明这种情况，把上例改为如下的形式，改用数组名作为函数参数。

```c
#include < stdio.h >
void nzp(int a[5])
{
    int i;
    printf("\nvalues of array a are:\n");
    for(i =0;i <5;i ++ )
    {
    if(a[i] <0) a[i] =0;
    printf("% d ",a[i]);
    }
}
void main()
{
    int b[5],i;
    printf("\ninput 5 numbers:\n");
    for(i =0;i <5;i ++ )
    scanf("% d",&b[i]);
    printf("initial values of array b are:\n");
    for(i =0;i <5;i ++ )
    printf("% d ",b[i]);
    nzp(b);
    printf("\nlast values of array b are:\n");
    for(i =0;i <5;i ++ )
    printf("% d ",b[i]);
}
void nzp(int a[5])
{
    …
}
void main()
{
```

```
        int b[5],i;
        …
        nzp(b);
        …
    }
```

本程序中函数 nzp( ) 的形参为整数组 a,长度为 5。主函数中实参数组 b 也为整型,长度也为 5。在主函数中首先输入数组 b 的值,然后输出数组 b 的初始值。然后以数组名 b 为实参调用 nzp( ) 函数。在 nzp 中,按要求把赋值单元清 0,并输出形参数组 a 的值。返回主函数之后,再次输出数组 b 的值。从运行结果可以看出,数组 b 的初值和终值是不同的,数组 b 的终值和数组 a 是相同的。这说明实参形参为同一数组,它们的值同时得以改变。用数组名作为函数参数时还应注意以下几点。

(1)形参数组和实参数组的类型必须一致,否则将引起错误。

(2)形参数组和实参数组的长度可以不相同,因为在调用时,只传送首地址而不检查形参数组的长度。当形参数组的长度与实参数组不一致时,虽不至于出现语法错误(编译能通过),但程序执行结果将与实际不符,这是应予以注意的。

例 7 - 12　编写函数,将数组中小于 0 的数用 0 替换,并输出。

```
#include<stdio.h>
void nzp(int a[8])
{
    int i;
    printf("\nvalues of array a are:\n");
    for(i=0;i<8;i++)
    {
    if(a[i]<0) a[i]=0;
    printf("%d",a[i]);
    }
}
void main()
{
    int b[5],i;
    printf("\ninput 5 numbers:\n");
    for(i=0;i<5;i++)
    scanf("%d",&b[i]);
    printf("initial values of array b are:\n");
    for(i=0;i<5;i++)
        printf("%d",b[i]);
        nzp(b);
    printf("\nlast values of array b are:\n");
    for(i=0;i<5;i++)
        printf("%d",b[i]);
}
```

本程序与前一个程序相比,nzp( ) 函数的形参数组长度改为 8,在函数体中,for 语句的循环条件也改为 i<8。因此,形参数组 a 和实参数组 b 的长度不一致。编译能够通过,

但从结果看,数组 a 的元素 a[5]、a[6]、a[7]显然是无意义的。

(3)在函数形参表中,允许不给出形参数组的长度,或用一个变量来表示数组元素的个数。

例如:可以写为

```
void nzp(int a[])
```

或写为

```
void nzp(int a[],int n)
```

其中,形参数组 a 没有给出长度,而由 n 值动态地表示数组的长度。n 的值由主调函数的实参进行传送。

例如:

```
void nzp(int a[],int n)
{
    int i;
    printf("\nvalues of array a are:\n");
    for(i =0;i < n;i ++)
    {
    if(a[i] <0) a[i] =0;
    printf("% d ",a[i]);
    }
}
void main()
{
    int b[5],i;
    printf("\ninput 5 numbers:\n");
    for(i =0;i <5;i ++)
    scanf("% d",&b[i]);
    printf("initial values of array b are:\n");
    for(i =0;i <5;i ++)
    printf("% d ",b[i]);
    nzp(b,5);
    printf("\nlast values of array b are:\n");
    for(i =0;i <5;i ++)
    printf("% d ",b[i]);
}
void nzp(int a[],int n)
{
    ...
}
void main()
{
    ...
    nzp(b,5);
    ...
}
```

本程序 nzp( )函数形参数组 a 没有给出长度,由 n 动态确定该长度。在 main( )函数中,函数调用语句为 nzp(b,5),其中实参 5 将赋予形参 n 作为形参数组的长度。

(4)多维数组也可以作为函数的参数。在函数定义时对形参数组可以指定每一维的长度,也可省去第 1 维的长度。因此,以下写法都是合法的。

```
int MA( int a[3][10] )
```

或

```
int MA( int a[][10] )
```

7.5.3 形参数组和实参数组

在函数的调用过程中,形参和实参间的数据传递也可以借助数组完成,形参数组在定义时不分配内存单元,可以用指针变量形式定义,而实参数组传递的数组名字代表的是实参数组的起始地址。

例如:

```
#include < stdio.h >
void test( int aiNum[ ] , int len )              //形参 ,也可以这样:void test( int
                                                        * aiNum , int len )
{
int i;
for( i = 0;i < len;i ++ )
printf( "num[% d] = % d\n" , aiNum[i] );
}
int main( void )
{
int aiN[5] = {1,2,3,4,5};
test( ai , 5 );                                    //实参:数组名,目的是将数组的首地址
                                                        传给 test 函数

return 0;
}
```

7.6 字符数组和字符串

7.6.1 字符数组的定义

字符数组的形式与前面介绍的数值数组相同。

例如:char c[10];

由于字符型和整型通用,也可以定义为 int c[10],但这时每个数组元素占 4 个字节的内存单元。

字符数组也可以是二维或多维数组。

例如:char c[3][4];即为二维字符数组,数组中共有 12 个元素。

7.6.2　字符数组的初始化

(1)char ch[5] = {'B','o','y'};

初始化字符串数组时,编译器自动将字符串最后一个字符后面加上'\0',以表示字符串的结束。

(2)char char arr[10] = "HI";

如果数组的成员个数大于字符串的长度 +1,那么把字符串结束后面的元素也都初始化为'\0',此时{}可以省略。

(3)char ch[] = "Hello";

字符数组定义后,如果将数组直接赋给一个字符串,此时数组下标可省。

7.6.3　字符数组的引用

例 7 - 13　输出一个已定义好的二维数组。

程序如下:

```c
#include <stdio.h>
main()
{
  int i,j;
  char a[][5] = {'C','L','A','N','G','U','A','G','E','E'};
  for(i =0;i <=1;i ++)
    {
      for(j =0;j <=4;j ++)
        printf("% c",a[i][j]);
        printf("\n");
    }
}
```

运行结果:

```
CLANG
UAGEE
```

例 7 - 14　输出一个字符串。

程序如下:

```c
#include <stdio.h>
void main()
{
char c[10] = {'I',' ','a','m',' ','a',' ','b','o','y'};
int i;
for(i =0;i <10;i ++)
printf("% c",c[i]);
printf("\n");
}
```

运行结果:

```
I am a boy
```

例 7 – 15 输出一个菱形图。

程序如下：

```
#include <stdio.h>
void main()
{
char diamond[][5]={{' ',' ','*'},{' ','*',' ','*'},{'*',' ',' ',' ','*'}
{' ','*',' ','*'},{ ' ',' ','*'}};
int i,j;
for(i=0;i<5;i++)
  {
  for(j=0;j<5;j++)
  printf("%c",diamond[i][j]);
  printf("\n");
  }
}
```

运行结果：

```
    *
  *   *
*       *
  *   *
    *
```

7.6.4 字符串

在 C 语言中没有专门的字符串变量,通常用一个字符数组来存放一个字符串。前面介绍字符串常量时,已说明字符串总是以′\0′作为串的结束符,因此,当把一个字符串存入一个数组时,也把结束符′\0′存入数组,并以此作为该字符串是否结束的标志。有了′\0′标志后,就不必再用字符数组的长度来判断字符串的长度了。

C 语言允许用字符串的方式对数组进行初始化赋值。

例如：

```
char c[]={'c',' ','p','r','o','g','r','a','m'};
```

可写为

```
char c[]={"C program"};
```

或去掉{}写为

```
char c[]="C program";
```

用字符串方式赋值比用字符逐个赋值要多占一个字节,用于存放字符串结束标志′\0′。上面的数组 c 在内存中的实际存放情况为

C		p	r	o	g	r	a	m	\0

′\0′是由 C 编译系统自动加上的。由于采用了′\0′标志,所以在用字符串赋初值时一般无须指定数组的长度,而由系统自行处理。在采用字符串方式后,字符数组的输入输出将变得简单方便。

除了上述用字符串赋初值的办法外,还可用 printf 函数和 scanf 函数一次性输出输入

一个字符数组中的字符串,而不必使用循环语句逐个地输入输出每个字符。

```
include "stdio.h"
main( )
{
  char c[ ] = "BASIC\ndBASE";
  printf("% s\n",c);
}
```

例 7 – 16　字符数组与字符串。

```
include "stdio.h"
main( )
{
  char st[15];
  printf("input string:\n");
  scanf("% s",st);
  printf("% s\n",st);
}
```

　　本例中由于定义数组长度为 15,因此输入的字符串长度必须小于 15,以留出一个字节用于存放字符串结束标志′\0′。应该说明的是,对一个字符数组,如果不做初始化赋值,则必须说明数组长度。还应该特别注意的是,当用 scanf( ) 函数输入字符串时,字符串中不能含有空格,否则将以空格作为串的结束符。

　　例如,当输入的字符串中含有空格时,运行情况为

input string:

this is a book

　　输出为

this

　　从输出结果可以看出空格以后的字符都未能输出。为了避免这种情况,可多设几个字符数组分段存放含空格的串。

　　例 7 – 16 可改写如下。

　　例 7 – 17　字符数组与字符串。

```
#include < stdio.h >
void main( )
{
  char st1[4],st2[4],st3[4],st4[4];
  printf("input string:\n");
  scanf("% s% s% s% s",st1,st2,st3,st4);
  printf("% s % s % s % s\n",st1,st2,st3,st4);
}
```

　　运行结果:

input string:

asdf

fghj

hjkl

sadf

asdf fghj hjkl sadf

　　本程序分别设了 4 个数组,输入的一行字符的空格分段分别装入 4 个数组,然后分别输出这 4 个数组中的字符串。

　　在前面介绍过,scanf 的各输入项必须以地址方式出现,如 &a、&b 等。但在前例中却是以数组名方式出现的,这是为什么呢?

　　这是由于在 C 语言中规定,数组名就代表了该数组的首地址。整个数组是以首地址开头的一块连续的内存单元。

　　如有字符数组 char c[10],在内存可表示为

c[0]	c[1]	c[2]	c[3]	c[4]	c[5]	c[6]	c[7]	c[8]	c[9]

　　设数组 c 的首地址为 2000,也就是说 c[0] 单元地址为 2000,则数组名 c 就代表这个首地址。因此,在 c 前面不能再加地址运算符 &,如果写作 scanf("%S",&c);则是错误的。在执行函数 printf("%S",c)时,按数组名 c 找到首地址,然后逐个输出数组中各个字符直到遇到字符串终止标志'\0'为止。

　　例 7 - 18　输入 5 个国家的名称按字母顺序排列输出。

　　本题编程思路如下:5 个国家名应由一个二维字符数组来处理。然而 C 语言规定可以把一个二维数组当成多个一维数组处理。因此本题又可以按 5 个一维数组处理,而每一个一维数组就是一个国家名字符串。用字符串比较函数比较各一维数组的大小,并排序,输出结果即可。

　　编程如下:

```
#include < stdio.h >
main()
{
    char st[20],cs[5][20];
    int i,j,p;
    printf("input country's name:\n");
    for(i =0;i <5;i ++)
      gets(cs[i]);
      printf("\n");
    for(i =0;i <5;i ++)
    {
      p =i;strcpy(st,cs[i]);
      for(j =i +1;j <5;j ++)
    if(strcmp(cs[j],st) <0)
    {
     p =j;strcpy(st,cs[j]);
    }
    if(p! =i)
    {
     strcpy(st,cs[i]);
     strcpy(cs[i],cs[p]);
     strcpy(cs[p],st);
    }
    puts(cs[i]);
```

```
    }
    printf("\n");
}
```

运行结果：

```
input country's name:
China
Ecuador
Brazil
Canada
Germany

Brazil
Canada
China
Ecuador
Germany
```

本程序的第 1 个 for 语句中，用 gets( ) 函数输入 5 个国家名字符串。上面说过 C 语言允许把一个二维数组按多个一维数组处理，本程序说明 cs[5][20] 为二维字符数组，可分为 5 个一维数组 cs[0]，cs[1]，cs[2]，cs[3]，cs[4]，因此在 gets 函数中使用 cs[i] 是合法的。在第 2 个 for 语句中又嵌套了一个 for 语句组成双重循环。这个双重循环完成按字母顺序排序的工作。在外层循环中把字符数组 cs[i] 中的国名字符串拷贝到数组 st 中，并把下标 i 赋予 p。进入内层循环后，把 st 与 cs[i] 以后的各字符串做比较，若有比 st 小者则把该字符串拷贝到 st 中，并把其下标赋予 p。内循环完成后如 p 不等于 i 说明有比 cs[i] 更小的字符串出现，因此交换 cs[i] 和 st 的内容。至此已确定了数组 cs 的第 i 号元素的排序值。然后输出该字符串。在外循环全部完成之后即完成全部排序和输出。

C 语言提供了丰富的字符串处理函数，大致可分为字符串的输入、输出、合并、修改、比较、转换、复制、搜索等几类。使用这些函数可大大减轻编程的负担。用于输入输出的字符串函数，在使用前应包含头文件"stdio. h"，使用其他字符串函数则应包含头文件"string. h"。

下面介绍几个最常用的字符串函数。

1. 字符串输出函数 puts( )

格式：puts（字符数组名）

功能：把字符数组中的字符串输出到显示器，即在屏幕上显示该字符串。

例 7 – 19　利用 puts( ) 函数处理字符串。

```
#include"stdio.h"
main()
{
    char c[] = "BASIC\ndBASE";
    puts(c);
}
```

运行结果：

```
BASIC
dBASE
```

从程序中可以看出,puts( )函数中可以使用转义字符,因此输出结果成为两行。puts( )函数完全可以由 printf( )函数取代。当需要按一定格式输出时,通常使用 printf( )函数。

2. 字符串输入函数 gets( )

格式:gets(字符数组名)

功能:从标准输入设备键盘上输入一个字符串。

本函数得到一个函数值,即为该字符数组的首地址。

例 7 – 20 输入字符串中含有空格。

```c
#include"stdio.h"
main()
{
  char st[15];
  printf("input string:\n");
  gets(st);
  puts(st);
}
```

运行结果:

```
input string:
jilin
jilin
```

可以看出当输入的字符串中含有空格时,输出仍为全部字符串。说明 gets( )函数并不以空格作为字符串输入结束的标志,而只以回车作为输入结束。这是与 scanf( )函数不同的。

3. 字符串连接函数 strcat( )

格式: strcat (字符数组名 1,字符数组名 2)

功能:把字符数组 2 中的字符串连接到字符数组 1 中字符串的后面,并删去字符串 1 后的串标志"\0"。本函数返回值是字符数组 1 的首地址。

例 7 – 21 字符串处理函数 strcat( )。

```c
#include <string.h>
#include <stdio.h>
void main()
{
  static char st1[30] = "My name is ";
  char st2[10];
  printf("input your name:\n");
  gets(st2);
  strcat(st1,st2);
  puts(st1);
}
```

运行结果:

```
input your name:
David
My name is David
```

本程序把初始化赋值的字符数组与动态赋值的字符串连接起来。需要注意的是,字符数组 1 应定义足够的长度,否则不能全部装入被连接的字符串。

4. 字符串拷贝函数 strcpy( )

格式:strcpy (字符数组名 1,字符数组名 2)

功能:把字符数组 2 中的字符串拷贝到字符数组 1 中。串结束标志"\0"也一同拷贝。

字符数组 2 也可以是一个字符串常量,这时相当于把一个字符串赋予一个字符数组。

例 7 - 22 字符串处理函数 strcpy( )。

```
#include < string.h >
#include < stdio.h >
void main()
{
  char st1[15],st2[] = "C Language";
  strcpy(st1,st2);
  puts(st1);printf("\n");
}
```

运行结果:

```
C Language
```

本函数要求字符数组 1 应有足够的长度,否则不能全部装入所拷贝的字符串。

5. 字符串比较函数 strcmp( )

格式:strcmp (字符数组名 1,字符数组名 2)

功能:按照 ASCII 顺序比较两个数组中的字符串,并由函数返回值返回比较结果。

字符串 1 = 字符串 2,返回值 = 0;

字符串 2 > 字符串 2,返回值 > 0;

字符串 1 < 字符串 2,返回值 < 0。

本函数也可用于比较两个字符串常量,或比较数组和字符串常量。

例 7 - 23 字符串处理函数 strcmp( )。

```
#include"string.h"
main()
{
int k;
  static char st1[15],st2[] = "C Language";
  printf("input a string:\n");
  gets(st1);
  k = strcmp(st1,st2);
  if(k = =0) printf("st1 = st2\n");
  if(k >0) printf("st1 > st2\n");
  if(k <0) printf("st1 < st2\n");
}
```

运行结果:

```
input a string:
language
st1 > st2
```

本程序中把输入的字符串和数组 st2 中的串比较,比较结果返回到 k 中,根据 k 值再输出结果提示串。当输入为 dbase 时,由 ASCII 可知"dbase"大于"C Language",故 k > 0,输出结果为"st1 > st2"。

6. 测字符串长度函数 strlen( )

格式:strlen (字符数组名)

功能:测字符串的实际长度(不含字符串结束标志"\0'")并作为函数返回值。

例 7 - 24 字符串处理函数 strlen( )。

```c
#include < string.h >
#include < stdio.h >
void main()
{
    int k;
    static char st[] = "C language";
    k = strlen(st);
    printf("The lenth of the string is % d\n",k);
}
```

运行结果:

```
The lenth of the string is 10
```

7.7 数组的排序算法

所谓计算机中的排序,就是使一串记录,按照其中的某个或某些关键字的大小,递增或递减地排列起来的操作。而排序算法则是一种能将一串数据依照特定的方式进行排列的一种算法。

7.7.1 选择法

选择排序法是一种不稳定的排序算法。它的工作原理是每一次从待排序的数据元素中选出最小(或最大)的一个元素,存放在序列的起始位置,然后,再从剩余未排序元素中继续寻找最小(大)元素,然后放到已排序序列的末尾。依此类推,直到全部待排序的数据元素排完。

算法如下:

```c
void swap(int *a,int *b)
{
    int temp = *a;
    *a = *b;
    *b = temp;
}
void selection_sort(int arr[], int len)
{
    int i,j;
```

```
for (i = 0 ; i < len - 1 ; i ++)
{
    int min = i;
    for (j = i + 1; j < len; j ++)
        if (arr[j] < arr[min])
            min = j;
        swap(&arr[min], &arr[i]);
    }
}
```

7.72　冒泡法

冒泡排序(Bubble Sort)法是一种计算机科学领域的较简单的排序算法。它重复地走访要排序的元素列,依次比较两个相邻的元素,如果它们的顺序(如从大到小、首字母从 A 到 Z)错误就把它们交换过来。走访元素的工作是重复地进行直到没有相邻元素需要交换,也就是说该元素列已经排序完成。这个算法的名字由来是因为越大的元素会经由交换慢慢"浮"到数列的顶端(升序或降序排列),就如同碳酸饮料中二氧化碳的气泡最终会上浮到顶端一样,故名"冒泡排序"。

算法如下:

```
void bubbleSort (elemType arr[], int len) {
elemType temp;
int i, j;
for (i = 0; i < len - 1; i ++)          /* 外循环为排序趟数,len 个数进行 len
                                          - 1 趟 */
    for (j = 0; j < len - 1 - i; j ++) {  /* 内循环为每趟比较的次数,第 i 趟比较
                                          len - i 次 */
        if (arr[j] > arr[j + 1]) {        /* 相邻元素比较,若逆序则交换(升序为
                                          左大于右,降序反之) */
            temp = arr[j];
            arr[j] = arr[j + 1];
            arr[j + 1] = temp;
        }
    }
}
```

7.7.3　插入法

插入法将序列分为有序序列和无序序列,依次从无序序列中取出元素值插入到有序序列的合适位置。初始时有序序列中只有第一个数,其余 n - 1 个数组成无序序列,则 n 个数需进行 n - 1 次插入。寻找在有序序列中插入位置可以从有序序列的最后一个数往前找,在未找到插入点之前可以同时向后移动元素,为插入元素准备空间。

如下用插入排序法对 10 个整数进行降序排序。

```
#include < stdio.h >
main()
```

```
{
int a[10],i,j,t;
printf("Please input 10 numbers: ");
for(i=0;i<10;i++)
scanf("%d",&a[i]);
for(i=1;i<10;i++)                    /*外循环控制趟数 n 个数从第 2 个数开
                                        始到最后共进行 n-1 次插入*/

{
t=a[i];                              /*将待插入数暂存于变量 t 中*/
for( j=i-1; j>=0 && t>a[j]; j--)      /*在有序序列下标 0 ～ i-1 中寻找插入
                                        位置*/
a[j+1]=a[j];                          /*若未找到插入位置则当前元素后移一
                                        个位置*/
a[j]=t;                              /*找到插入位置完成插入*/
}
printf("The sorted numbers: ");
for(i=0;i<10;i++)
printf("%d ",a[i]);
printf("\n");
}
```

7.7.4 排序算法的比较

（1）插入排序。插入排序算法是基于某序列已经有序排列的情况下,通过一次插入一个元素的方式按照原有排序方式增加元素。这种比较是从该有序序列的最末端开始执行,即要插入序列中的元素最先和有序序列中最大的元素比较,若其大于该最大元素,则可直接插入最大元素的后面即可,否则再向前一位比较查找直至找到应该插入的位置为止。插入排序的基本思想是,每次将 1 个待排序的记录按其关键字大小插入到前面已经排好序的子序列中,寻找最适当的位置,直至全部记录插入完毕。执行过程中,若遇到和插入元素相等的位置,则将要插入的元素放在该相等元素的后面,因此插入该元素后并未改变原序列的前后顺序。我们认为插入排序也是一种稳定的排序方法。插入排序分直接插入排序、折半插入排序和希尔排序 3 类。

（2）冒泡排序。冒泡排序算法是把较小的元素往前调或者把较大的元素往后调。这种方法主要是通过对相邻两个元素进行大小的比较,根据比较结果和算法规则对该二元素的位置进行交换,这样逐个依次进行比较和交换,就能达到排序目的。冒泡排序的基本思想是,首先将第 1 个和第 2 个记录的关键字比较大小,如果是逆序的,就将这两个记录进行交换,再对第 2 个和第 3 个记录的关键字进行比较,依此类推,重复进行上述计算,直至完成第（n-1）个和第 n 个记录的关键字之间的比较,此后,再按照上述过程进行第 2 次、第 3 次排序,直至整个序列有序为止。排序过程中要特别注意的是,当相邻两个元素大小一致时,这一步操作就不需要交换位置,因此也说明冒泡排序是一种严格的稳定排序算法,它不改变序列中相同元素之间的相对位置关系。

（3）选择排序。选择排序算法的基本思路是为每一个位置选择当前最小的元素。选择排序的基本思想是基于直接选择排序和堆排序这两种基本的简单排序方法。首先从第

1 个位置开始对全部元素进行选择,选出全部元素中最小的给该位置;再对第 2 个位置进行选择,在剩余元素中选择最小的给该位置即可。依此类推,重复进行"最小元素"的选择,直至完成第(n-1)个位置的元素选择,则第 n 个位置就只剩唯一的最大元素,此时不需再进行选择。使用这种排序时,要注意其中一个不同于冒泡法的细节。举例说明:序列 58539,我们知道第一遍选择第 1 个元素"5"会和元素"3"交换,那么原序列中的两个相同元素"5"之间的前后相对顺序就发生了改变。因此,我们说选择排序不是稳定的排序算法,它在计算过程中会破坏稳定性。

7.8　基本能力上机实验

7.8.1　实验目的

(1)掌握数组定义、初始化、引用方法。
(2)掌握数组作为函数参数的编程方法。

7.8.2　实验内容

1. m 个人的成绩存放在 score 数组中,请编写函数 fun,它的功能是:将低于平均分的人作为函数值返回,将低于平均分的分数放在 below 所指定的数组中。

```
int fun( int score[ ],int m,int below[ ])
{int i,k =0,aver =0;
for( i -0;i < m;i ++ )
    aver + = score[i];
aver /= m;
for( i =0,i < m;i ++ )
  if( score[i] < aver )
  {below[k] = score[i];
  k ++ ;}
return k;
}
```

2. 用数组求 Fibonacci 数列的前 20 项,Fibonacci 数列为:1,1,2,3,5,8,13,21,…。

```
main( )
{ int i;
    int f[20] = {1,1};
    for ( i =2;i <20;i ++ )
    f[i] = f[i-1] + f[i-2];
    for ( i =2;i <20;i ++ )
    { if(i% 5 = =0) printf("\n");
    printf("% 12d",f[i]);
}
```

3. 将一个二维数组的行、列元素互换,存到另一个数组中。

```
main( )
```

```
{ static int a[2][3] = {{1,2,3},{4,5,6}},b[3][2],i,j;
  printf("array a:\n");
  for(i =0;i < =1;i ++ )
  {for(j =0;j < =2;j ++ )
  { printf("% 5d",a[i][j]);  b[j][i] = a[i][j]; }
   printf("\n");
  }
  printf("array b:\n");
  for(i =0;i < =2;i ++ )
  {for(j =0;j < =1;j ++ )
  printf("% d",b[i][j]);
  printf("\n");
  }
}
```

4. 一个学习小组有 5 个人,每个人有三门课的考试成绩。求全组分科的平均成绩和各科总平均成绩。

可设一个二维数组 a[5][3]存放 5 个人 3 门课的成绩。再设一个一维数组 v[3]存放所求的各分科平均成绩,设变量 av 为全组各科总平均成绩。编程如下:

```
main()
{  int i,j,s =0,av,v[3],a[5][3];
    printf("input score\n");
    for(i =0;i <3;i ++ )
    {
      for(j =0;j <5;j ++ )
      {  scanf("% d",&a[j][i]);
       s = s +a[j][i];  }
       v[i] = s∕5;
       s =0;
      }
    av = (v[0] +v[1] +v[2])∕3;
    printf("math:% d\n",v[0]);
    printf("c languag:% d\n",v[1]);
    printf("dbase:% d\n",v[2]);
    printf("total:% d\n",av);
}
```

5. 读 10 个整数存入数组,找出其中的最大值和最小值。

```
#include < stdio.h >
#define SIZE 10
main()
{ int x[SIZE],i,max,min;
  printf("Enter 10 integers:\n");
  for(i =0;i < SIZE;i ++ )
  { printf("% d:",i +1);
  scanf("% d",&x[i]);
```

```
}
max = min = x[0];
for(i = 1;i < SIZE;i ++ )
{ if(max < x[i]) max = x[i];
 if(min > x[i]) min = x[i];
}
printf("Maximum value is % d\n",max);
printf("Minimum value is % d\n",min);
}
```

6. 用简单选择法对 10 个数排序。

```
#include < stdio.h >
main()
{ int a[11],i,j,k,x;
printf("Input 10 numbers:\n");
for(i = 1;i < 11;i ++ )
 scanf("% d",&a[i]);
printf("\n");
for(i = 1;i < 10;i ++ )
{ k = i;
for(j = i +1;j < =10;j ++ )
if(a[j] < a[k]) k = j;
if(i! = k)
{ x = a[i]; a[i] = a[k]; a[k] = x;}
}
printf("The sorted numbers:\n");
for(i = 1;i < 11;i ++ )
printf("% d ",a[i]);
}
```

7.9　拓展能力上机实验

7.9.1　实验目的

(1)利用数组解决实际问题。
(2)算法的应用。

7.9.2　实验内容

1. 将下表中的值读入到数组,分别求各行、各列及表中所有数之和。

12	4	6
8	23	3
15	7	9
2	5	17

```
#include < stdio.h >
main( )
{ int x[5][4],i,j;
  for( i =0;i <4;i ++ )
    for( j =0;j <3;j ++ )
      scanf( "% d",&x[i][j]);
  for( i =0;i <3;i ++ )
    x[4][i] =0;
  for( j =0;j <5;j ++ )
    x[j][3] =0;
  for( i =0;i <4;i ++ )
    for( j =0;j <3;j ++ )
    {  x[i][3] + =x[i][j];
      x[4][j] + =x[i][j];
      x[4][3] + =x[i][j];
    }
for( i =0;i <5;i ++ )
{   for( j =0;j <4;j ++ )
    printf( "% 5d\t",x[i][j]);
  printf( "\n");
}
}
```

2. 编一个程序,将两个字符串连接起来,注意,不用 strcat 函数。

```
main( )
{
  char s1[80],s2[40];
  int i =0,j =0;
  scanf( "% s",s1);
  scanf( "% s",s2);
  while  ( s1[i]! ='\0')
    i ++ ;
  while  ( s2[j]! ='\0')
    s1[ i ++ ] =s2[ j ++ ];
  s1[i] ='\0';
  printf( "连接后的字符串为:% d",s1);
}
```

3. 请编写函数 fun,它的功能是:求出 1 到 1000 之内能被 7 或者 11 整除,但不能同时被 7 和 11 整除的所有正数,并将它们放在 a 所指的数组中,通过 n 返回这些数的个数。

```
void fun( int * a,int * n)
{int i,j =0;
  for( i =2;i <1000;i ++ )
  if(( i% 7 = =0 || i% 11 = =0)&&( i% 77! =0))
  a[ j ++ ] =i;
```

```
   *n=j;
}
```

4. 求一个 3 * 3 矩阵对角线元素之和。

```
main()
{
   float a[3][3],sum=0;
   int i,j;
   printf("please input rectangle element:\n");
   for(i=0;i<3;i++)
   for(j=0;j<3;j++)
   scanf("%f",&a[j]);
   for(i=0;i<3;i++)
   sum=sum+a;
   printf("duijiaoxian he is %6.2f",sum);
}
```

5. 将一个数组逆序输出。

```
#define N 5
main()
{ int a[N]={9,6,5,4,1},i,temp;
   printf("\n original array:\n");
   for(i=0;i<N;i++)
   printf("%4d",a);
   for(i=0;i<N/2;i++)
   {temp=a;
   a=a[N-i-1];
   a[N-i-1]=temp;
   }
   printf("\n sorted array:\n");
   for(i=0;i<N;i++)
   printf("%4d",a);
}
```

6. 打印出杨辉三角形(要求打印出 10 行)。

```
main()
{int i,j;
   int a[10][10];
   printf("\n");
   for(i=0;i<10;i++)
   {a[i][0]=1;
   a[i][i]=1;}
   for(i=2;i<10;i++)
   for(j=1;j<=I;j++)
   a[i][j]=a[i-1][j-1]+a[i-1][j];
   for(i=0;i<10;i++)
   {for(j=0;j<=i;j++)
```

```
    printf("% 6d",a[i][j]);
    printf("\n");
    }
    printf("\n");
}
```

7. n 个人围成一圈,每人有一个不相同的编号,选择一个人作为起点,然后顺时针从 1 到 k 数数,每数到 k 的人退出圈子,圈子缩小,然后从下一个人继续从 1 到 k 数数,重复上面过程。求最后退出圈子的那个人原来的编号。

思路:按照上面的算法让人退出圈子,直到有 n - 1 个人退出圈子,然后得到最后一个退出圈子的人的编号。

程序:坐成一圈的人的编号不需要按序排列。

```
#define N 100
int yuesefu1(int data[],int sum,int k)
{
int i =0,j =0,count =0;
while(count < sum -1)
{
if(data[i]! =0)                          /*当前人在圈子里*/
j ++ ;
if(j = =k)                               /*若该人应该退出圈子*/
{
data[i] =0;                              /*0 表示不在圈子里*/
count ++ ;                               /*退出的人数加 1*/
j =0;                                    /*重新数数*/
}
i ++ ;                                   /*判断下一个人*/
if(i = = sum)                            /*围成一圈*/
i =0;
}
for(i =0;i < sum;i ++ )
if(data[i]! =0)
return data[i];                          /*返回最后一个人的编号*/
}
void main( )
{
int data[N];
int i,j,total,k;
printf("\nPlease input the number of every people.\n");
for(i =0;i < N;)                         /* 为圈子里的人安排编号*/
{
int input;
scanf("% d",&input);
if(input = =0)
```

```
        break;                          /*0 表示输入结束 */
        for(j=0;j<i;j++)                /*检查编号是否有重复 */
        if(data[j]==input)
        break;
        if(j>=i&&input>0)               /*无重复,记录编号,继续输入 */
        {
        data[i]=input;
        i++;
        }
        else
        printf("\nData error.Re-input:");
        }
        total=i;
        printf("\nYou have input:\n");
        for(i=0;i<total;i++)
        {
        if(i%10==0)
        printf("\n");
        printf("%4d",data[i]);
        }
        printf("\nPlease input a number to count:");
        scanf("%d",&k);
        printf("\nThe last one's number is %d",yueseful(data,total,k));
        }
```

7.10　习　　题

1. 填空题

(1)若有定义:double x[3][5];,则 x 数组中行下标的下限为_____,列下标的上限为_____。

(2)当从键盘输入 18 并回车后,下面程序的运行结果是_____。

```
main()
   {int x,y,i,a[8],j,u,v;
   scanf("%d",&x);
   y=x;i=0;
   do
   {u=y/2;
    a[i]=y%2;
    i++;y=u;
    }while(y>=1)
   for(j=i-1;j>=0;j--)
     printf("%d",a[j]);}
```

（3）下面的程序用冒泡法对数组 a 进行降序排序,请填空。

```
main()
{int a[5]={4,7,2,5,1};
  int i,j,m;
 for(i=0;i<4;i++)
   for(j=0;j<4-i;j++)
if(_____)
  {m=a[i];
  a[i]=a[i+1];
a[i+1]=m}
```

2.选择题

（1）给出以下定义:

char x[]="abcdefg";

char y[]={'a','b','c','d','e','f','g'};

则正确的叙述为　　　　　　　　　　　　　　　　　　　　　　（　　）

A.数组 x 和数组 y 等价

B.数组 x 和数组 y 的长度相同

C.数组 x 的长度大于数组 y 的长度

D.数组 x 的长度小于数组 y 的长度

（2）不能把字符串:Hello! 赋给数组 b 的语句是　　　　　　　　　（　　）

A.char b[10]={'H','e','l','l','o','!'};

B.char b[10];b="Hello!";

C.char b[10];strcpy(b,"Hello!");

D.char b[10]="Hello!";

（3）若有以下说明:

int a[12]={1,2,3,4,5,6,7,8,9,10,11,12};

char c='a',d,g;

则数值为 4 的表达式是　　　　　　　　　　　　　　　　　　　　（　　）

A.a[g-c]　　　　　　　　　　　　　　B.a[4]

C.a['d'-'c']　　　　　　　　　　　　D.a['d'-c]

（4）下面程序的运行结果是　　　　　　　　　　　　　　　　　　　（　　）

```
#include<stdio.h>
main()
{cahr ch[7]={"12ab56"};int i,s=0;
for(i=0;ch[i]>='0'&&ch[i]<='9';i+=2)
s=10*s+ch[i]-'0';
printf("%d\n",s);}
```

A.1　　　　　　　　　　　　　　　　　B.1256

C.12ab56　　　　　　　　　　　　　　D.1<CR>2<CR>5<CR>6

（5）当运行以下程序时,从键盘输入:AhAMa□Aha<CR>,则以下程序运行结果是

　　　　　　　　　　　　　　　　　　　　　　　　　　　　　　（　　）

```
#include<stdio.h>
```

```
main()
{char s[80],c='a';int I=0;
scanf("%s",s);
While(s[I]!='\0')
{if(s[I]==c) s[I]=s[I]-32;
else if(s[I]==c-32) s[I]=s[I]+32'
i++'}
puts(s);}
```

A. ahAMa   B. AhAMa

C. AhAMa□ahA   D. ahAMa□ahA

3. 编程题

（1）输入 10 个不大于 6 位的数值分别进行由大到小和由小到大的顺序排序，并输出到屏幕。

（2）在程序中定义一个有 10 个元素的数组，把前 9 个元素赋上值并按从小到大的顺序排好序，现在从键盘输入一个数，把它插到这个数组中相应的位置，使这个 10 个数依然是按从小到大的顺序排列的，并把这 10 个数输出到屏幕。例如，原有的 9 个数是 0,1,2,3,5,6,7,8,9,现在输入 4,那么输入后的顺序则是:0,1,2,3,4,5,6,7,8,9。

（3）输入一个 9 位数，把它的每个数位的数值按从小到大的顺序排列，并输出到屏幕。例如输入 321654987,变成 123456789 后输出到屏幕。

（4）输入两个 4 位以内的数，要求把它们连成一个数。例如，输入 12 和 567,输出 12567；又如输入 1234 和 6578,则输出 12346578。

（5）输入 N 个数，将这 N 个数用与输入时相反的顺序显示在屏幕上,例如:

$N=5$

23 34 32 12 54

54 12 32 34 23

（6）输入 10 个数，将每个数与平均值的差依次显示在屏幕上。

（7）输入一串小写字母（以"."为结束标志），统计出每个字母在该字符串中出现的次数（若某字母不出现，则不要输出），例如:

输入:aaaabbbccc.

输出:a:4

　　b:3

　　c:3

（8）输入一个不大于 32767 的正整数 N,将它转换成一个二进制数,例如:

输入:100

输出:1100100

（9）输入 N 个数，将这 N 个数按从小到大的顺序显示出来。

第8章 指　针

8.1　指针概述

在 C 语言程序中,指针随处可见,一些操作必须用指针才能实现,例如动态内存分配。指针为 C 语言提供了极大的灵活性,是 C 语言学习最重要的内容之一,甚至可以将指针看作 C 语言的灵魂。指针不仅是 C 语言中最强大的工具之一,也是初学者学习 C 语言最大的障碍之一。

在 C 语言中,指针往往被看作一把双刃剑,可以说是既能伤敌又能伤己。指针的优势主要表现为以下几个方面:第一,指针是构建数据结构的高效工具。第二,指针是操作内存的强大工具。第三,指针往往是进行某种操作的唯一途径。第四,指针能够使代码更紧凑和高效。第五,指针和函数的关系十分密切,指向函数的指针为 C 语言程序提供了更好的流程控制。第六,指针和数组的关系非常密切,与数组表示法紧密相关。第七,利用指针可以实现动态内存分配。第八,利用指针可以完成类似汇编语言的操作。指针的劣势主要表现为以下几个方面:第一,指针和 goto 语句类似,容易使得 C 语言程序难以阅读和深入理解。第二,指针很容易被误用,产生不可预知的运行错误。第三,指针的使用稍有不当,就会产生指向错误,甚至会产生严重后果。因此,既有很多 C 语言程序员喜欢指针,也有很多 C 语言初学者对指针感到迷茫。

是否能够深入理解指针,是否能够利用指针提升 C 语言程序的效率,是 C 语言高级程序员和 C 语言初学者的最大差别之一。只有理解 C 语言程序对内存的组织和管理方式,才能更好地理解指针的工作方式。因此,理解指针的关键在于理解 C 语言程序如何管理和操作内存。

众所周知,正在运行的 C 语言程序的所有数据都必须存放在内存中,且不同数据类型的数据占用的内存空间不同,例如 int 类型的数据占用 4 个字节内存空间,char 类型的数据占用 1 个字节内存空间。为了能够有效地使用这些数据,必须为每个数据占用的内存空间编上号码,类似门牌号、手机号及身份证号等,且以字节为单位,由于每个字节内存的编号是唯一的,因此可以根据这些编号准确地找到所用数据在内存中的地址。

在 C 语言程序中,当声明一个变量之后,计算机就会在内存中为该变量分配一块合适的存储空间,这一块内存空间由若干字节组成,且每个字节都拥有自己的地址。在一般情况下,一块内存存储区域的地址一般用该区域的第一个字节的地址来表示。

请看下面的语句:

```
int a;
char b;
```

这两条声明语句会在内存中开辟两块内存空间来分别存储变量 a 和 b，在以后的程序中可以通过变量名来引用这两块内存空间。然而，在编译执行程序后，计算机就使用内存地址来引用变量所占的内存空间，变量与内存地址的关系如图 8 – 1 所示。

由图 8 – 1 可知，在这一段内存中存储了两个数据，分别为 int 类型变量 a 和 char 类型变量 b，其中 2010、2014 和 2015 分别为内存地址编号。由于 int 类型变量占 4 个字节的内存空间，因此变量 a 占用地址为 2010 到 2013 的 4 个字节内存空间，在一般情况下，变量 a 的内存地址用

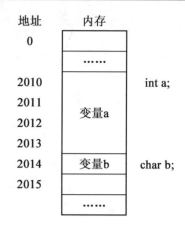

图 8 – 1 变量与内存地址的关系

其所占内存空间的第一个字节地址 2010 表示。由于 char 类型变量占用 1 个字节的内存空间，所以变量 b 占用地址为 2014 的 1 个字节内存空间，在一般情况下，变量 b 的内存地址用 2014 表示。

8.2 指针和指针变量

所谓指针，就是指数据或函数在内存中的地址。例如在图 8 – 1 中，地址 2010 指向变量 a 所占的存储空间，意味着可以通过地址 2010 来找到存储变量 a 的内存空间，因此可以将地址形象化地称为"指针"。所谓指针变量，是指一种特殊的变量，在这种特殊的变量里面存储的数值对应着计算机内存中的一个地址。指针与指针变量的关系如图 8 – 2 所示。

由图 8 – 2 可知，在这一段内存中存储了两个数据和一个指针变量，分别为 int 类型变量 a、char 类型变量 b 和指针变量 p，其中指针变量 p 存储指向变量 a 的指针 2010。可见，指针变量 p 的值就是变量 a 的内存地址，像这种存放某数据的地址的变量，我们就称其为指针变量。另外，指针变量不仅可以存储变量的地址，还可以存储数组、字符串和函数的地址，甚至存储另外一个指针变量的地址，如图 8 – 3 所示。

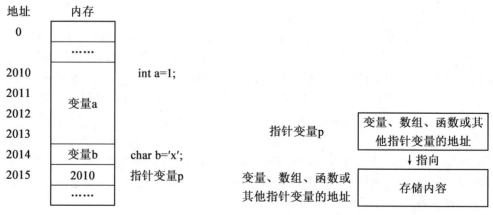

图 8 – 2 指针与指针变量的关系

图 8 – 3 指针变量

由图 8-3 可知,具体的变量内容存放于内存当中,指针表示指向变量所占存储空间的地址,而指针变量则存储指向具体数据存储空间的指针。

变量一般有两种访问方式,一种为直接访问,另一种为间接访问。两种访问方式之间的关系,可以用某人借书来类比。比如张三想借一本"三国演义",一种情况是李四有一本"三国演义",张三认识李四,且知道在哪里可以找到李四,那么张三可以直接向李四借这本书,这就是直接访问;另一种情况是张三听说王五有一本"三国演义",但是张三不认识王五,而李四认识王五,且知道在哪里可以找到王五,那么张三不能直接找到王五,但可以通过李四向王五借书,这就是间接访问。

所谓直接访问,即通过变量名或地址对变量的存储空间进行访问。

例如:

```
int a =0,b =3;
scanf("% d",&a);
a = a + b;
printf("% d\n",a);
```

在这段代码中,第二行中的"&a"就是通过变量 a 的地址对变量 a 进行直接访问,第三行和第四行是通过变量名对变量进行直接访问,这种直接访问的过程如图 8-4 所示。

图 8-4 的直接访问过程可以描述为:

第一步,声明 int 类型变量 a 和变量 b,并分别初始化为 0 和 3。此时,变量 a 的内存地址为 2010,存储内容为 0;变量 b 的内存地址为 2014,存储内容为 3。

第二步,输入数值 4,将其直接存入变量 a 的地址 2010 所指向的内存空间,即令变量 a 为 4。

第三步,直接把变量 a 和变量 b 的值取出,进行求和后直接将求和结果存入变量 a 所占的存储空间,即令变量 a 为 7。

第四步,直接访问变量 a,并将其输出。

所谓间接访问,指将所要访问的变量甲的地址存入另一个变量乙,然后通过变量乙获取变量甲的地址,最后通过该地址访问变量甲,即通过存储其他变量地址的中间变量对其他变量所占的存储空间进行访问。

例如:

```
int a =4,b =3, * p;
p = &a;
* p = a + b;
printf("% d\n", * p);
```

在这段代码中,第一行中的"p"就是一个指针变量,第二行中的"p = &b"就是将变量 b 的地址赋值给指针变量 p,第三行和第四行中的" * p"就是通过指针变量 p 对变量 b 进行间接访问,这种间接访问的过程如图 8-5 所示。

图 8-5 的间接访问过程可以描述为:

第一步,声明 int 类型变量 a、变量 b 和指针变量 p,并将变量 a 和变量 b 分别初始化为 4 和 3。此时,变量 a 的内存地址为 2010,存储内容为 4;变量 b 的内存地址为 2014,存储内容为 3。

第二步,将变量 a 的地址赋值给指针变量 p,使得指针变量 p 的存储内容为 2010。

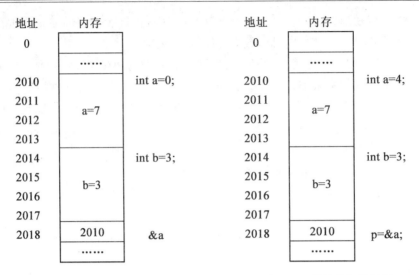

图 8－4　直接访问的过程　　　　图 8－5　间接访问的过程

第三步,直接把变量 a 和变量 b 的值取出,进行求和后通过指针变量 p 间接将求和结果存入变量 a 所占的存储空间,即令变量 a 为 7。

第四步,通过指针变量 p 间接访问变量 a,并将其输出。

在 C 语言中,一般通过地址运算符获取变量的地址,而对于数组可以直接通过数组名获取数组的地址。

例如:

```
int a[2] = {4,3}, *p;
p = a;
*p = a[0] + a[1];
printf("% d\n", *p);
```

在这段代码中,第一行中的"p"就是一个指针变量,第二行的"p = a"就是将数组 a 的起始地址 a[0]赋值给指针变量 p,第三行和第四行中的"* p"就是通过指针变量 p 对数组 a 的起始地址 a[0]进行间接访问,这种对数组进行间接访问的过程如图 8－6 所示。

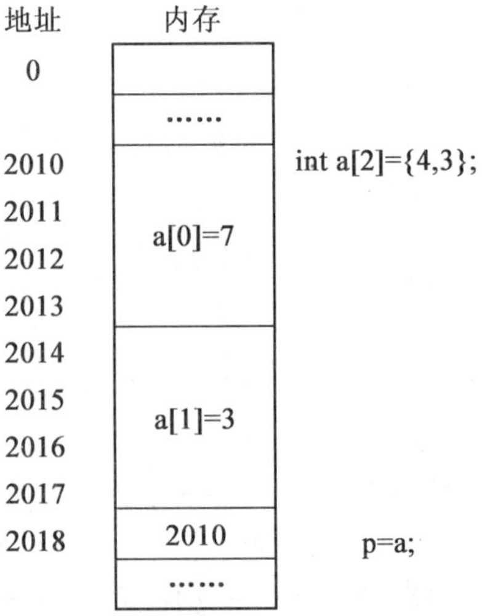

图 8－6 的对数组进行间接访问的过程可以描述为:

第一步,声明 int 类型数组 a 和指针变量 p,并将数组元素 a[0]和 a[1]初始化为 4 和 3。此时,数组 a 的起始地址 a[0]的内存地址为 2010,存储内容为 4;数组元素 a[1]的内存地址为 2014,存储内容为 3。

第二步,将数组 a 的起始地址 a[0]赋值给指针变量 p,使得指针变量 p 的存储内容为 2010。

图 8－6　对数组进行间接访问的过程

第三步,直接把数组元素 a[0]和 a[1]的值取出,进行求和后通过指针变量 p 间接将求和结果存入数组元素 a[0]所占的存储空间,即令数组元素 a[0]为 7。

第四步,通过指针变量 p 间接访问数组元素 a[0],并将其输出。

8.2.1 指针变量的定义

指针变量可以通过在数据类型后边加上星号,再在星号后边加上指针变量名称来进行定义。

格式如下:

数据类型说明符 *变量名

例如:

```
int *p;
```

上述语句定义了一个可以指向 int 类型变量的指针变量。值得注意的是,定义指针变量时必须指定指针变量的数据类型,而星号两边是否有空格则无关紧要。

例如:

```
int *p;
int * p;
int * p;
int *p;
```

以上四行定义指针变量 p 的语句都是等价的,可以根据个人喜好选择指针变量的定义方式。另外,在定义指针变量 p 时必须带星号,因为星号是一个特殊的符号,是一个被重载过的符号,既可以表示乘法又可以表示指针的定义或解引,而在定义指针变量语句中是指针说明符,表示所定义的变量为指针变量。

指针变量也可以连续定义。

例如:

```
int *p1, *p2, *p3;
```

上述语句定义了三个可以指向 int 类型变量的指针变量 p1、p2 和 p3,它们的类型都是 int * 类型。

如果写成下面的形式:

```
int *p1, p2, p3;
```

上述语句仅定义了一个 int 类型的指针变量 p1,p2 和 p3 均为 int 类型的普通变量,而将 p1、p2 和 p3 都理解为指针是一个很常见的错误。

8.2.2 指针变量的赋值

1.采用表示地址的数据为指针变量赋值

可以采用表示地址的数据为指针变量初始化或者赋值。

例如:

```
int number, *p;
number =0;
p = &number;
```

上述语句首先定义了一个 int 类型变量 number 和一个可以指向 int 类型变量的指针变量 p,然后为变量 number 赋值为 0,最后为指针变量 p 赋值使得指针变量 p 指向变量 number。也可以在声明指针变量 p 的同时为其初始化,使其指向变量 number。

例如：

```
int number =0, * p = &number;
```

该语句定义了一个 int 类型变量 number 并初始化使其为 0,定义了一个可以指向 int 类型变量的指针变量 p 并初始化使其指向变量 number。值得注意的是,如果在定义指针变量的同时为其进行指针变量初始化,则需要在指针变量前边加星号,而在程序中为指针变量赋值时不可以加星号。

另外,不能采用不同类型变量的地址为指针变量赋值。

例如,错误的指针变量赋值如下：

```
int number;
float * p;
number =1;
p = &number;
```

上述代码首先定义了一个 int 类型变量 number 和一个可以指向 float 类型数据的指针变量 p,然后为变量 number 赋值为 1,最后为指针变量 p 赋值为变量 number 的地址。虽然在某些编译器下程序可以编译通过,并且可以运行,但会警告“assignment from incompatible pointer type”,且无法通过指针变量 p 获得变量 number 的值。

2. 同类型指针变量相互赋值

可以采用同类型指针变量为指针变量赋值。

例如：

```
int number, * p1, * p2;
number =1;
p1 = &number;
p2 = p1;
```

上述代码首先定义了一个 int 类型变量 number,以及两个可以指向 int 类型变量的指针变量 p1 和 p2。然后,为变量 number 赋值为 1,并为指针变量 p1 赋值使其指向变量 number。最后,采用同类型指针变量 p1 为指针变量 p2 赋值,使指针变量 p2 指向变量 number。另外,也可以在定义指针变量时,采用同类型指针变量为指针变量赋值。

例如：

```
int number =1, * p1 = &number, * p2 = p1;
```

该语句定义了一个 int 类型变量 number 并初始化为 1,定义了两个可以指向 int 类型变量的指针变量 p1 和 p2,并初始化指针变量 p1 使其指向变量 number,初始化指针变量 p2 使其指向指针变量 p1。值得注意的是,如果在定义指针变量的同时采用同类型指针变量进行指针变量初始化,则需要在指针变量前边加星号,而在程序中采用同类型指针变量进行指针变量相互赋值时不可以加星号。

另外,不能采用不同类型的指针变量为指针变量赋值。

例如,错误的指针变量赋值如下：

```
int number, * p1;
float * p2;
number =1;
p1 = &number;
p2 = p1;
```

上述代码首先定义了一个 int 类型变量 number 和一个可以指向 int 类型数据的指针变量 p1,以及一个可以指向 float 类型的指针变量 p2。然后,为变量 number 赋值为 1,为指针变量 p1 赋值使其指向变量 number。最后,为指针变量 p2 赋值为指针变量 p1。虽然在某些编译器下程序可以编译通过,并且可以运行,但会警告"assignment from incompatible pointer type",且无法通过指针变量 p2 获得变量 number 的值。

8.2.3 指针变量的引用

1. 取地址运算符 &

取地址运算符 & 会返回操作数的地址,属于单目运算符。

例如:

```
int number = 1, * p;
p = &number;
printf("% d\n", * p);
```

上述代码首先定义了一个 int 类型变量 number 和一个可以指向整型变量的指针变量 p,然后利用取地址运算符 & 获取变量 number 的地址并赋值给指针变量 p,最后输出指针变量 p 指向的内存地址中存储的 int 类型数据。由于指针变量 p 指向的地址是变量 number 的地址,所以最后输出为变量 number 的值 1。

2. 指针运算符 *

* 是一个被重载过的运算符,除了可以表示乘法运算符外,还可以表示指针运算符,且在定义指针变量时为指针说明符,而在解引指针变量时为间接访问符,作用为返回其指向的内存地址所存储的变量值。

例如:

```
int number = 1, * p = &number;
* p = 2;
printf("% d\n", number);
```

上述代码首先定义了一个 int 类型变量 number 并赋值为 1,利用指针说明符 * 定义了一个 int 类型的指针变量 p 并初始化为变量 number 的地址。然后,利用间接访问符 * 间接访问指针变量 p 指向的内存单元,并存入数值 2。最后,输出变量 number 的值 2。

例 8 - 1 编写程序,定义一个 int 类型变量 number 并赋值为 1,定义一个可以指向 int 类型变量的指针变量 p 并初始化为变量 number 的地址,为变量 number 赋值为 2,分别输出变量 number 的值、* p 的值、变量 number 的地址、指针变量 p、& * p 和指针变量 p 的地址。

```
#include "stdafx.h"
int main(int argc, char * argv[])
{
    int number = 1, * p = &number;
    number = 2;
    printf("number = % d\n", number);
    printf(" * p = % d\n", * p);
    printf("&number = % p\n", &number);
    printf("p = % p\n", p);
```

```
    printf("& * p = % p\n",& * p);
    printf("&p = % p\n",&p);
    return 0;
}
```

上述代码运行结果如图 8 - 7 所示。

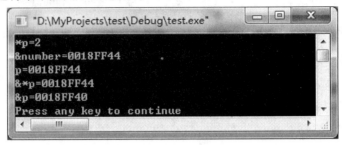

图 8 - 7　例 8 - 1 运行结果

例 8 - 2　编写程序,使用指针交换输入的两个变量的值。

```
#include "stdafx.h"
int main(int argc, char * argv[])
{
    int number1,number2, * p1 = &number1, * p2 = &number2,temp;
    scanf("% d,% d",&number1,&number2);
    printf("number1 = % d,number2 = % d\n",number1,number2);
    temp = * p1;
    * p1 = * p2;
    * p2 = temp;
    printf("number1 = % d,number2 = % d\n",number1,number2);
    return 0;
}
```

上述代码运行结果如图 8 - 8 所示。

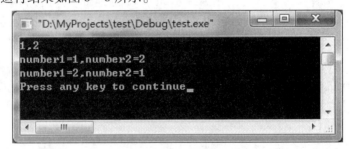

图 8 - 8　例 8 - 2 运行结果

　　另外,在使用指针存储数据时要多加小心,避免将重要的数据错误覆盖,因此指针变量在使用前必须先赋值,使用未初始化的指针存储数据是非常危险的。

　　例如,指针变量在使用前未被赋值就会指向不明,错误的用法如下:

```
int number = 1, * p;
printf("&number = % p\n",&number);
```

```
printf("p =% p\n",p);
*p =2;
printf("*p =% d\n",*p);
```

正确的用法如下：

```
int number =1,*p =&number;
printf("&number =% p\n",&number);
printf("p =% p\n",p);
*p =2;
printf("*p =% d\n",*p);
```

8.2.4　零指针与 void * 类型指针

1. 零指针

指针变量也可以初始化为零,称为零指针或空指针。在 C 语言中,为了提升程序的可读性,一般用常量 NULL 表示。

例如：

```
#define NULL 0
int *p0 =NULL;
```

等价于：

```
int *p0 =0;
```

上述代码定义了一个零指针。值得注意的是,零指针的实际值不一定为 0,一般由编译器负责 0 值与机器码的转换。另外,通常不用零指针存放有效数据,一般用零指针进行状态比较。

例如：

```
int *p;
......
while(p! =NULL)
{......}
```

2. void * 类型指针

在 C 语言中,还有一种通用指针,即 void * 类型指针,也称为空类型指针。该类型指针可以指向任何类型的变量,但使用时根据情况可能需要进行强制类型转换。

例如：

```
int number1 =1,*pi;
char char1 ='m',*pc =&char1;
void *pv =NULL;
pv =&number1;
pi =(int *)pv;
printf("*((int *)pv)为:% d\n",*((int *)pv));
printf("*pi 为:% d\n",*pi);
pv =pc;
printf("*((char *)pv)为:% c\n",*((char *)pv));
printf("*pc 为:% c\n",*pc);
```

8.3　指针和常量

众所周知,常量就是固定值,用 const 关键字修饰,在程序的运行过程中其值始终不变,且常量可以是任何的基本数据类型,例如 int 类型、char 类型和 float 类型等。常量相当于其值始终不变的变量,即在定义初始化后不再改变。因此,指针既可以指向变量,也应该能指向常量。其实,C 语言的功能强大在一定程度上也体现在指针和 const 关键字的结合应用上。

8.3.1　指针常量

所谓指针常量,顾名思义就是指向常量的指针。在定义指针时,可以采用 const 关键字将指针定义为指向常量的指针,即表示不能通过该指针修改其指向地址的存储内容。

例如:

```
int number1 = 1,number2 = 2;
int const * p1;
const int * p2;
p1 = &number1;
p2 = &number2;
printf("number1 = % d\n", * p1);
printf("number2 = % d\n", * p2);
```

上述代码首先定义了两个 int 类型变量 number1 和 number2,并分别赋值为 1 和 2。其次,利用 const 关键字定义了两个可以指向 int 类型变量的指针常量 p1 和 p2,其中 int 和 const 关键字的顺序谁先谁后无关紧要,两者是等价的。然后,为指针常量 p1 和 p2 分别赋值为变量 number1 和 number2 的地址。最后,输出 * p1 和 * p2。如果仅是利用指针常量读取其指向地址的存储内容,那么这种读取是完全合法的。而利用指针常量修改其指向地址的存储内容是非法的。

例如:

```
int number1 = 1,number2 = 2;
int const * p1;
const int * p2;
p1 = &number1;
p2 = &number2;
* p1 = 11;
* p2 = 22;
printf("number1 = % d\n", * p1);
printf("number2 = % d\n", * p2);
```

上述代码尝试利用指针常量 p1 和 p2 分别修改变量 number1 和 number2 的值,是非法的,编译器会弹出类似的错误信息"assignment of read – only location"。可见,编译器不允许我们利用指针常量修改其指向地址的存储内容。当然,我们还是可以直接修改变量的值,只是不能用指针常量修改所指向变量的值。

例如:

```
int number1 = 1, number2 = 2;
int const * p1;
const int * p2;
p1 = &number1;
p2 = &number2;
number1 = 11;
number2 = 22;
printf("number1 = % d\n", * p1);
printf("number2 = % d\n", * p2);
```

上述代码直接改变了变量的值,若指针常量指向的地址本身就是常量,那么就不能改变其值了。

例如:

```
int number1 = 1;
int const number2 = 2;
int const * p1;
const int * p2;
p1 = &number1;
p2 = &number2;
number1 = 11;
number2 = 22;
printf("number1 = % d\n", * p1);
printf("number2 = % d\n", * p2);
```

上述代码尝试直接改变常量的值,是非法的,编译器会弹出类似的错误信息"assignment of read − only variable 'number2'"。

另外,我们只是不能利用指针常量修改其指向地址的存储内容,但指针常量本身的指向是可以改变的。

例如:

```
int number1 = 1, number2 = 2;
int const * p1;
const int * p2;
p1 = &number1;
p2 = &number2;
printf(" * p1 = % d\n", * p1);
printf(" * p2 = % d\n", * p2);
p1 = &number2;
p2 = &number1;
printf(" * p1 = % d\n", * p1);
printf(" * p2 = % d\n", * p2);
```

8.3.2　常量指针

1. 指向变量的常量指针

指针常量不能改变其指向地址的存储内容,但可以改变其指向的地址。当然,也可以使指针指向的地址固定,即常量指针。指向变量的常量指针可以采用 const 关键字定义,但与指针常量的定义不同,其星号在 const 关键字的前边。

例如:

```
int number =1;
int * const p = &number;
* p =2;
printf("number = % d\n", * p);
```

上述代码首先定义了一个 int 类型变量 number 并赋值为 1。其次,定义了一个指向变量的常量指针 p,并赋值为变量 number 的地址。然后,利用指向变量的常量指针 p 改变了变量 number 的值为 2。最后,将变量 number 输出。可见,与指针常量不同,我们不仅可以通过指向变量的常量指针 p 读取变量 number 的值,还可以通过指向变量的常量指针 p 改变变量 number 的值。当然,指向变量的常量指针 p 指向的地址是不可以改变的。

例如:

```
int number1 =1, number2 =2;
int * const p = &number1;
printf("number1 = % d\n", * p);
p = &number2;
printf("number2 = % d\n", * p);
```

上述代码尝试改变指向变量的常量指针 p 指向的地址,是非法的,编译器会弹出类似的错误信息"assignment of read – only variable 'p'"。可见,编译器不允许我们改变指向变量的常量指针所指向的地址。

另外,为指向变量的常量指针赋值为常量的地址也是不合法的。

例如:

```
int const number =1;
int * const p = &number;
* p =2;
printf("number = % d\n", * p);
```

上述代码为指向变量的常量指针 p 赋值了常量 number 的地址,那样就可以通过指向变量的常量指针 p 改变常量 number 的值了,而众所周知常量的值是不应该被修改的,所以这样就不对了,编译器会弹出类似的警告"initialization discards qualifiers from pointer target type"。

2. 指向常量的常量指针

指向变量的常量指针不应该指向常量,但大部分编译器仅弹出警告,并不报错。其实,指向常量的常量指针很少使用,但也可以实现。

例如:

```
int const number =1;
const int * const p = &number;
printf("number = % d\n", * p);
```

上述代码定义了一个指向常量的常量指针 p,这种指针本身不能修改,其指向的常量也不能修改。若尝试修改其指向的常量则会报错。

例如:

```
int const number =1;
const int * const p = &number;
* p =2;
printf("number = % d\n", * p);
```

上述代码尝试修改指向常量的常量指针 p 指向的常量,是非法的,编译器会弹出类似的错误信息"assignment of read – only location"。当然,尝试修改指向常量的常量指针所指向的地址也会报错。

例如:

```
int const number1 =1;
int const number2 =2;
const int * const p = &number1;
printf("number1 = % d\n", * p);
p = &number2;
printf("number2 = % d\n", * p);
```

上述代码尝试修改指向常量的常量指针 p 所指向的地址,是非法的,编译器会弹出类似的错误信息"assignment of read – only variable ′p′"。

另外,指向常量的常量指针必须在定义的同时初始化,否则会报错。

例如:

```
int const number =1;
const int * const p;
p = &number;
printf("number = % d\n", * p);
```

上述代码尝试先定义指向常量的常量指针后为其赋值的方式使用指向常量的常量指针,是非法的,编译器会弹出类似的错误信息"assignment of read – only variable ′p′"。

3. 指向"指向常量的常量指针"的指针

指向常量的指针和指向常量的常量指针也可以嵌套引用,即指向"指向常量的常量指针"的指针。

例如:

```
int const number =1;
const int * const p1 = &number;
const int * const * p2 = &p1;
printf("number = % d\n",number);
printf("&number = % p\n", &number);
printf("p1 = % p\n",p1);
printf("&p1 = % p\n", &p1);
printf(" * p1 = % d\n", * p1);
printf("p2 = % p\n",p2);
printf(" * p2 = % p\n", * p2);
printf(" * * p2 = % d\n", * * p2);
```

8.4　指针和函数

在 C 语言中,指针不仅可以指向变量和常量等,还能够指向函数,且指针对函数功能的贡献非常大。利用指针不仅能够将数据传递给函数,还能够实现函数对数据的修改。在 C 语言中,每个函数在编译时,系统都会为其分配一个入口地址。如果定义一个指针变量,使其指向某函数的入口地址,那么该指针变量就被称为函数指针变量。本节将对指针和函数结合使用的情况进行探讨。

8.4.1　指针变量作为函数参数

函数的参数不仅可以是 int、char 和 float 等类型的数据,还可以是指向它们的指针变量。如果采用传统的按值传递函数参数,那么这些值的改变只能维持到函数返回时。而利用指针变量作为函数的参数,即按引用传递参数,可以实现在函数内部修改函数外部的数据,使得这些数据的值一直存在,甚至在函数运行结束后也不会被销毁。另外,无论是否需要改变函数的输入输出参数的值,使用指针变量作为函数的参数,都能提高函数参数传递的效率,尤其是利用指针变量传递大容量复杂的函数参数时其效果更为显著。这种将指针变量作为函数参数的方法高效的原因在于,我们只是传递一个指针变量而不是传递一个完整的大容量复杂的函数参数副本到函数中,这样不仅能够提高函数参数传递的效率,还能大幅节省内存空间。

例 8 - 3　编写程序,尝试采用按值传递函数参数的方式,交换输入的两个变量的值。

```c
#include "stdafx.h"
void swap(int number1,int number2){
    int temp;
    printf("子函数内部交换前的两个数为:\n");
    printf("number1 = % d\n",number1);
    printf("number2 = % d\n",number2);
    temp = number1;
    number1 = number2;
    number2 = temp;
    printf("子函数内部交换后的两个数为:\n");
    printf("number1 = % d\n",number1);
    printf("number2 = % d\n",number2);
}
int main(int argc, char * argv[])
{
    int number1;
    int number2;
    printf("请输入需要交换的两个数(用逗号隔开):\n");
    scanf("% d,% d",&number1,&number2);
    printf("主程序交换前的两个数为:\n");
    printf("number1 = % d\n",number1);
```

```
    printf("number2 = % d\n",number2);
    swap(number1,number2);
    printf("主程序交换后的两个数为:\n");
    printf("number1 = % d\n",number1);
    printf("number2 = % d\n",number2);
    return 0;
}
```

上述代码运行结果如图 8 - 9 所示。

图 8 - 9　例 8 - 3 运行结果

例 8 - 4　编写程序,利用指针变量作为函数参数的方式,交换输入的两个变量的值。

```
#include "stdafx.h"
void swap(int * number1,int * number2){
    int temp;
    printf("子函数内部交换前的两个数为:\n");
    printf("number1 = % d\n", * number1);
    printf("number2 = % d\n", * number2);
    temp = * number1;
    * number1 = * number2;
    * number2 = temp;
    printf("子函数内部交换后的两个数为:\n");
    printf("number1 = % d\n", * number1);
    printf("number2 = % d\n", * number2);
}
int main(int argc, char * argv[])
{
    int number1;
    int number2;
    printf("请输入需要交换的两个数(用逗号隔开):\n");
    scanf("% d,% d",&number1,&number2);
    printf("主程序交换前的两个数为:\n");
    printf("number1 = % d\n",number1);
```

```
        printf("number2 = % d\n",number2);
        swap(&number1,&number2);
        printf("主程序交换后的两个数为:\n");
        printf("number1 = % d\n",number1);
        printf("number2 = % d\n",number2);
        return 0;
}
```

上述代码运行结果如图 8 - 10 所示。

图 8 - 10　例 8 - 4 运行结果

在 C 语言中,利用指针实现按引用传递函数参数,其优点是我们能够精确地控制函数参数传递,实现在子函数内部修改外部数据,并长久保存。当然,这种方式也存在缺点,由于这种方法需要我们在子函数内部多次解引调用作为函数参数的指针变量,因此这种控制有时候会比较麻烦。

8.4.2　指针函数

所谓指针函数,其本质是一个函数,是指带指针的函数。定义指针函数的语法格式与定义普通函数的语法格式相似,不同的是需要在数据类型和指针函数名称之间加星号,表明该函数为指针函数,其返回值为一个指针。

定义指针函数的语法格式如下:

```
数据类型 *函数名称(参数列表)
{
函数体;
}
```

例如:

```
int * function( int number1,int number2)
{
函数体;
}
```

在 C 语言中,普通函数既可以有返回值,也可以没有返回值。而指针函数必须有返回值,且其返回值一般为某一类型的指针,因此必须在主调函数中将子函数的返回值赋值给同类型的指针变量。

例如：

```
int *p;
p = function(int number1,int number2);
```

例 8 - 5　编写程序,定义一个指针函数 * max(int number1 , int number2),用来返回两个输入的整数中较大的一个。

```
#include "stdafx.h"
int *max(int number1,int number2)
{
    if(number1 > number2)
        return &number1;
    else
        return &number2;
}
int main(int argc, char *argv[])
{
    int number1;
    int number2;
    int *p;
    printf("请输入需要比较的两个整数(用逗号隔开):\n");
    scanf("% d,% d",&number1,&number2);
    p = max(number1,number2);
    printf("较大的数为:% d\n",*p);
    return 0;
}
```

上述代码运行结果如图 8 - 11 所示。

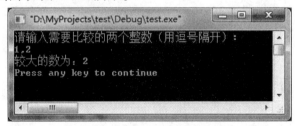

图 8 - 11　例 8 - 5 运行结果

例 8 - 6　编写程序,定义一个指针函数 * max(int * number1 , int * number2),用来返回两个输入的整数中较大的一个。

```
#include "stdafx.h"
int *max(int *number1,int *number2)
{
    if( *number1 > *number2)
        return number1;
    else
        return number2;
```

```
    }
int main(int argc, char *argv[])
{
    int number1;
    int number2;
    int *p;
    printf("请输入需要比较的两个整数(用逗号隔开):\n");
    scanf("% d,% d",&number1,&number2);
    p = max(&number1,&number2);
    printf("较大的数为:% d\n",*p);
    return 0;
}
```

上述代码运行结果如图 8 - 12 所示。

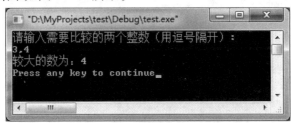

图 8 - 12　例 8 - 6 运行结果

8.4.3　函数指针

所谓函数指针,其本质是一个指针变量,是指指向函数的指针变量。定义函数指针变量的语法格式与定义普通指针变量的语法格式相似,不同的是需要将星号和函数名称用括号括起来,且该括号不能省略。

定义函数指针变量的语法格式如下:

数据类型 (*函数名称)(参数列表);

例如:

```
int (*function_p)(int number);
```

也可以写成:

```
int (*function_p)(int);
```

上述代码定义了一个函数指针变量,该函数指针变量的名称为 function_p,可以指向一个参数和返回值均是 int 类型的函数。当然,函数指针变量在定义后还未指向任何函数,与普通指针变量类似,使用前还需要赋值。

例如:

```
int function(int number1,int number2);
int *function_p(int number1,int number2) = function;
```

上述代码定义了一个函数 function,还定义了一个函数指针变量 function_p,并为函数指针变量 function_p 赋值为函数 function 的地址,这样函数指针变量 function_p 就指向函数 function 了,我们就可以通过 function_p 来调用 function 函数了。从上述代码还可以看出,函数指针变量的定义格式与普通函数的定义类似,只是将星号及函数名称用括号括起来而已,即将 function 替换为(＊function_p)。另外,该函数指针变量 function_p 还可以指向其他具有与函数 function 相同参数及返回值的函数。

例 8 - 7 编写程序,定义一个 int 类型的能够计算两个 int 类型变量加法的函数 function_add,并定义一个函数指针变量 function_p 来调用函数 function_add。

```
#include "stdafx.h"
int function_add(int,int);
int main(int argc, char ＊argv[])
{
    int number1,number2;
    int (＊function_p)(int,int);
    function_p = function_add;
    printf("请输入需要相加的两个数(用逗号隔开):\n");
    scanf("% d,% d",&number1,&number2);
    printf("% d + % d = % d\n",number1,number2,function_p(number1,number2));
    return 0;
}
int function_add(int number1,int number2)
{
    return number1 + number2;
}
```

上述代码运行结果如图 8 - 13 所示。

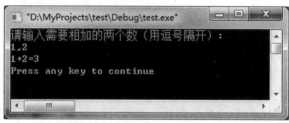

图 8 - 13 例 8 - 7 运行结果

8.5 指针和数组

数组是 C 语言的基本数据结构,除了可以用数组的下标访问数组元素外,还可以用指向数组的指针变量访问数组元素。因此,指针和数组之间的关系非常密切,有时还可以互换。在 C 语言中,利用指针变量访问数组元素,不仅能够使得程序代码更紧凑,还能够使得运行效率更高,但指针变量的使用也会使得程序的理解变得更困难,且使用者稍有不慎就会造成难以查找的错误。在本节中,我们将会介绍指针和数组相关的基础知识,以及利用指针变量访问数组元素的方法。

8.5.1 指针和一维数组

1. 一维数组指针的定义

数组是具有相同类型的数据集合,在内存中占用一块连续的存储空间,即数组的元素是连续存放的。定义一维数组时,一般指定数组类型、数组名和数组长度。

例如:

```
int array[6] = {1,2,3,4,5,6};
```

该一维数组在内存中的分布如图 8 – 14 所示。

由图 8 – 14 可知,一维数组是线性结构的,且数组的内部仅存储数据,而不存储数组元素的数量信息。数组名 array 指向该数组的第一个元素,array[0] 也指向该数组的第一个元素,可见一维数组的地址与数组的第一个元素的地址是重合的。我们可以将数组名理解为一个指向数组的第一个元素的指针,并可用该指针为指向数组的指针变量赋值。

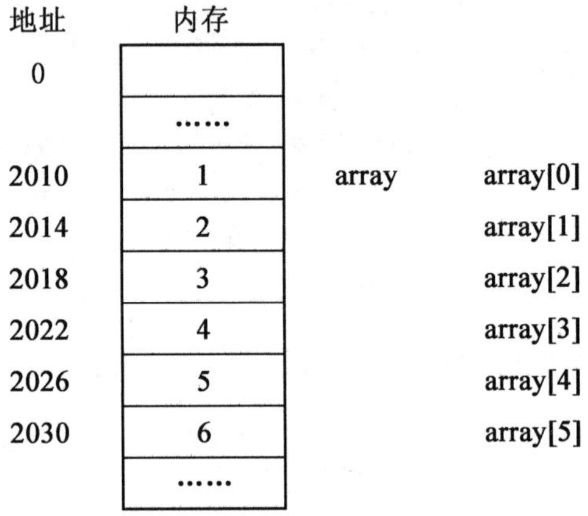

定义一个指向一维数组元素的指针变量的语法格式如下:

```
int array[6];
int *p1 = array;
int *p2 = &array;
int *p3 = &array[0];
```

地址	内存		
0			
	......		
2010	1	array	array[0]
2014	2		array[1]
2018	3		array[2]
2022	4		array[3]
2026	5		array[4]
2030	6		array[5]
	......		

图 8 – 14 一维数组 array 在内存中的分布

上述代码定义了一个一维数组 array,并分别定义了三个指向一维数组 array 的指针变量 p1、p2 和 p3。值得注意的是,上述代码只是将数组首地址赋值给指向数组的指针变量,而不是将数组的所有元素都赋值给该指针变量。另外,虽然数组名的功能与指针相同,都指向了数组的地址,但数组名是存储数组地址的常量,在使用过程中不能再被赋值,而指向数组的指针变量在使用过程中还可以被赋值。

例如:

```
int array1[3] = {1,2,3};
int array2[3] = {4,5,6};
int *p1 = array1;
int *p2 = array2;
printf("*p1 = %d\n", *p1);
printf("*p2 = %d\n", *p2);
p2 = p1;
printf("*p1 = %d\n", *p1);
printf("*p2 = %d\n", *p2);
```

2. 通过指针访问一维数组元素

定义了指向一维数组的指针变量后,就可以通过该指针变量访问一维数组的元素。

例如:

```
int array[3] = {1,2,3};
int *p = array;
```

```
printf("array[0] = % d\n",p[0]);
printf("array[1] = % d\n",p[1]);
printf("array[2] = % d\n",p[2]);
```

上述代码定义了一个一维数组 array 和一个指向该数组的指针变量 p,并通过指针变量 p 用下标取值法访问了该一维数组元素。除了可以通过指针变量采用下标取值法访问一维数组元素外,还可以采用间接访问符即星号的方式访问一维数组元素。

例如:

```
int array[3] = {1,2,3};
int * p = array;
printf("array[0] = % d\n",* p);
printf("array[1] = % d\n",* (p + 1));
printf("array[2] = % d\n",* (p + 2));
```

上述代码定义了一个一维数组 array 和一个指向该数组的指针变量 p,并通过间接访问符即星号的方式访问一维数组元素。其中,指针变量 p 始终指向一维数组 array 的第 1 个元素 array[0] 的地址,p + 1 指向一维数组 array 的第 2 个元素 a[1] 的地址,p + 2 指向一维数组 array 的第 3 个元素的地址,指针变量 p、p + 1、p + 2 及一维数组 array 在内存中的分布如图 8 - 15 所示。

由图 8 - 15 可知,指针变量 p、p + 1 和 p + 2 分别指向 array[0]、array[1] 和 array[2],且在整个过程中,指针变量 p 并没有移动,始终指向 array[0]。另外,还可以采用移动指针的方式访问一维数组元素。

例如:

```
int array[3] = {1,2,3};
int * p = array;
printf("array[0] = % d\n",* p);
p = p + 1;
printf("array[1] = % d\n",* p);
p = p + 1;
printf("array[2] = % d\n",* p);
```

上述代码定义了一个一维数组 array 和一个指向该数组的指针变量 p,并通过 * p 访问了一维数组元素,在程序的执行过程中指针变量 p 的指向不断向后移动,分别指向了 array[0]、array[1] 和 array[2],通过移动指针访问一维数组的内存图解如图 8 - 16 所示。

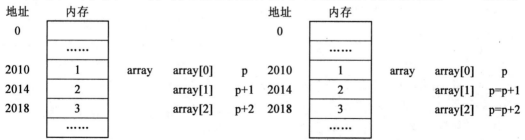

图 8 - 15　指针变量 p、p + 1、p + 2 及一维数组　　图 8 - 16　通过移动指针访问一维数组的内存
　　　　　　array 在内存中的分布　　　　　　　　　　　　　　图解

由图 8 - 16 可知,指针变量 p 最初指向 array[0]。在执行加 1 后,指针变量 p 指向

array[1]。再次执行加 1 后,指针变量 p 指向 array[2]。另外,还可以通过 p ++ 或 ++ p
来实现指针移动。

例如:

```
int array[3] = {1,2,3};
int * p = array;
printf("array[0] = % d\n", * p);
p ++;
printf("array[1] = % d\n", * p);
p ++;
printf("array[2] = % d\n", * p);
```

或者:

```
int array[3] = {1,2,3};
int * p = array;
printf("array[0] = % d\n", * p);
++ p;
printf("array[1] = % d\n", * p);
++ p;
printf("array[2] = % d\n", * p);
```

上述代码定义了一个一维数组 array 和一个指向该数组的指针变量 p,并通过 * p 访
问了一维数组元素,通过 p ++ 或 ++ p 向后移动了指针变量 p 的指向。另外,还可以通过
p - - 或 - - p 来移动指针。

例如:

```
int array[3] = {1,2,3};
int * p = array;
printf("array[0] = % d\n", * p);
p ++;
printf("array[1] = % d\n", * p);
p ++;
printf("array[2] = % d\n", * p);
p - -;
printf("array[1] = % d\n", * p);
p - -;
printf("array[0] = % d\n", * p);
```

或者:

```
int array[3] = {1,2,3};
int * p = array;
printf("array[0] = % d\n", * p);
p ++;
printf("array[1] = % d\n", * p);
p ++;
printf("array[2] = % d\n", * p);
- - p;
printf("array[1] = % d\n", * p);
- - p;
```

```
printf("array[0]=% d\n",*p);
```

上述代码定义了一个一维数组 array 和一个指向该数组的指针变量 p,并通过 * p 访问了一维数组元素,先通过 p++ 向后移动了指针变量 p 的指向,再通过 p－－或－－p 向前移动了指针变量 p 的指向。另外,若存在两个指针指向同一个一维数组的不同元素,则两个指针可以进行相减运算,其结果表示两个指针之间的数组元素的个数。

例如:

```
int array[5]={2,4,6,8,10};
int *p1=array;
int *p2=&array[4];
printf("*p1=% d\n",*p1);
printf("*p2=% d\n",*p2);
printf("p2-p1=% d\n",p2-p1);
```

上述代码定义了一个一维数组 array,定义了两个指向该数组的指针变量 p1 和 p2,分别指向 array[0] 和 array[5],并计算了两个指针之间的元素个数。另外,在一般情况下数组名也可以当成指针来使用,并参与指针运算。

例如:

```
int array[5]={2,4,6,8,10};
int *p1=array;
int *p2=&array[4];
printf("*p1=% d\n",*array);
printf("*p2=% d\n",*(array+4));
printf("p2-array=% d\n",p2-array);
```

上述代码定义了一个一维数组 array,定义了两个指向该数组的指针变量 p1 和 p2,分别指向 array[0] 和 array[5],并采用数组名代替了指针变量 p1 参与了指针运算。

8.5.2 指针和二维数组

1. 二维数组指针的定义

二维数组的定义与一维数组的定义类似,也需要指定数组类型、数组名和数组长度。

例如:

```
int array[2][3]={{1,2,3},{4,5,6}};
```

该二维数组在内存中的分布如图 8－17 所示。

由图 8－17 可知,二维数组与一维数组类似,也是线性结构的,且数组的内部仅存储数据,而不存储数组元素的数量信息。数组名 array 指向该数组的第一个元素,array[0][0] 也指向该数组的第一个元素,可见二维数组的地址与二维数组的第一个元素的地址是重合的。我们可以将数组名理解为一个指向二维数组的第一个元素的指针,并可用该指针为指向二维数组的指针变量赋值,但二维数组指针的定义比一维数组指针的定义要复

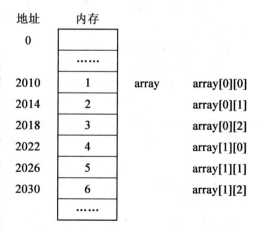

图 8－17 二维数组 array 在内存中的分布

杂一些,还需要指定列的数量。

定义一个指向二维数组元素的指针变量的语法格式如下:

数据类型说明符（＊二维数组的指针变量名)[列数]；

例如:

```
int array[2][3];
int (＊p1)[3] = array;
int (＊p2)[3] = &array;              //代码在 C Free 中通过,但 VC6.0 不支持
int (＊p3)[3] = &array[0][0];         //代码在 C Free 中通过,但 VC6.0 不支持
int (＊p4)[3] = array[0];            //代码在 C Free 中通过,但 VC6.0 不支持
```

上述代码定义了一个 2 行 3 列的二维数组 array,并分别定义了 4 个指向二维数组 array 的指针变量 p1、p2、p3 和 p4。值得注意的是,将"＊二维数组的指针变量名"用"()"括起来,是因为"[]"的优先级高于星号,若不用一对圆括号括起来,则相当于定义了一个用于存放指针类型的数组,而不再是定义一个指向二维数组的指针变量了。另外,虽然数组名的功能与指针相同,都指向了数组的地址,但数组名是存储数组地址的常量,在使用过程中不能再被赋值,而指向数组的指针变量在使用过程中还可以被赋值。

例如:

```
int array1[2][3] = {{1,2,3},{4,5,6}};
int array2[2][3] = {{7,8,9},{10,11,12}};
int (＊p1)[3] = array1;
int (＊p2)[3] = array2;
printf("＊p1[0] = % d\n",＊p1[0]);
printf("＊p2[0] = % d\n",＊p2[0]);
p2 = p1;
printf("＊p1[0] = % d\n",＊p1[0]);
printf("＊p2[0] = % d\n",＊p2[0]);
```

上述代码定义了两个 2 行 3 列的二维数组 array1 和 array2,并分别定义了两个指向二维数组 array 的指针变量 p1 和 p2。在分别输出两个二维数组的首元素后,为 p2 赋值使其指向二维数组 array1,并再次输出 ＊p1[0]和 ＊p2[0]。

2. 通过指针访问二维数组元素

定义了指向二维数组的指针变量后,就可以通过该指针变量访问二维数组的元素。

例如:

```
int array[2][3] = {{1,2,3},{4,5,6}};
int (＊p)[3] = array;
printf("array[0][0] = % d\n",p[0][0]);
printf("array[0][1] = % d\n",p[0][1]);
printf("array[0][2] = % d\n",p[0][2]);
printf("array[1][0] = % d\n",p[1][0]);
printf("array[1][1] = % d\n",p[1][1]);
printf("array[1][2] = % d\n",p[1][2]);
```

上述代码定义了一个 2 行 3 列的二维数组 array 和一个指向该二维数组的指针变量 p,并通过指针变量 p 用下标取值法访问了该二维数组元素。除了可以通过指针变量采用下标取值法访问二维数组元素外,还可以采用间接访问符即星号的方式访问二维数组

元素。

例如:

```
int array[2][3] = {{1,2,3},{4,5,6}};
int ( *p)[3] = array;
printf("array[0][0] = % d\n", *p[0]);
printf("array[0][1] = % d\n", *(p[0] +1));
printf("array[0][2] = % d\n", *(p[0] +2));
printf("array[1][0] = % d\n", *(p[0] +3));
printf("array[1][1] = % d\n", *(p[0] +4));
printf("array[1][2] = % d\n", *(p[0] +5));
```

或者:

```
int array[2][3] = {{1,2,3},{4,5,6}};
int ( *p)[3] = array;
printf("array[0][0] = % d\n", *p[0]);
printf("array[0][1] = % d\n", *(p[0] +1));
printf("array[0][2] = % d\n", *(p[0] +2));
printf("array[1][0] = % d\n", *(p[1]));
printf("array[1][1] = % d\n", *(p[1] +1));
printf("array[1][2] = % d\n", *(p[1] +2));
```

上述代码定义了一个 2 行 3 列的二维数组 array 和一个指向该数组的指针变量 p,并通过间接访问符即星号的方式访问二维数组元素。其中,指针变量 p 始终指向二维数组 array 的第 1 个元素 array[0][0] 的地址,p[0] +1 指向二维数组 array 的第 2 个元素 a[0][1] 的地址,依此类推,二维数组指针变量及二维数组在内存中的分布如图 8 - 18 所示。

地址	内存				
0					
	......				
2010	1	array	array[0][0]	p[0]	p[0]
2014	2		array[0][1]	p[0]+1	p[0]+1
2018	3		array[0][2]	p[0]+2	p[0]+2
2022	4		array[1][0]	p[0]+3	p[1]
2026	5		array[1][1]	p[0]+4	p[1]+1
2030	6		array[1][2]	p[0]+5	p[1]+2
	......				

图 8 - 18　二维数组指针变量及二维数组在内存中的分布

由图 8 - 18 可知,在整个过程中,指针变量 p 并没有移动,始终指向 array[0][0]。另外,还可以采用移动指针的方式访问二维数组元素。

例如:

```
int array[2][3] = {{1,2,3},{4,5,6}};
int ( *p)[3] = array;
printf("array[0][0] = % d\n", *p[0]);
printf("array[0][1] = % d\n", *(p[0] +1));
```

```
printf("array[0][2] = % d\n", * (p[0] +2));
p = p +1;
printf("array[1][0] = % d\n", * p[0]);
printf("array[1][1] = % d\n", * (p[0] +1));
printf("array[1][2] = % d\n", * (p[0] +2));
```

上述代码定义了一个 2 行 3 列的二维数组 array 和一个指向该二维数组的指针变量 p,并通过移动指针访问了该二维数组元素。值得注意的是,对于二维数组指针变量 p 来说,p +1 表示移动一行。另外,还可以通过 p ++ 或 ++ p 来实现指针移动。

例如:

```
int array[2][3] = {{1,2,3},{4,5,6}};
int ( * p)[3] = array;
printf("array[0][0] = % d\n", * p[0]);
printf("array[0][1] = % d\n", * (p[0] +1));
printf("array[0][2] = % d\n", * (p[0] +2));
p ++ ;
printf("array[1][0] = % d\n", * p[0]);
printf("array[1][1] = % d\n", * (p[0] +1));
printf("array[1][2] = % d\n", * (p[0] +2));
```

或者:

```
int array[2][3] = {{1,2,3},{4,5,6}};
int ( * p)[3] = array;
printf("array[0][0] = % d\n", * p[0]);
printf("array[0][1] = % d\n", * (p[0] +1));
printf("array[0][2] = % d\n", * (p[0] +2));
++ p;
printf("array[1][0] = % d\n", * p[0]);
printf("array[1][1] = % d\n", * (p[0] +1));
printf("array[1][2] = % d\n", * (p[0] +2));
```

上述代码定义了一个 2 行 3 列的二维数组 array 和一个指向该二维数组的指针变量 p,并通过 p ++ 或 ++ p 向后移动了指针变量 p 的指向。另外,若存在两个指针指向同一个二维数组的不同行,则两个指针可以进行相减运算,其结果表示两个指针之间相差的行数。

例如:

```
int array[3][3] = {{1,2,3},{4,5,6},{7,8,9}};
int ( * p1)[3] = array;
int ( * p2)[3] = array +2;
printf("p2 - p1 = % d\n",p2 - p1);
```

上述代码定义了一个 3 行 3 列的二维数组 array,定义了两个指向该数组的指针变量 p1 和 p2,分别指向第 1 行 array[0] 和第 3 行 array[2],并计算了两个指针之间相差的行数。另外,在一般情况下二维数组名也可以当成指针来使用,并参与指针运算。

例如:

```
int array[3][3] = {{1,2,3},{4,5,6},{7,8,9}};
```

```
int ( *p1)[3] = array;
int ( *p2)[3] = array +2;
printf( "p2 - array = % d\n",p2 - array);
```

上述代码定义了一个 3 行 3 列的二维数组 array,定义了两个指向该数组的指针变量 p1 和 p2,分别指向第 1 行 array[0]和第 3 行 array[2],并采用数组名代替了指针变量 p1 参与了指针运算。

8.5.3　指向数组的指针变量作为函数参数

在 C 语言中,可以使用数组名作为函数参数,也可以使用指向数组的指针变量作为函数参数。在对使用数组名或指向数组的指针变量作为参数传递时,形参数组和实参数组在内存中重合,即实参数组的值会跟随形参数组的值改变。

例 8 - 8　编写程序,定义一个 3 行 3 列的二维数组 array[3][3]用来存放 3 位学生的 3 门课成绩,第 1 位学生的 3 门课成绩分别为 95、83 和 76,第 2 位学生的 3 门课成绩分别为 85、74 和 82,第 3 位学生的各门课成绩分别为 77、75 和 86,输出每位学生的平均分、每门课程的平均分和总平均分。

```
#include "stdafx.h"
float average1(float ( *p)[3],int);
float average2(float * ,int,int);
float average3(float * ,int);
int main(int argc, char *argv[])
{
    float array[3][3] = {{95,83,76},{85,74,82},{77,75,86}};
    int i =0;
    for(i =0;i <3;i ++ )
    {
        printf( "第% d 位学生的平均分为:% 2.2f\n",i +1,average1(array + i,3));
    }
    for(i =0;i <3;i ++ )
    {
        printf( "第% d 门课程的平均分为:% 2.2f\n",i +1,average2(array[0] + i,3,
3));
    }
    printf( "总平均分为:% 2.2f\n",average3(array,3 *3));
    return 0;
}
float average1(float ( *p)[3],int count_student)
{
    int i;
    float sum =0,average =0;
    for(i =0;i < count_student;i ++ )
    {
        sum = sum + * ( *p + i);
    }
```

```
        average = sum/count_student;
        return average;
}
float average2(float *p,int count_student,int count_course)
{
        int i =0;
        float sum =0,average =0;
        for(i =0;i < count_student;i ++ )
        {
            sum = sum + *p;
            p = p + count_course;
        }
        average = sum/count_student;
        return average;
}
float average3(float *p,int count_score)
{
        int i;
        float sum =0,average =0;
        for(i =0;i < count_score;i ++ )
        {
            sum = sum + *p;
            *p ++ ;
        }
        average = sum/count_score;
        return average;
}
```

上述代码运行结果如图 8 – 19 所示。

图 8 – 19　例 8 – 8 运行结果

8.6　指针和字符串

日常生活中的很多信息都是用文本来描述的,例如报纸、论文和书刊等都需要使用文本。程序中也同样经常使用文本,程序中的文本一般称为字符串。然而,在 C 语言中,没有专门的字符串类型,我们通常可以将字符串当作是一种特殊的字符型一维数组。本节将重点讲解指针与字符串之间的相关内容。

8.6.1 字符指针

在 C 语言中,通常使用两种方法访问字符串,一种是将字符串中的字符作为一维数组的元素进行访问,另一种是利用字符类型的指针进行访问。

1. 字符指针的定义

字符指针变量的定义与字符类型指针变量的定义类似,其语法格式如下:

char *指针变量;

例如:

char *p;

2. 字符指针的初始化

字符指针不仅可以指向字符型变量,还可以指向字符数组和字符串。

例如:

char char1 = 'a', *p1 = &char1;
char string[7] = {'H','E','L','L','O','!','\0'}, *p2 = string;
char *p3 = "HELLO!";

上述代码定义了 3 个字符指针,并将指针变量 p1 初始化为指向字符型变量 char1,将指针变量 p2 初始化为指向字符数组 string,将指针变量 p3 初始化为指向字符串"HELLO!"。

3. 字符指针的引用

字符指针一般指向一个字符,可以是一个单个字符变量,也可以是一个字符串的首字符,或者是字符数组中的某个元素。

例 8 −9 编写程序,定义 3 个字符指针,并分别初始化为指向单个字符、字符数组和字符串,然后分别以%c、%s 和%p 输出字符指针指向的字符、字符串和地址。

```
#include "stdafx.h"
int main(int argc, char *argv[])
{
    char char1 = 'a', *p1 = &char1;
    char string[7] = {'H','E','L','L','O','!','\0'}, *p2 = string;
    char *p3 = "HELLO!";
    printf("*p1 为:%c\n", *p1);
    printf("*p2 为:%c\n", *p2);
    printf("*p3 为:%c\n", *p3);
    printf("p1 为:%s\n", p1);
    printf("p2 为:%s\n", p2);
    printf("p3 为:%s\n", p3);
    printf("p1 指向地址为:%p\n", p1);
    printf("p2 指向地址为:%p\n", p2);
    printf("p3 指向地址为:%p\n", p3);
    return 0;
}
```

上述代码运行结果如图 8 - 20 所示。

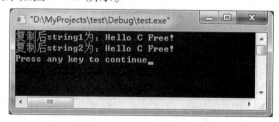

图 8 - 20　例 8 - 9 运行结果

例 8 - 10　编写程序,首先定义两个字符数组 string1[14] 和 string2[14],并初始化 string1 为"Hello C Free!",然后定义两个字符指针 p1 和 p2 分别指向 string1 和 string2,并利用指针变量 p1 和 p2 将 string1 复制到 string2 中,最后输出复制后的 string1 和 string2。

```
#include "stdafx.h"
int main(int argc, char *argv[])
{
    char string1[14] = "Hello C Free!",string2[14];
    char *p1 = string1,*p2 = string2;
    int i = 0;
    for(i = 0;i < 14;i ++ ,p1 ++ ,p2 ++ )
    {
        *p2 = *p1;
    }
    printf("复制后 string1 为:% s\n",string1);
    printf("复制后 string2 为:% s\n",string2);
    return 0;
}
```

上述代码运行结果如图 8 - 21 所示。

图 8 - 21　例 8 - 10 运行结果

8.6.2　使用字符指针作为函数参数

在 C 语言中,当字符数组作为函数参数进行传递时,实际传递的就是字符数组的起始地址,就相当于一个字符指针。因此,为了在调用函数时传递字符串,除了可以使用字符数组作为参数传递外,还可以利用字符指针作为参数传递。

例 8 - 11　　编写程序,首先定义两个字符串 string1 和 string2,并初始化 string1 为
"Hello C Free!",初始化 string2 为"Hello World!",然后定义一个函数 string_copy( ),该函
数的功能为将 string1 复制到 string2 中,最后分别输出复制前及复制后的 string1 和
string2。

```
#include "stdafx.h"
void string_copy(char * ,char * );
int main(int argc, char * argv[])
{
    char string1[] = "Hello C Free!",string2[] = "Hello World!";
    printf("复制前 string1 为:% s\n",string1);
    printf("复制前 string2 为:% s\n",string2);
    string_copy(string1,string2);
    printf("复制后 string1 为:% s\n",string1);
    printf("复制后 string2 为:% s\n",string2);
    return 0;
}
void string_copy(char * p1,char * p2)
{
    while( * p1! = '\0')
    {
        * p2 = * p1;
        * p1 ++ ;
        * p2 ++ ;
    }
    * p2 = '\0';
}
```

上述代码运行结果如图 8 - 22 所示。

图 8 - 22　例 8 - 11 运行结果

例 8 - 12　　编写程序,首先定义 3 个字符串 string1、string2 和 string3,并初始化 string1
为"Hello ",初始化 string2 为"C Free!",然后定义一个函数 string_copy( ),该函数的功能
为将 string1 和 string2 复制到 string3 中,最后分别输出复制后的 string1、string2 和 string3。

```
#include "stdafx.h"
void string_copy(char * ,char * ,char * );
int main(int argc, char * argv[])
{
    char string1[] = "Hello ",string2[] = "C Free!",string3[14];
```

```
        string_copy(string1,string2,string3);
        printf("复制后 string1 为:% s\n",string1);
        printf("复制后 string2 为:% s\n",string2);
        printf("复制后 string3 为:% s\n",string3);
        return 0;
    }
    void string_copy(char * p1,char * p2,char * p3)
    {
        for(; * p1! = '\0'; * p1 ++ , * p3 ++ )
        {
            * p3 = * p1;
        }
        for(; * p2! = '\0'; * p2 ++ , * p3 ++ )
        {
            * p3 = * p2;
        }
        * p3 = '\0';
    }
```

上述代码运行结果如图 8 - 23 所示。

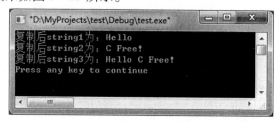

图 8 - 23　例 8 - 12 运行结果

8.6.3　字符数组和字符指针变量的区别

在 C 语言中,利用字符数组和字符指针变量都可以实现字符串的存储及访问,但二者在使用时还是有很大区别的。

1. 存储方式有区别

字符数组是数组,而字符指针变量是存储指针的变量。字符数组存储的是字符型数据,而字符指针变量存储的是字符型数据的首地址,并不是将整个字符串存储在字符指针变量中。

例如:

```
char string[ ] = "Hello C Free!";
char *p = "Hello World!";
```

上述代码定义了一个字符数组 string 和一个字符指针变量 p,字符数组 string 存储的是字符串"Hello C Free!"和"\0",而字符指针变量 p 存储的是字符串"Hello World!"的首地址。

2. 赋值方式有区别

在 C 语言中,可以对字符指针变量进行赋值,但不能对字符数组名进行赋值。

例如:

```
char * p;
p = "Hello World!";
```

3. 初始化有区别

字符数组在定义的同时可以用字符串初始化,但在定义之后则不能直接将字符串赋值给字符数组,只能采用对字符数组的每个元素分别赋值的方式进行赋值。

例如:

```
char string[ ] = "Hello C Free!";        //合法
char string[14];
string[14] = "Hello C Free!";            //非法
```

字符指针变量不仅在定义时可以将其初始化,在定义以后也可以用字符串为其赋值。

例如:

```
char * p = "Hello World!";
```

也可以:

```
char * p;
p = "Hello World!";
```

4. 存储空间有区别

在 C 语言中,编译器会为字符数组分配一块连续的存储空间,而只会为字符指针变量分配固定大小的存储空间,用来存放字符串的首地址。

5. 值的可变性有区别

字符指针变量的值可以发生改变,即可以改变字符指针变量的指向。而字符数组名的值是不可以改变的,即字符数组名只能指向字符数组的首地址。

例如:

```
char * p = "Hello World!";
printf("移动指针前:% s\n",p);
p = p +6;
printf("移动指针后:% s\n",p);
```

6. "再赋值"有区别

字符数组中的字符元素属于变量,可以通过再赋值而发生改变。而字符指针变量所指向的字符串中的字符属于常量,不可以通过再赋值而发生改变。

例如:

```
char string[ ] = "Hello C Free!";
char * p = "Hello C Free!";
string[8] = 'f';                         //合法
p[8] = 'f';                              //非法
```

8.7 指针数组和多重指针

之前使用到的数组有的是整型,有的是字符型,其实在 C 语言中还有指针类型的数组,即数组的元素都是指针变量。另外,之前使用到的指针有的指向变量,有的指向数组,其实在 C 语言中还有指向指针变量的指针,以及指向指针数组的指针,本节主要介绍 C

语言中的指针数组和多重指针。

8.7.1　指针数组

1. 指针数组的定义

在 C 语言中,指针数组的定义格式如下:

类型名 * 数组名[数组长度];

例如:

```
int * p[3];
```

上述代码定义了一个长度为 3 的指针数组 p,数组的元素都是指向 int 类型的指针变量。值得注意的是,由于"[]"的优先级高于" * ",所以数组名首先和"[]"结合,然后再和" * "结合,表示这是一个长度为 3 的 int * 类型的数组,该数组的元素 p[0]、p[1] 和 p[2] 都是指向 int 类型的数据。因此,上述代码等价于:

```
int * (p[3]);
```

指针数组的本质是一个数组,只是该数组的元素都是指针。

例如:

```
int number1 = 1, number2 = 2, number3 = 3, * p1 = &number1, * p2 = &number2, * p3 = &number3;
int * (p[3]);
p[0] = p1;
p[1] = p2;
p[2] = p3;
printf(" * p[0]为:% d\n", * p[0]);
printf(" * p[1]为;% d\n", * p[1]);
printf(" * p[2]为:% d\n", * p[2]);
```

上述代码定义了 3 个 int 类型的变量 number1、number2 和 number3,定义了 3 个指针变量 p1、p2 和 p3 并初始化为 &number1、&number2 和 &number3,定义了一个长度为 3 的 int * 类型的指针数组 p,用来存储指针变量 p1、p2 和 p3。指针数组 p 在内存中的分布如图 8 - 24 所示。

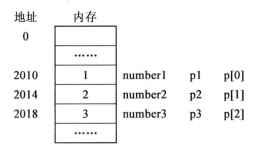

图 8 - 24　指针数组 p 在内存中的分布

2. 指针数组的应用

例 8 - 13　编写程序,定义一个长度为 3 的 char * 类型的指针数组 p,并初始化指针数组 p 的 3 个元素为"Hello""C"和"Free!",最后以 % s 格式化输出指针数组。

```
#include "stdafx.h"
```

```
int main( int argc, char * argv[])
{
    char * p[3] = {"Hello","C","Free!"};
    int i;
    for( i = 0; i < 3; i ++ )
    {
        printf("p[% d]指向:% s\n",i,p[i]);
    }
    return 0;
}
```

上述代码运行结果如图 8 - 25 所示。

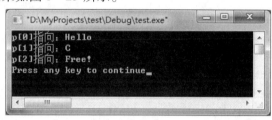

图 8 - 25 例 8 - 13 运行结果

例 8 - 14 编写程序,定义一个长度为 4 的 float 类型的数组 array,并初始化为 4 个学生的成绩"95.5""87""93.5"和"86",然后定义一个长度为 4 的 float * 类型的指针数组 p,并初始化为指向 array 中的元素,最后利用指针数组 p 在不改变 array 数组元素顺序的条件下实现学生成绩的从小到大排序,并分别输出排序前和排序后的 array 数组中每个元素的值及指针数组 p 中每个元素指向的数据。

```
#include "stdafx.h"
int main( int argc, char * argv[])
{
    float array[4] = {95.5,87,93.5,86};
    float * p[4];
    int i = 0,j = 0;
    for( i = 0; i < 4; i ++ )
    {
        p[i] = &array[i];
    }
    printf("排序前 array[0]为:% 2.1f\n",array[0]);
    printf("排序前 array[1]为:% 2.1f\n",array[1]);
    printf("排序前 array[2]为:% 2.1f\n",array[2]);
    printf("排序前 array[3]为:% 2.1f\n",array[3]);
    printf("排序前 p[0]指向:% 2.1f\n", * p[0]);
    printf("排序前 p[1]指向:% 2.1f\n", * p[1]);
    printf("排序前 p[2]指向:% 2.1f\n", * p[2]);
    printf("排序前 p[3]指向:% 2.1f\n", * p[3]);
    for( i = 0; i < 3; i ++ )
```

```
    {
        float *temp;
        for(j=0;j<3-i;j++)
        {
            if(*p[j]>*p[j+1])
            {
                temp=p[j];
                p[j]=p[j+1];
                p[j+1]=temp;
            }
        }
    }
    printf("排序后 array[0]为:% 2.1f\n",array[0]);
    printf("排序后 array[1]为:% 2.1f\n",array[1]);
    printf("排序后 array[2]为:% 2.1f\n",array[2]);
    printf("排序后 array[3]为:% 2.1f\n",array[3]);
    printf("排序后 p[0]指向:% 2.1f\n",*p[0]);
    printf("排序后 p[1]指向:% 2.1f\n",*p[1]);
    printf("排序后 p[2]指向:% 2.1f\n",*p[2]);
    printf("排序后 p[3]指向:% 2.1f\n",*p[3]);
    return 0;
}
```

上述代码运行结果如图 8 - 26 所示。

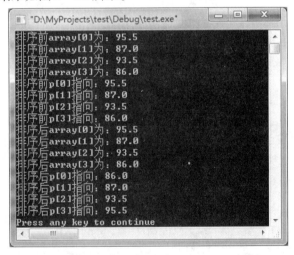

图 8 - 26　例 8 - 14 运行结果

8.7.2　多重指针

1. 指向指针变量的指针

在 C 语言中,若一个指针指向其他指针,即指向指针的指针,就称其为二级指针,或者多重指针。二级指针的定义格式如下:

变量类型 * * 变量名；

例如：

int * * p2;

上述代码定义了一个二级指针 p2。值得注意的是，由于"*"的结合性是从右至左，所以上述代码相当于：

int * (* p2);

上述代码定义了一个 int * 类型的二级指针 p2。另外，一级指针就是之前常用的指针变量，二级指针就是指向一级指针的指针，三级指针就是指向二级指针的指针。

例如：

int * * * p3;

上述代码定义了一个三级指针 p3。依此类推，四级指针就是指向三级指针的指针。

例如：

int * * * * p4;

上述代码定义了一个四级指针。值得注意的是，在用 C 语言进行实际开发的过程中，一般仅用到一级指针和二级指针，很少用到更高级的多重指针。

例 8 - 15 编写程序，定义两个 int 类型变量 number1 和 number2，并初始化为 3 和 5，定义两个一级指针变量 p1 和 p2，并初始化为 &number1 和 &number2，定义一个函数 swap()，使用二级指针作为函数参数进行传递，对一级指针的地址进行交换，分别输出交换前和交换后的 number1、number2、* p1 及 * p2。

```c
#include "stdafx.h"
void swap(int * *, int * *);
int main(int argc, char * argv[])
{
    int number1 = 3, number2 = 5, * p1 = &number1, * p2 = &number2;
    printf("交换前 number1 为:% d\n", number1);
    printf("交换前 number2 为:% d\n", number2);
    printf("交换前 * p1 为:% d\n", * p1);
    printf("交换前 * p2 为:% d\n", * p2);
    swap(&p1, &p2);
    printf("交换后 number1 为:% d\n", number1);
    printf("交换后 number2 为:% d\n", number2);
    printf("交换后 * p1 为:% d\n", * p1);
    printf("交换后 * p2 为:% d\n", * p2);
    return 0;
}
void swap(int * * p1, int * * p2)
{
    int * temp;
    temp = * p1;
    * p1 = * p2;
    * p2 = temp;
}
```

上述代码运行结果如图 8 - 27 所示。

图 8 - 27　例 8 - 15 运行结果

2. 指向指针数组的指针

前面学习的指针数组存储的是一级指针,那么指向指针数组的指针就相当于二级指针。

例如:

```
char * array[2] = {"Hello World!","Hello C Free!"};
char * * p = array;
```

上述代码定义了一个指针数组 array,定义了一个二级指针 p,并初始化为指向指针数组 array,也可以理解为 p 指向 array[0] 的地址。

例 8 - 16　编写程序,定义一个长度为 3 的 char * 类型的指针数组 string,并初始化指针数组 string 的 3 个元素为"Hello""C"和"Free!",定义一个二级指针 p,最后利用二级指针 p 以 % s 格式化输出指针数组。

```
#include "stdafx.h"
int main(int argc, char * argv[])
{
    char * string[3] = {"Hello","C","Free!"};
    char * * p = string;
    int i = 0;
    for(i = 0;i < 3;i ++ ,p ++ )
    {
        printf("string[% d]为:% s\n",i, * p);
    }
    return 0;
}
```

上述代码运行结果如图 8 - 28 所示。

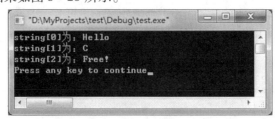

图 8 - 28　例 8 - 16 运行结果

8.8 基本能力上机实验

8.8.1 实验目的

(1)理解指针的概念,熟练掌握指针变量的定义及初始化,掌握指针变量的引用。

(2)掌握指针变量作为函数参数传递的方法。

(3)掌握利用指针调用函数的方法。

(4)掌握利用指针访问一维数组的方法,掌握指针的运算方法。

(5)掌握利用字符指针变量访问字符数组的方法。

8.8.2 实验内容

1.输入以下程序,运行并观察。

```c
#include "stdafx.h"
int main(int argc, char *argv[])
{
    int number1 = 1, number2 = 2;
    int *p1, *p2;
    p1 = &number1;
    p2 = &number2;
    printf("number1 = % d\n", number1);
    printf("number2 = % d\n", number2);
    printf(" *p1 = % d\n", *p1);
    printf(" *p2 = % d\n", *p2);
    printf("&number1 = % p\n", &number1);
    printf("&number2 = % p\n", &number2);
    printf("p1 = % p\n", p1);
    printf("p2 = % p\n", p2);
    printf("& *p1 = % p\n", & *p1);
    printf("& *p2 = % p\n", & *p2);
    printf("&p1 = % p\n", &p1);
    printf("&p2 = % p\n", &p2);
    return 0;
}
```

上述代码运行结果如图8-29所示。

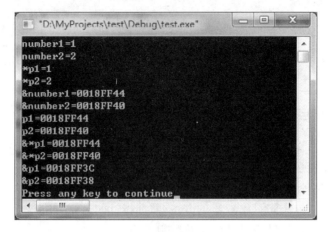

图 8 - 29 运行结果 1

2. 用三种方法编写用于交换两个变量的函数，运行并观察。

```c
#include "stdafx.h"
void swap1(int number1,int number2);
void swap2(int *number1,int *number2);
void swap3(int *number1,int *number2);
int main(int argc, char *argv[])
{
    int number1;
    int number2;
    printf("请输入需要交换的两个数(用逗号隔开):\n");
    scanf("%d,%d",&number1,&number2);
    printf("交换前的两个数为:\n");
    printf("number1 = %d\n",number1);
    printf("number2 = %d\n",number2);
    swap1(number1,number2);
    printf("swap1 交换后的两个数为:\n");
    printf("number1 = %d\n",number1);
    printf("number2 = %d\n",number2);
    swap2(&number1,&number2);
    printf("swap2 交换后的两个数为:\n");
    printf("number1 = %d\n",number1);
    printf("number2 = %d\n",number2);
    swap3(&number1,&number2);
    printf("swap3 交换后的两个数为:\n");
    printf("number1 = %d\n",number1);
    printf("number2 = %d\n",number2);
    return 0;
}
void swap1(int number1,int number2){
    int temp;
```

```
    printf("swap1 子函数内部交换前的两个数为:\n");
    printf("number1 = % d\n",number1);
    printf("number2 = % d\n",number2);
    temp = number1;
    number1 = number2;
    number2 = temp;
    printf("swap1 子函数内部交换后的两个数为:\n");
    printf("number1 = % d\n",number1);
    printf("number2 = % d\n",number2);
}
void swap2(int * number1,int * number2){
    int temp;
    printf("swap2 子函数内部交换前的两个数为:\n");
    printf("number1 = % d\n", * number1);
    printf("number2 = % d\n", * number2);
    temp = * number1;
    * number1 = * number2;
    * number2 = temp;
    printf("swap2 子函数内部交换后的两个数为:\n");
    printf("number1 = % d\n", * number1);
    printf("number2 = % d\n", * number2);
}
void swap3(int * number1,int * number2){
    int * temp;
    printf("swap3 子函数内部交换前的两个数为:\n");
    printf("number1 = % d\n", * number1);
    printf("number2 = % d\n", * number2);
    temp = number1;
    number1 = number2;
    number2 = temp;
    printf("swap3 子函数内部交换后的两个数为:\n");
    printf("number1 = % d\n", * number1);
    printf("number2 = % d\n", * number2);
}
```

上述代码运行结果如图 8 – 30 所示。

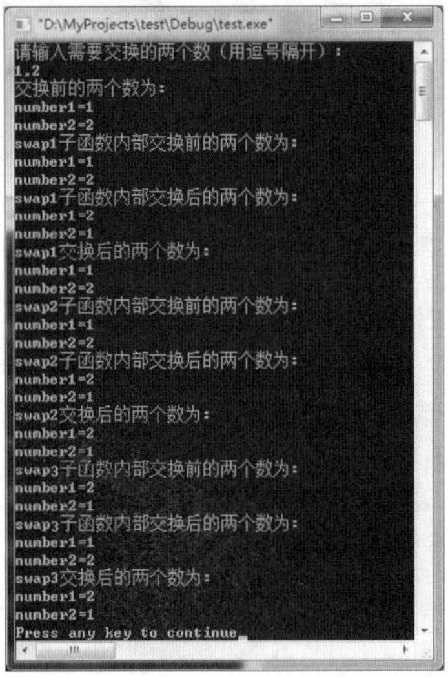

图 8 - 30 运行结果 2

3. 编写程序，输入 3 个整数，输出其中最小的数，运行并观察。

```c
#include "stdafx.h"
int min(int number1,int number2)
{
    if(number1 < number2)
        return number1;
    else
        return number2;
}
int main(int argc, char *argv[])
{
    int number1;
    int number2;
    int number3;
    int (*p)(int,int);
    p = min;
    printf("请输入需要比较的三个整数(用逗号隔开):\n");
    scanf("% d,% d,% d",&number1,&number2,&number3);
    printf("最小的数为:% d\n",p(p(number1,number2),number3));
    return 0;
}
```

上述代码运行结果如图 8 - 31 所示。

图 8 - 31 运行结果 3

4. 编写程序,从键盘输入学生人数及成绩,计算平均分。

```c
#include "stdafx.h"
int main( int argc, char * argv[])
{
    float array[10], * p;
    float sum = 0, average = 0;
    int count = 0, i = 0;
    printf( "请输入学生人数(1 - 10 之间的整数):\n");
    scanf( "% d", &count);
    printf( "请输入% d 个成绩(用空格隔开):\n", count);
    for( i = 0; i < count; i ++ )
    {
        scanf( "% f", &array[i]);
    }
    for( p = array; p < array + count; p ++ )
    {
        sum = sum + * p;
    }
    average = sum / count;
    printf( "% d 个同学的平均成绩为:% .1f\n", count, average);
    return 0;
}
```

上述代码运行结果如图 8 - 32 所示。

图 8 - 32 运行结果 4

5. 编写程序,首先从键盘录入身份证号,然后利用字符指针提取其中的生日信息,最后输出生日信息。

```c
#include "stdafx.h"
int main( int argc, char * argv[])
{
    int year = 0, month = 0, day = 0;
    char array[18];
    char * p;
    p = array;
    printf( "请输入身份证号: \n");
    scanf( "% s", p);
    year = ( p[6] - '0') * 1000 + ( p[7] - '0') * 100 + ( p[8] - '0') * 10 + ( p[9] - '0') * 1;
    month = ( p[10] - '0') * 10 + ( p[11] - '0') * 1;
```

```
day = (p[12] - '0') * 10 + (p[13] - '0') * 1;
printf("您的生日为:% d 年% d 月% d 日\n",year,month,day);
return 0;
}
```

上述代码运行结果如图 8 - 33 所示。

图 8 - 33   运行结果 5

8.9   拓展能力上机实验

8.9.1   实验目的

(1)熟悉函数指针的使用。
(2)熟悉利用指针访问二维数组的方法,熟悉指针的运算方法。
(3)熟悉指针数组的使用。

8.9.2   实验内容

1. 编写程序,利用函数指针实现加减乘除运算。

```
#include "stdafx.h"
float function_add(float,float);
float function_sub(float,float);
float function_mul(float,float);
float function_div(float,float);
int main(float argc, char *argv[])
{
    float number1,number2;
    char op;
    float (*function_p)(float,float);
    printf("请输入要计算加减乘除的表达式(如 1 + 2):\n");
    scanf("% f% c% f",&number1,&op,&number2);
    switch(op)
    {
    case '+':
    function_p = function_add;
    break;
    case '-':
    function_p = function_sub;
```

```
        break;
        case '*':
        function_p = function_mul;
        break;
        case '/':
        if(number2! = 0)
        {
            function_p = function_div;
        }
        else
        {
            printf("除数为零! \n");
        }
        break;
        default:
        printf("输入有误! \n");
        }
        printf("% .2f% c% .2f = % .2f\n", number1, op, number2, function_p(number1,
number2));
        return 0;
}
float function_add(float number1, float number2)
{
        return number1 + number2;
}
float function_sub(float number1, float number2)
{
        return number1 - number2;
}
float function_mul(float number1, float number2)
{
        return number1 * number2;
}
float function_div(float number1, float number2)
{
        return number1 / number2;
}
```

上述代码运行结果如图 8 - 34 所示。

图 8 - 34　运行结果 6

2. 编写程序,利用二维数组存储 4 位同学的 5 门课程成绩,计算每位同学的平均分、每门课程的平均分和总平均分。

```c
#include "stdafx.h"
float average1(float ( *p)[5],int);
float average2(float *,int,int);
float average3(float *,int);
int main(int argc, char *argv[])
{
    float array[4][5] ={{98,86,88,85,82},{86,77,97,75,83},{66,67,79,82,90},{69,71,
79,80,86}};
    int i =0;
    for(i =0;i <4;i ++)
    {
        printf("第% d 位学生的平均分为:% 2.2f\n",i +1,average1(array +i,5));
    }
    for(i =0;i <5;i ++)
    {
        printf("第% d 门课程的平均分为:% 2.2f\n",i +1,average2(array[0] +i,4,
5));
    }
    printf("总平均分为:% 2.2f\n",average3(array[0],4 *5));
    return 0;
}
float average1(float ( *p)[5],int count_student)
{
    int i;
    float sum =0,average =0;
    for(i =0;i <count_student;i ++)
    {
        sum =sum + *( *p +i);
    }
    average =sum/count_student;
    return average;
}
float average2(float *p,int count_student,int count_course)
{
    int i =0;
    float sum =0,average =0;
    for(i =0;i <count_student;i ++)
    {
        sum =sum + *p;
        p =p +count_course;
    }
    average =sum/count_student;
```

```
    return average;
}
float average3(float *p,int count_score)
{
    int i;
    float sum =0,average =0;
    for(i =0;i <count_score;i ++ )
    {
        sum = sum + *p;
        *p ++ ;
    }
    average = sum/count_score;
    return average;
}
```

上述代码运行结果如图 8 – 35 所示。

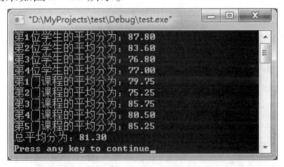

图 8 – 35 运行结果7

3. 编写程序,利用指针数组对 10 位同学的 C 语言课程成绩进行排序。

```
#include "stdafx.h"
int main(int argc, char *argv[])
{
    float array[10] = {91,79.5,86.5,93,67,82,73.5,85.5,68.5,90};
    float *p[10];
    int i =0,j =0;
    for(i =0;i <10;i ++ )
    {
        printf("排序前 array[% d]为:% 2.1f\n",i,array[i]);
        p[i] = &array[i];
        printf("排序前 p[% d]指向:% 2.1f\n",i,*p[i]);
    }
    for(i =0;i <9;i ++ )
    {
        float *temp;
        for(j =0;j <9 – i;j ++ )
        {
```

```
        if( *p[j] > *p[j+1])
        {
            temp = p[j];
            p[j] = p[j+1];
            p[j+1] = temp;
        }
        }
    }
    for(i = 0; i < 10; i ++ )
    {
        printf("排序后 array[% d]为:% 2.1f\n",i,array[i]);
        printf("排序后 p[% d]指向:% 2.1f\n",i, *p[i]);
    }
    return 0;
}
```

上述代码运行结果如图 8 - 36 所示。

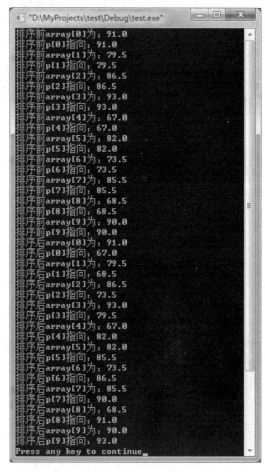

图 8 - 36　运行结果 8

8.10 习 题

1. 选择题

(1)以下定义语句中正确的是 ( )

A. int ＊p;   B. int ＊ p;

C. int ＊ p;   D. 以上均正确

(2)下面程序的输出结果为 ( )

```
#include "stdafx.h"
int main(int argc, char ＊argv[])
{
int array[5] = {1,2,3,4,5}, ＊p = array;
printf("％ d\n", ＊(p +3));
return 0;
}
```

A. 1   B. 2

C. 3   D. 4

(3)下面程序的输出结果为 ( )

```
#include "stdafx.h"
int main(int argc, char ＊argv[])
{
char ＊p = "Hello C Free!";
printf("％ d\n", ＊(p +8));
return 0;
}
```

A. 0   B. 70

C. 字符'F'   D. 字符'F'的地址

2. 填空题

(1)用_____运算符获取指针变量指向的变量的值。

(2)用_____运算符获取变量的地址。

(3)指针的指针被称为_____。

3. 简答题

(1)简述数组指针与指针数组的区别。

(2)简述字符数组和字符指针变量的区别。

4. 编程题

(1)输入 5 个 int 类型数据存入一维数组,利用指针实现从小到大排序并输出。

(2)编写程序,利用指针实现一个 4＊5 的二维数组矩阵的转置。

(3)已知一个二维数组中存放着20位同学的5门课成绩,利用指针计算每位同学的平均成绩和每门课的平均成绩。

第9章 编译预处理和动态存储分配

9.1 预 处 理

所谓预处理,是指在正式编译 C 语言程序之前所做的工作,又称为预编译,或者预编译处理。预编译处理工作由预处理器完成,是 C 语言的一个重要的功能。当一个 C 语言源程序被提交编译时,编译器首先调用预处理程序对该源程序中的预处理命令进行扫描、分析和处理,处理完毕后才真正开始对该源程序的编译。

1. 预处理器的功能

在 C 语言中有一类不实现程序功能而仅为预处理器提供预处理信息的特殊语句,即预处理语句。预处理器的主要功能就是对这些预处理语句进行处理,具体包括以下几点:

(1)扫描"#include"命令,若找到则用包含的头文件内容取代该命令。

(2)扫描"#define"命令,若找到则根据命令进行宏替换。

(3)扫描"#if"命令,若找到则根据命令进行条件编译。

2. 预处理器的工作方式

预处理器在 C 语言程序提交编译时由编译器调用,首先对输入预处理器的 C 语言源程序进行扫描,尝试寻找预处理命令。然后,对找到的预处理命令进行处理,并在处理过程中删除这些预处理命令。最后,输出一个不再含有预处理命令的 C 语言源程序,提交给编译器进行真正的编译。C 语言的预处理器的工作方式如图 9 - 1 所示。

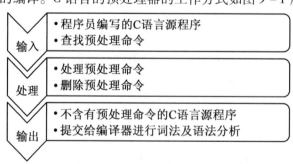

图 9 - 1 C 语言的预处理器的工作方式

3. 预处理器命令

预处理器不是编译器的组成部分,而是在真正编译之前由编译器调用的预处理程序,可以将其理解为一个文本替换工具。预处理器的主要任务就是查找需要编译的 C 语言源程序中的预处理命令,然后将其替换为 C 语言语句。预处理命令见表 9 - 1。

表 9-1　预处理命令

命令	功能
#include	文件包含
#define	宏定义
#undef	终止宏定义的作用域
#ifdef	如果标识符已定义
#ifndef	如果标识符未定义
#if	当表达式成立时编译
#else	当#if 表达式不成立时编译
#elif	当#if 条件不成立且当前条件成立时编译
#endif	#if 结束语句
#error	输出错误信息
#pragma	向编译器发出命令

由表 9-1 可知,C 语言的所有预处理命令都以"#"开头。另外,一般将预处理命令分成三种类型:

(1)宏定义,#define 和#undef。

(2)文件包含,#include。

(3)条件编译,#ifdef、#ifndef、#if、#else、#elif 和#endif 等。

还剩下#error 和#pragma 命令,这两个预处理命令较为特殊,一般很少用到。

4. 预处理命令的规则

正确利用预处理命令,不仅能够使得编写的 C 语言程序更容易调试,还能够提升程序的可移植性。预处理命令的规则主要包括以下几点:

(1)命令都以"#"开始,且"#"可以不在行首。

(2)"#"和命令之间可以插入任意数量的空格或制表符。

(3)命令一般换行则结束,在需要时可以用"\"续行。

(4)命令可以出现在 C 语言源程序中的任何地方。

(5)命令和注释可以放在一行。

例 9-1　编写程序,利用宏定义命令定义常量 PI 并输出。

```
#include "stdafx.h"
#define PI 3.14159265
int main(int argc, char * argv[])
{
    printf("PI = % .7f\n",PI);
    return 0;
}
```

上述代码运行结果如图 9-2 所示。

图 9 - 2　例 9 - 1 运行结果

9.2　宏定义命令

宏定义命令是最为常用的预处理命令之一。在 C 语言中有两种宏定义命令，一种为不带参数的宏定义，另一种为带参数的宏定义。

1. 不带参数的宏定义

在 C 语言程序中，经常使用到一些常量，如 3.14 等。这些常量可能在程序中经常出现，为了避免出现输入错误，可以使用不带参数的宏定义来定义这些常量，其语法格式如下：

#define 标识符 字符串

例如：

#define PI 3.14

上述代码中的"#"表示该语句为预处理命令，"define"为宏定义命令，"PI"为宏名，"3.14"为宏体。值得注意的是，由于宏名是标识符的一种，因此其命名规则与标识符一样，只不过宏名习惯上一般用大写字母表示，且与字符串之间用空格分离。宏名的有效范围是从宏定义开始至源程序结束，可以使用宏命令#undef 提前结束宏名的作用域。字符序列可以是常数、表达式及各种格式串等。没有特殊需要，不要在宏定义行末尾加分号，否则将会把分号理解为字符串中的字符。另外，在宏定义时可以引用之前已经定义的宏名，宏替换是层层替换的。

例如：

```
#define PI 3.14
#define DIAM 10
#define C PI * DIAM
int main(int argc, char * argv[])
{
    printf("C = % .1f\n",C);
    return 0;
}
```

上述代码在预处理时，"C"被宏替换为"3.14 * 10"，结果输出为"31.4"。值得注意的是，若宏体为表达式，则根据情况可能需要加括号，否则可能会出现意想不到的错误。

例如：

```
#define PI 3.14
#define R 5
```

```
#define DIAM R + R
#define C PI * DIAM
int main( int argc, char * argv[ ])
{
    printf( "C = % .1f\n",C);
    return 0;
}
```

上述代码在预处理时,"C"被宏替换为"3.14 * 5 + 5",输出结果为"20.7"。因此,上述代码可以改为:

```
#define PI 3.14
#define R 5
#define DIAM (R + R)
#define C PI * DIAM
int main( int argc, char * argv[ ])
{
    printf( "C = % .1f\n",C);
    return 0;
}
```

例 9 - 2　编写程序,利用宏定义命令定义字符串并输出。

```
#include "stdafx.h"
#define S1 "Hello"
#define S2 "C"
#define S3 "Free!"
int main( int argc, char * argv[ ])
{
    printf( "% s % s % s\n",S1,S2,S3);
    return 0;
}
```

上述代码运行结果如图 9 - 3 所示。

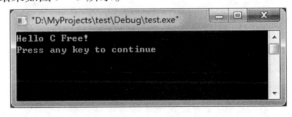

图 9 - 3　例 9 - 2 运行结果

2. 带参数的宏定义

不带参数的宏定义只能完成较为简单的宏替换工作,若希望完成更为复杂的宏替换工作,可以使用带参数的宏定义。带参数的宏定义语法格式如下:

#define 标识符(形参列表) 字符串

调用带参数宏的语法格式如下:

标识符(实参列表)

例如:

```
#define S(r) 3.14 * r * r
printf("% .2f\n",S(10));
```

上述代码在预处理时,用实参"10"替换形参"r","S(10)"被宏替换为"3.14 * 10 * 10",输出结果为"314.00"。值得注意的是,在带参数的宏定义中,由于形参不分配内存单元,因此不需要定义其类型。而在带参数的宏调用中,实参是具体的值,因此必须定义其类型。另外,在带参数的宏定义中,根据情况同样需要增加括号,否则可能出现意想不到的错误。

例如:

```
#define S(r) 3.14 * r * r
printf("% .2f\n",S(5 +5));
```

上述代码在预处理时,用实参"5 +5"替换形参"r","S(5 +5)"被宏替换为"3.14 * 5 +5 * 5 +5",输出结果为"45.70"。因此,上述代码可以改为:

```
#define S(r) 3.14 * (r) * (r)
printf("% .2f\n",S(5 +5));
```

上述代码在预处理时,用实参"5 +5"替换形参"r","S(5 +5)"被宏替换为"3.14 * (5 +5) * (5 +5)",输出结果为"314.00"。另外,带参数的宏和函数虽然有相似之处,但也是有区别的,具体主要包括以下几点:

(1)函数先计算实参表达式再传递给形参,而带参数的宏直接进行宏替换并不计算实参表达式。

(2)函数在运行时进行值处理且分配临时内存空间,而带参数的宏直接进行宏替换并不进行值处理且不分配内存空间。

(3)函数实参和形参均需要定义类型且必须一致,而带参数的宏只是用标识符表示,并不需要定义类型。

(4)函数被调用时存在一定的开销,而带参数的宏被调用时并没有额外的开销。

例 9 – 3 编写程序,分别用带参数的宏定义和函数求绝对值。

```
#include "stdafx.h"
#define ABS(number) ((number) > =0? (number): -(number))
int abs(int);
int main(int argc, char *argv[])
{
    printf("宏定义方法计算 -5 的绝对值为:% d\n",ABS( -5));
    printf("函数的方法计算 -5 的绝对值为:% d\n",abs( -5));
    return 0;
}

int abs(int number)
{
    return number > =0 ? number : -number;
}
```

上述代码运行结果如图 9 – 4 所示。

图 9 – 4 例 9 – 3 运行结果

9.3 文件包含

文件包含是 C 语言最为常用的预编译处理操作之一,其作用是在预编译处理阶段将另一个 C 语言源程序文件的内容包含到当前 C 语言源程序中,其语法格式如下:

```
#include <文件名>
```

或者:

```
#include "文件名"
```

例如:

```
#include "stdafx.h"
```

上述代码实现了对名为"stdio. h"的文件的文件包含,在包含该文件后,就可以在当前 C 语言源程序中使用输入输出类库函数,如 printf( )函数等。值得注意的是,若用"<>"符号则预处理器会在系统指定路径下寻找该文件,若用双引号则预处理器会先在源程序当前路径下寻找该文件,如果找不到再到系统指定路径下查找。

在 C 语言中有很多以". h"为扩展名的文件,一般称其为头文件,其内容主要是使用相应库函数所需的函数定义和宏定义等。一个文件包含语句仅能指定一个头文件,若需要包含多个头文件则需要使用多条相应的文件包含语句。文件包含命令也可以嵌套使用,即在一个被包含的头文件中可以利用"#include"命令包含其他头文件,依此类推。另外,在 C 语言源程序中也可以包含自定义头文件。

例 9 – 4 编写程序,调用自定义头文件比较两个整数的大小,输出较大的整数。

(1)在"main. c"源程序当前路径下新建"max. h"文件,内容如下:

```
int max(int,int);
```

(2)在源程序当前路径下新建"max. c"文件(注意,若是 VC6.0 环境则文件名称为"max. cpp"),内容如下:

```
#include <stdio.h>              // 若是 VC6.0 环境则该行代码改为#include
                                  "stdafx.h"
int max(int number1,int number2){
    return number1 >number2 ? number1 : number2;
}
```

(3)在"main. c"源程序中录入以下代码。

```
#include "stdafx.h"
#include "max.h"
int main(int argc, char * argv[])
```

```
{
    int number1,number2;
    printf("请输入两个整数(用逗号隔开):\n");
    scanf("% d,% d",&number1,&number2);
    if(number1 = = number2)
        printf("两个数相等! \n");
    else
        printf("较大的数为:% d\n",max(number1,number2));
    return 0;
}
```

上述代码运行结果如图 9 - 5 所示。

图 9 - 5　例 9 - 4 运行结果

9.4　条件编译

预处理器还提供了条件编译命令,目的是为了优化程序代码和提升程序的可移植性,功能是根据不同的条件指定源程序中需要编译的部分。在 C 语言中,条件编译命令的形式主要有 3 种,下面分别介绍。

1. 条件编译命令的第一种形式

在 C 语言中,可以使用#ifdef 命令判断某个宏是否已经被定义,一般该命令需要配合#else 和#endif 一起使用。其语法格式如下:

```
#ifdef 标识符
程序段 1
#else
程序段 2
#endif
```

例如:

```
#include "stdafx.h"
#define DEBUG on
int main(int argc, char  *argv[ ])
{
#ifdef DEBUG
printf("已开启显示调试信息\n");
#else
printf("未开启显示调试信息\n");
```

```
#endif
return 0;
}
```

上述代码首先定义了宏 DEBUG,然后利用#ifdef 命令来判断 DEBUG 是否被定义,若已经被定义则输出"已开启显示调试信息",否则输出"未开启显示调试信息"。

例 9 - 5　编写程序,定义宏 NAME 为 off,利用#ifdef 对评委进行匿名处理,并输出评委打分结果。

```
#include "stdafx.h"
#define NAME off
int main( int argc, char * argv[])
{
    char * name[] = { "张三","李四","王五"};
    int array1[3] = {9,10,8};
    int i = 0;
    for( i = 0;i < 3;i ++ )
    {
        #ifdef NAME
        printf( "匿名\t% d分\n",array1[i]);
        #else
        printf( "% s\t% d分\n",name[i],array1[i]);
        #endif
    }
    return 0;
}
```

上述代码运行结果如图 9 - 6 所示。

图 9 - 6　例 9 - 5 运行结果

2. 条件编译命令的第二种形式

在 C 语言中,可以使用#ifndef 命令判断某个宏是否未被定义,一般该命令需要配合#else 和#endif 一起使用。其语法格式如下:

```
#ifndef 标识符
程序段 1
#else
程序段 2
#endif
```

例如:

```
#include "stdafx.h"
```

```
int main(int argc, char * argv[])
{
    #ifndef DEBUG
    printf("未开启显示调试信息\n");
    #else
    printf("已开启显示调试信息\n");
    #endif
    return 0;
}
```

上述代码利用#ifndef 命令来判断 DEBUG 是否未被定义,若未被定义则输出"未开启显示调试信息",否则输出"已开启显示调试信息"。

例 9 - 6　编写程序,利用#ifndef 控制字符串大小写输出。

```
#include "stdafx.h"
#define CAPS on
int main(int argc, char * argv[])
{
    char string[14] = "Hello C Free!",temp;
    int i = 0;
    for(i = 0;i < 14;i ++)
    {
        temp = string[i];
        #ifndef CAPS
        if(temp > = 'A' && temp < = 'Z')
        temp = temp + 32;
        #else
        if(temp > = 'a' && temp < = 'z')
        temp = temp - 32;
        #endif
        printf("% c",temp);
    }
    return 0;
}
```

上述代码运行结果如图9-7 所示。

图9-7　例9-6运行结果

3. 条件编译命令的第三种形式

在 C 语言中,#if、#else 和#endif 命令是最为常见的条件编译命令,这些命令根据条件表达式决定执行哪部分程序段。其语法格式如下:

```
#if 条件表达式
程序段 1
#else
程序段 2
#endif
```

例如：

```
#include "stdafx.h"
#define DEBUG 1
int main( int argc, char *argv[])
{
#if DEBUG = =1
printf( "已开启显示调试信息\n");
#else
printf( "未开启显示调试信息\n");
#endif
return 0;
}
```

上述代码利用#if 命令来判断 DEBUG 是否为 1,若为 1 则输出"已开启显示调试信息",否则输出"未开启显示调试信息"。

例 9 - 7　编写程序,利用#if 控制计算圆的周长还是正方形的周长。

```
#include "stdafx.h"
#define SQUARE 1
int main( int argc, char *argv[])
{
    float number;
    printf( "请输入一个 1 - 10 之间的正数:\n");
    scanf( "% f",&number);
    #if SQUARE = =1
    printf( "边长为% .2f 的正方形的周长为:% .2f\n",number,4 * number);
    #else
    printf( "直径为% .2f 的圆的周长为:% .2f\n",number,3.14 * number);
    #endif
    return 0;
}
```

上述代码运行结果如图 9 - 8 所示。

图 9 - 8　例 9 - 7 运行结果

9.5　动态存储分配

C 语言提供了动态存储分配功能,使得程序员可以通过调用动态内存分配函数动态申请所需的存储空间,并可以在使用后调用存储空间释放函数释放存储空间。C 语言提供的动态存储分配与释放的标准库函数包含在头文件"stdlib. h"中,使用这些函数程序员就可以在堆上申请存储空间,值得注意的是,程序员在动态申请的存储空间使用完毕后应手动释放,否则会造成内存泄漏,可能会降低系统性能,甚至导致系统瘫痪。C 语言中动态申请与释放存储空间的函数主要包括 malloc( )函数、calloc( )函数、realloc( )函数和free( )函数,下面分别介绍。

1. malloc( )函数

malloc( )函数是 C 语言提供的标准库函数之一,其功能是动态申请指定大小的存储空间,其函数原型为

```
void *malloc(unsigned int size);
```

该函数动态申请 size 大小的存储空间,若申请成功则返回指向申请到的存储空间的首地址的 void * 类型指针,若申请失败则返回空指针 NULL。其使用的语法格式如下:

　　指针变量 = (类型 *)malloc(存储空间大小);

例如:

```
int *p = (int *)malloc(32);
```

上述代码动态申请了 32 个字节大小的存储空间,若申请成功则返回该存储空间的首地址并强制转换成 int * 类型的指针赋值给指针变量 p。值得注意的是,为了提升程序的可移植性,最好利用 sizeof 计算动态申请存储空间的大小。

例如:

```
int *array = (int *)malloc(number *sizeof(int));
```

上述语句动态开辟了 number 个 int 类型的存储空间,并将返回的指针赋值给指针变量 array。

例 9 – 8　编写程序,使用 malloc( )函数根据输入的正整数动态申请存储空间,并赋值给 char * 类型指针变量 p,最后输出内存申请是否成功、动态申请的内存地址及存储的内容。

```
#include "stdafx.h"
#include <stdlib.h>
int main(int argc, char *argv[])
{
    char *p;
    int number,i;
    printf("请输入一个正整数:\n");
    scanf("% d",&number);
    p = (char *)malloc(number);
    if(p! = NULL)
    {
```

```
        printf("动态申请存储空间成功! \n");
        for(i = 0;i < number;i ++,p ++)
        {
            printf("动态申请的内存地址为:% p,存储内容为:% d\n",p, * p);
        }
        p = NULL;
        free(p);
        }
        else
        {
            printf("动态申请存储空间失败! \n");
        }
    return 0;
}
```

上述代码运行结果如图 9 - 9 所示。

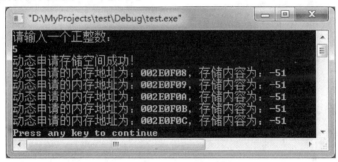

图 9 - 9　例 9 - 8 运行结果

2. calloc( )函数

calloc( )函数是 C 语言提供的标准库函数之一,其功能与 malloc( )函数类似,同样可以动态申请指定大小的存储空间,其函数原型为

```
void * calloc(unsigned int n, unsigned int size);
```

该函数动态申请 n 块 size 大小的存储空间,若申请成功则返回指向申请到的存储空间的首地址的 void * 类型指针,若申请失败则返回空指针 NULL。其使用的语法格式如下:

指针变量 = (类型 *)calloc(n, 每块存储空间大小);

例如:

```
int * p = (int * )calloc(4,32);
```

上述代码动态申请了 4 * 32 个字节大小的存储空间,若申请成功则返回该存储空间的首地址并强制转换成 int * 类型的指针赋值给指针变量 p。值得注意的是,calloc( )函数与 malloc( )函数不同,mallco( )函数不初始化申请到的存储空间,而 calloc( )函数会将申请到的存储空间初始化为零。另外,为了提升程序的可移植性,最好利用 sizeof 计算动态申请存储空间的大小。

例如:

```
int * array = (int * )calloc(number, sizeof(int));
```

上述语句动态开辟了 number 个 int 类型的存储空间,并将返回的指针赋值给指针变量 array。

例 9 - 9　编写程序,使用 calloc( )函数根据输入的正整数动态申请存储空间,并赋值给 char * 类型指针变量 p,最后输出内存申请是否成功、动态申请的内存地址及存储的内容。

```
#include "stdafx.h"
#include <stdlib.h>
int main(int argc, char *argv[])
{
    char *p;
    int number,i;
    printf("请输入一个正整数:\n");
    scanf("%d",&number);
    p = (char *)calloc(number,sizeof(char));
    if(p! = NULL)
    {
        printf("动态申请存储空间成功! \n");
        for(i = 0;i < number;i ++ ,p ++ )
        {
            printf("动态申请的内存地址为:%p,存储内容为:%d\n",p, *p);
        }
        p = NULL;
        free(p);
    }
    else
    {
        printf("动态申请存储空间失败! \n");
    }
    return 0;
}
```

上述代码运行结果如图 9 - 10 所示。

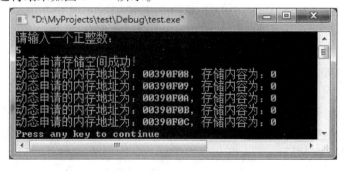

图 9 - 10　例 9 - 9 运行结果

3. realloc( )函数

realloc( )函数是 C 语言提供的标准库函数之一,其功能是尝试动态调整用 malloc( )函数或 calloc( )函数申请的存储空间的大小,其函数原型为

```
void * realloc(void * p, unsigned int size);
```

　　该函数对指针变量 p 指向的存储空间进行动态调整,size 为预调整的大小,其值可以比原来大、比原来小或不变。值得注意的是,若 p 为 NULL,则该函数效果与 malloc( )相同,若 size 为 0,则释放 p 指向的存储空间并返回空指针。其使用的语法格式如下:

　　指针变量 = (类型 *)realloc(原存储空间首地址, 新存储空间大小);

　　例如:

```
char * p1 = (char * )malloc(5 * sizeof(char));
char * p2 = (char * )realloc(p1,32 * sizeof(char));
```

　　上述代码利用 realloc( )函数对 p1 所指向的存储空间进行扩容,并将扩容后的存储空间的首地址赋值给变量 p2。

　　例 9 - 10　编写程序,利用 realloc( )函数对原来用 malloc( )函数动态申请的存储空间进行调整,并输出调整后的内存地址及内容。

```
#include "stdafx.h"
#include < stdlib.h >
int main(int argc, char * argv[ ])
{
    char * p1, * p2;
    int number,i;
    printf("请输入一个 1 - 5 之间的正整数:\n");
    scanf("% d",&number);
    p1 = (char * )malloc(number);
    if(p1! = NULL)
    {
        printf("动态申请存储空间成功! \n");
        for(i = 0;i < number;i ++ )
        {
            printf("动态申请的内存地址为:% p,存储内容为:% d\n",p1 + i, * (p1 + i));
        }
        p2 = (char * )realloc(p1,6);
        for(i = 0;i < 6;i ++ ,p2 ++ )
        {
            printf("调整后内存地址为:% p,存储内容为:% d\n",p2, * p2);
        }
        p1 = NULL;
        free(p1);
        p2 = NULL;
        free(p2);
    }
    else
    {
        printf("动态申请存储空间失败! \n");
    }
    return 0;
}
```

　　上述代码运行结果如图 9 - 11 所示。

图 9 - 11　例 9 - 10 运行结果

4. free( )函数

free( )函数是 C 语言提供的标准库函数之一，其功能是释放利用 malloc( )函数、calloc( )函数和 realloc( )函数动态申请的存储空间，其函数原型为

```
void free(void * p);
```

该函数释放指针变量 p 指向的存储空间，如果为其传递的参数是一个空指针，那么该函数不会响应。其使用的语法格式如下：

```
free(指针变量);
```

例如：

```
int * p = (int * )malloc(5 * sizeof(int));
free(p);
```

上述代码使用 free( )函数释放了 malloc( )函数动态申请的存储空间。

例 9 - 11　编写程序，使用 free( )函数释放 calloc( )函数动态申请的存储空间，并输出释放后的存储内容。

```
#include "stdafx.h"
#include <stdlib.h>
int main(int argc, char * argv[])
{
    char * p;
    int number,i;
    printf("请输入一个 1 - 5 之间的正整数:\n");
    scanf("% d",&number);
    p = (char * )calloc(number,1);
    if(p! = NULL)
    {
        printf("动态申请存储空间成功! \n");
        for(i = 0;i < number;i ++)
        {
            printf("动态申请的内存地址为:% p,存储内容为:% d\n",p + i,*(p + i));
        }
        free(p);
```

```
        for( i = 0;i < number;i ++ )
        {
            printf("释放后内存地址为:% p,存储内容为:% d\n",p + i,*(p + i));
        }
    }
    else
    {
        printf("动态申请存储空间失败! \n");
    }
    return 0;
}
```

上述代码运行结果如图 9 - 12 所示。

(a)VC6.0环境运行结果   (b)C Free环境运行结果

图 9 - 12   例 9 - 11 运行结果

9.6   基本能力上机实验

9.6.1   实验目的

(1)熟练掌握宏定义命令的使用。
(2)熟练掌握文件包含操作。
(3)熟练掌握条件编译命令。
(4)理解动态存储分配。

9.6.2   实验内容

1.编写程序,宏定义 PI 为 3.14,R 为 10.01,S 为 $PI*R*R$,P 为 printf,计算圆的面积并输出。

```
#include "stdafx.h"
#define PI 3.14
#define R 10.01
#define S PI * R * R
#define P printf
int main(int argc, char * argv[])
```

```
{
    P("半径为% .2f 的圆的面积为:% .2f\n",R,S);
    return 0;
}
```

上述代码运行结果如图 9 – 13 所示。

图 9 – 13　运行结果 1

2. 编写程序,调用自定义头文件比较两个整数的大小,输出较小的整数。

(1)在"main. c"源程序当前路径下新建"min. h"文件,内容如下:

```
int min(int,int);
```

(2)在源程序当前路径下新建"min. c"文件(注意,若是 VC6.0 环境则文件名称为"min. cpp"),内容如下:

```
#include < stdio.h >                  // 若是 VC6.0 环境则该行代码改为#include "
                                         stdafx.h"
int min(int number1,int number2){
return number1 < number2 ? number1 : number2;
}
```

(3)在"main. c"源程序中录入以下代码。

```
#include "stdafx.h"
#include "min.h"
int main(int argc, char *argv[])
{
    int number1,number2;
    printf("请输入两个整数(用逗号隔开):\n");
    scanf("% d,% d",&number1,&number2);
    if(number1 = =number2)
        printf("两个数相等! \n");
    else
        printf("较小的数为:% d\n",min(number1,number2));
    return 0;
}
```

上述代码运行结果如图 9 – 14 所示。

图 9 – 14　运行结果 2

3. 编写程序,计算输入整数的阶乘,利用条件编译控制是否输出调试信息。

```
#include "stdafx.h"
#define DEBUG 1
int main(int argc, char * argv[])
{
    int number =0,i =1,product =1;
    printf("请输入一个 1 - 10 之间的整数:\n");
    scanf("% d",&number);
    for(i =1;i < =number;i ++ )
    {
        product * = i;
        #if DEBUG = = 1
        printf("调试信息为:% d! = % d\n",i,product);
        #endif
    }
    printf("% d 的阶乘为:% d\n",number,product);
    return 0;
}
```

上述代码运行结果如图 9 – 15 所示。

图 9 – 15 运行结果 3

4. 根据键盘输入的学生人数动态申请存储空间,用于存放学生成绩,计算平均成绩并输出调试信息。

```
#include "stdafx.h"
#include < stdlib.h >
#define DEBUG 1
int main(int argc, char * argv[])
{
    float * p;
    int count,i;
    float sum =0,average =0;
    printf("请输入学生人数(1 – 10 之间):\n");
    scanf("% d",&count);
    p = (float * )malloc(count * sizeof(float));
    if(p! = NULL)
    {
        #if DEBUG = =1
```

```
        printf("动态申请存储空间成功! \n");
        for(i =0;i < count;i ++)
        {
            printf("输入成绩前内存地址为:% p,存储内容为:% .2f\n",p + i,*(p + i));
        }
        #endif
        printf("请输入% d 个学生成绩:\n",count);
        for(i =0;i < count;i ++)
        {
            scanf("% f",p + i);
            #if DEBUG = =1
            printf("输入成绩后内存地址为:% p,存储内容为:% .2f\n",p + i,*(p + i));
            #endif
            sum + = *(p + i);
        }
        average = sum /count;
        printf("平均成绩为:% .2f\n",average);
        free(p);
    }
    else
    {
        #if DEBUG = =1
        printf("动态申请存储空间失败! \n");
        #endif
    }
    return 0;
}
```

上述代码运行结果如图 9 - 16 所示。

图 9 - 16　运行结果 4

9.7　拓展能力上机实验

9.7.1　实验目的

(1)熟悉带参数宏的使用,理解函数与带参数宏的区别。
(2)熟悉包含自定义头文件操作。
(3)进一步掌握动态存储分配。

9.7.2　实验内容

1.编写程序,利用带参数宏实现判断输入的年份是否为闰年。

```
#include "stdafx.h"
#define S scanf
#define P printf
#define LEAP_YEAR(y) \
(y%400==0||(y%4==0&&y%100!=0))
int main(int argc,char *argv[])
{
    int i=0;
    int year;
    P("请输入一个年份:",year);
    S("%d",&year);
    if(LEAP_YEAR(year))
    {
        P("%d是闰年!\n",year);
    }
    else
    {
        P("%d不是闰年!\n",year);
    }
    return 0;
}
```

上述代码运行结果如图 9 - 17 所示。

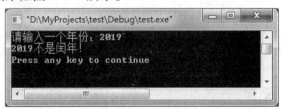

图 9 - 17　运行结果 5

2. 利用包含自定义头文件实现交换输入的两个数据,并输出调试信息。

(1)在"main. c"源程序当前路径下新建"swap. h"文件(注意,若是 VC6.0 环境则文件名称为"swap. cpp"),内容如下:

```
void swap(int * ,int * );
```

(2)在源程序当前路径下新建"swap. c"文件,内容如下:

```
#include < stdio.h >                    // 若是 VC6.0 环境则该行代码改为#include
                                          "stdafx.h"

#define DEBUG 1
void swap(int  * p1,int  * p2){
    int temp;
    #if DEBUG = =1
    printf("函数内交换前 temp 的地址为:% p\n",&temp);
    printf("函数内交换前 temp 的内容为:% d\n",temp);
    printf("函数内交换前两个数的地址为:% p,% p\n",p1,p2);
    #endif
    printf("函数内交换前 * p1 和 * p2 为:% d,% d\n", * p1, * p2);
    temp = * p1;
     * p1 = * p2;
     * p2 = temp;
    #if DEBUG = =1
    printf("函数内交换后 temp 的地址为:% p\n",&temp);
    printf("函数内交换后 temp 的内容为:% d\n",temp);
    printf("函数内交换后两个数的地址为:% p,% p\n",p1,p2);
    #endif
    printf("函数内交换后 * p1 和 * p2 为:% d,% d\n", * p1, * p2);
}
```

(3)在"main. c"源程序中录入以下代码。

```
#include "stdafx.h"
#include "swap.h"
#ifndef DEBUG
#define DEBUG 1
#endif
int main(int argc, char  * argv[])
{
    int number1,number2;
    printf("请输入两个整数(用逗号隔开):\n");
    scanf("% d,% d",&number1,&number2);
    #if DEBUG = =1
    printf("交换前两个数的地址为:% p,% p\n",&number1,&number2);
    #endif
    printf("交换前两个数为:% d,% d\n",number1,number2);
    swap(&number1,&number2);
    #if DEBUG = =1
```

```
    printf("交换后两个数的地址为:% p,% p\n",&number1,&number2);
    #endif
    printf("交换后两个数为:% d,% d\n",number1,number2);
    return 0;
}
```

上述代码运行结果如图 9-18 所示。

图 9-18　运行结果 6

3. 编写程序,根据键盘输入的学生人数动态申请存储空间,用于存放学生姓名及成绩,最后输出及格名单。

```
#include "stdafx.h"
#include <stdlib.h>
#define DEBUG 1
int main(int argc, char * argv[])
{
    float * p;
    int count,i;
    printf("请输入学生人数(1-10 之间):\n");
    scanf("% d",&count);
    p = (float * )malloc(count * sizeof(float));
    char * string[8];
    for (i = 0;i < count;i ++)
    {
        string[i] = (char * )malloc(sizeof(char) * 10);
    }
    if(p! = NULL)
    {
        #if DEBUG = =1
        printf("动态申请存储空间成功! \n");
        #endif
        printf("请输入% d 个学生姓名及成绩(姓名与成绩用空格隔开):\n",count);
        for(i = 0;i < count;i ++)
```

```
    {
        scanf("% s % f",string[i],p + i);
    }
    printf("及格名单如下:\n");
    for(i = 0;i < count;i ++ )
    {
        if ( * (p + i) > = 60)
        {
        printf("% s 成绩为:% .2f\n",string[i], * (p + i));
        }
    }
    for (i = 0;i < count;i ++ )
    {
        free(string[i]);
    }
    free(p);
}
else
{
    #if DEBUG = = 1
    printf("动态申请存储空间失败! \n");
    #endif
}
    return 0;
}
```

上述代码运行结果如图 9 - 19 所示。

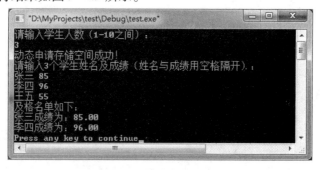

图 9 - 19　运行结果 7

9.8　习　　题

1. 选择题

(1) 以下属于预处理命令的是　　　　　　　　　　　　　　　　　　　(　　)

A. #include

B. #define

C. #if

D. 以上均正确

（2）以下属于动态存储分配函数的是　　　　　　　　　　　　　　　　（　　）

A. malloc( )函数　　　　　　　　　　B. calloc( )函数

C. realloc( )函数　　　　　　　　　　D. 以上均正确

（3）下面程序的输出结果为　　　　　　　　　　　　　　　　　　　　（　　）

```
#define PI 3.14
#define R 2
#define DIAM R + R
#define C PI * DIAM
int main(int argc, char * argv[])
{
printf("C = % .1f\n",C);
return 0;
}
```

A. 0　　　　　　　　　　　　　　　　B. 12.6

C. 8.3　　　　　　　　　　　　　　　D. 6.3

2. 填空题

（1）_____命令用来判断宏名是否被定义。

（2）_____函数的功能为动态分配存储空间并初始化为0。

（3）_____函数的功能为动态调整已经动态申请的存储空间。

3. 简答题

（1）简述预处理命令的规则。

（2）简述函数与带参数的宏的区别。

4. 编程题

（1）编写程序,使用带参数的宏计算圆的周长和面积。

（2）编写程序,使用宏定义及条件编译实现字符串的大小写输出控制。

（3）编写程序,根据键盘输入的学生人数动态申请存储空间,用于存放学生姓名及成绩,最后输出不及格学生名单。

第10章 结构体、共用体和枚举

10.1 结构体概述

人们可以利用 C 语言提供的基本类型来定义变量以存储某种类型的数据,也可以利用 C 语言提供的数组定义数据集合以存储某种类型的数据集,但在某些复杂情况下 C 语言提供的基本数据类型不能够满足用户需求,可能需要更为复杂的数据类型及结构。因此,C 语言允许用户根据需要利用基本数据类型构造自定义结构体类型,并可以定义结构体变量,用来存储复杂的数据结构。例如定义一个学生变量,该变量可以用来存储学生的相关信息,包括整型的学号、字符型的姓名和浮点型的成绩等。

10.1.1 结构体类型的定义

结构体是一种构造类型,由逻辑相关的不同基本类型的变量组合而成。这些组成结构体类型的基本数据类型都称为结构体类型的成员。在使用结构体类型之前需要先定义结构体类型,其定义格式如下:

```
struct 结构体类型名称
{
类型说明符 成员名1;
类型说明符 成员名2;
类型说明符 成员名3;
......
类型说明符 成员名n;
};
```

其中,struct 是定义结构体类型的关键字;结构体类型名称属于标识符,因此其命名应遵循标识符命名规则,且要保证含义清晰以便理解;大括号中为成员列表,可以为基本类型变量和数组等;大括号后边一定要加分号,表示结构体类型定义结束,不可省略。

例如:

```
struct point
{
int x;
int y;
};
```

上述代码定义了一个坐标点结构体类型,该结构体类型含有两个成员,分别为横坐标 x 和纵坐标 y。值得注意的是,该结构体仅定义了坐标点结构体类型,并没有定义任何该类型的结构体变量。另外,结构体也可以嵌套定义,即结构体也可以是结构体的成员。

例如:

```
struct birthday
{
    int year;
    int month;
    int day;
};
struct student
{
    int id;
    char name[10];
    char major[20];
    char sex[3];
    char id_card[18];
    struct birthday date_of_birth;
};
```

上述代码定义了一个关于学生出生日期的结构体 birthday,然后又定义了一个关于学生信息的结构体 student,其中 student 结构体成员 date_of_birth 为 birthday 结构体类型。值得注意的是,函数内部定义的结构体作用范围为函数内部,函数外部定义的结构体作用范围为整个程序。另外,不同结构体中的成员变量之间不存在冲突,因此可以重名。

10.1.2　结构体变量的定义

在结构体类型定义完成后,仅相当于定义了一个结构体模板,系统并没有为其开辟存储空间,其中没有存储任何数据。因此,若需要使用结构体存储数据,还应该利用结构体类型定义结构体变量,这样才能存储数据。结构体变量的定义方法主要分为 3 种,下面分别介绍。

1. 先定义结构体类型再定义结构体变量

例如:

```
struct student
{
    int id;
    char name[10];
    char sex[3];
    char class_name[50];
    char *course[50];
    float score[50];
};
struct stuent stu1,stu2;
```

上述代码首先定义了一个结构体类型 student,然后利用该结构体类型定义了两个结构体变量 stu1 和 stu2。其中,stu1 能存储一位学生的信息,stu2 也能存储一位学生的信息。值得注意的是,在结构体变量被定义后,系统会为其开辟所有成员所需内存之和大小的存储空间。另外,结构体类型和结构体变量是不同的概念,与其他类型和变量的关系类似,系统不为类型开辟存储空间,仅为变量开辟存储空间,因此仅能对变量进行访问和运算,而不能对类型进行访问和运算。

2. 在定义结构体类型的同时定义结构体变量

例如:

```
struct student
{
    int id;
    char name[10];
    char sex[3];
    char class_name[50];
    char *course[50];
    float score[50];
} stu1,stu2;
```

上述代码在定义结构体类型 student 的同时定义了两个结构体变量 stu1 和 stu2。值得注意的是,这种结构体变量定义方法常见于局部结构体变量的定义之中。

3. 直接定义结构体变量

例如:

```
struct
{
    int id;
    char name[10];
    char sex[3];
    char class_name[50];
    char *course[50];
    float score[50];
} stu1,stu2;
```

上述代码省略了结构体类型名称,直接定义了两个结构体变量 stu1 和 stu2。值得注意的是,这种结构体变量定义方法常见于临时局部结构体变量的定义之中。

10.1.3 结构体变量的初始化

与其他类型的变量初始化类似,结构体变量在定义的同时也可以被初始化,其语法格式如下:

```
struct 结构体类型名称
{
类型说明符 成员名 1;
类型说明符 成员名 2;
类型说明符 成员名 3;
......
类型说明符 成员名 n;
} 结构体变量名称 = {初值 1,初值 2,初值 3,…,初值 n};
```

其中,每个初值用大括号括起来,这些初值将按顺序依次赋值给结构体变量中的各个成员。

例 10 - 1　编写程序,在定义结构体类型 student 的同时定义结构体变量 stu 并初始化,输出初始化的学生信息。

```
#include "stdafx.h"
int main(int argc, char  * argv[])
{
    struct student
    {
        int id;
        char name[10];
        char sex[3];
        char class_name[50];
    } stu = {2019201901,"张三","男","计算机科学与技术 2019 - 1"};
    printf("学生信息如下:\n");
    printf("学号:% d\n",stu.id);
    printf("姓名:% s\n",stu.name);
    printf("性别:% s\n",stu.sex);
    printf("班级:% s\n",stu.class_name);
    return 0;
}
```

上述代码运行结果如图 10 - 1 所示。

图 10 - 1　例 10 - 1 运行结果

10.1.4　结构体变量的引用

在 C 语言中,不能对结构体整体进行操作,仅能对结构体变量中的各个成员进行访问。引用结构体变量中的成员的语法格式如下:

结构体变量名称.成员名

例如:

stu.id;

其中,“.”是结构体成员运算符,其优先级最高,用于将结构体变量名称与结构体成员进行连接。

访问结构体变量成员应注意以下几点:

(1)只能对结构体变量中的各个成员分别进行引用。

正确的引用:

printf("% d % s\n",stu.id,stu.name);

　　错误的引用：

```
printf("% d % s\n",stu);
```

　　(2)同类型的结构体变量可以相互赋值。

　　例如：

```
struct student sut1,stu2;

stu2 = stu1;
```

　　上述代码将相同类型的结构体变量 stu1 赋值给 stu2,系统将按照成员顺序依次为对应成员进行赋值。值得注意的是,除了赋值运算,C 语言没有提供其他用于结构体整体的运算。

　　(3)结构体变量只能对最低的成员进行引用。

　　例如：

```
struct birthday
{
    int year;
    int month;
    int day;
};
struct student
{
    int id;
    char name[10];
    char major[20];
    char sex[3];
    char id_card[18];
    struct birthday date_of_birth;
} stu;
```

其中,结构体变量 stu 可以访问的最低的成员有 stu. id、stu. name、stu. major、stu. sex、stu. id_card、sut. date_of_birth. year、sut. date_of_birth. month 和 sut. date_of_birth. day 等。而不能用 stu. date_of_birth 来引用结构体变量 stu 的成员变量 date_of_birth,因为 date_of_birth 本身是一个结构体变量,不是最低的成员。

　　(4)结构体变量成员可以像普通变量一样进行各种运算。

　　例如：

```
strcpy(stu.name,"李四");
```

　　(5)两个结构体变量不能用元素 = =或! =进行比较。

　　(6)可以引用结构体变量成员的地址,也可以引用结构体变量的地址。

　　例如：

```
scanf("% d",&stu.id);

scanf("% s",&stu.name);

printf("成员学号的地址:% p\n",&stu.id);

printf("结构体变量 stu 的首地址:% p\n",&stu);
```

但不能：

```
scanf("% d % s",&stu);
```

结构体变量的地址一般可以作为函数参数,用来传递结构体变量的首地址。

例 10 - 2 编写程序,定义结构体入学日期 enrollment_date,再定义结构体学生 student 和结构体变量 stu,使用结构体变量 stu 存储一位学生信息并输出。

```
#include "stdafx.h"
int main( int argc, char *argv[ ] )
{
    struct enrollment_date
    {
        int year;
        int month;
        int day;
    };
    struct student
    {
        int id;
        char name[10];
        char sex[3];
        char class_name[50];
        struct enrollment_date date;
    } stu = {2019201903,"王五","男","计算机科学与技术 2019 - 1",2019,9,1};
    printf("学生信息如下:\n");
    printf("学号:% d\n",stu.id);
    printf("姓名:% s\n",stu.name);
    printf("性别:% s\n",stu.sex);
    printf("班级:% s\n",stu.class_name);
    printf("入学日期:% d 年% d 月% d 日\n",stu.date.year,stu.date.month,stu.
date.day);
    return 0;
}
```

上述代码运行结果如图 10 - 2 所示。

图 10 - 2 例 10 - 2 运行结果

10.1.5 结构体变量与函数

在 C 语言中,结构体变量既可以作为函数的参数,也可以作为函数的返回值。

1. 结构体变量作为函数的参数

结构体变量作为函数的参数时,传递的是整个结构体变量所有成员的集合,因此系统在函数调用期间需要另外开辟存储空间以存储被传递的结构体变量各个成员的值。另外,被调用函数对作为形参的结构体变量的任何操作不会影响主函数中作为实参的结构体变量的各成员值。

例 10 - 3　编写程序,将结构体变量作为函数参数进行传递。

```
#include "stdafx.h"
struct student
{
    int id;
    char name[10];
    char sex[3];
    char class_name[50];
} stu = {2019201904,"赵六","男","计算机科学与技术 2019 - 1"};
void function(struct student);
int main(int argc, char * argv[])
{
    function(stu);
    return 0;
}
void function(struct student stu)
{
    printf("学生信息如下:\n");
    printf("学号:% d\n",stu.id);
    printf("姓名:% s\n",stu.name);
    printf("性别:% s\n",stu.sex);
    printf("班级:% s\n",stu.class_name);
}
```

上述代码运行结果如图 10 - 3 所示。

图 10 - 3　例 10 - 3 运行结果

2. 结构体变量作为函数的返回值

在函数调用时,结构体变量也可以作为函数的返回值。

例 10 - 4　编写程序,将结构体变量作为函数的返回值。

```
#include "stdafx.h"
#include < string.h >
struct student
{
    int id;
```

```
    char name[10];
    char sex[3];
    char class_name[50];
};
struct student function(struct student);
int main(int argc, char * argv[])
{
    struct student stu;
    stu = function(stu);
    printf("学生信息如下:\n");
    printf("学号:% d\n",stu.id);
    printf("姓名:% s\n",stu.name);
    printf("性别:% s\n",stu.sex);
    printf("班级:% s\n",stu.class_name);
    return 0;
}
struct student function(struct student stu)
{
    stu.id = 2019201905;
    strcpy(stu.name,"孙七");
    strcpy(stu.sex,"男");
    strcpy(stu.class_name,"计算机科学与技术 2019 - 1");
    return stu;
}
```

上述代码运行结果如图 10 - 4 所示。

图 10 - 4　例 10 - 4 运行结果

10.2　结构体数组

　　一个结构体变量只能存储一条记录,在实际应用中,一般需要存储多条记录,例如一个班 40 位学生,需要存储 40 条记录,此时可以利用结构体数组来存储多条记录。本节将介绍结构体数组的定义、初始化和引用。

10.2.1　结构体数组的定义

　　与定义结构体变量的方法类似,定义结构体数组也有 3 种方式,下面分别介绍。

1. 先定义结构体类型再定义结构体数组

语法格式如下：

struct 结构体类型名称 结构体数组名称[数组长度];

例如：

```
struct student
{
    int id;
    char name[10];
    char sex[3];
    char class_name[50];
};
struct student stu[40];
```

上述代码定义了一个结构体类型 student，然后利用该类型定义了一个结构体数组 stu，利用该结构体数组可以存储 40 条学生信息。

2. 定义结构体类型的同时定义结构体数组

例如：

```
struct student
{
    int id;
    char name[10];
    char sex[3];
    char class_name[50];
} stu[40];
```

3. 直接定义结构体数组

例如：

```
struct
{
    int id;
    char name[10];
    char sex[3];
    char class_name[50];
} stu[40];
```

10.2.2　结构体数组的初始化

结构体数组的初始化与初始化数组类似，只不过初始化结构体数组相当于对结构体数组的每一个元素进行赋值。其初始化的语法格式如下：

```
struct 结构体类型名称
{
类型说明符 成员名 1;
类型说明符 成员名 2;
类型说明符 成员名 3;
……
类型说明符 成员名 n;
```

｝结构体数组名称＝｛初值列表｝；

例如：

```
struct student
{
    int id;
    char name[10];
    char sex[3];
    char class_name[50];
```
｝stu[40]＝｛｛2019201901,"张三","男","计算机科学与技术 2019－1"｝,｛2019201902,"李四","男","计算机科学与技术 2019－1"｝｝；

上述代码定义了一个长度为 40 的结构体数组 stu，并对该结构体数组进行了初始化，每个元素均为结构体类型 student。值得注意的是，上述代码仅对前两个结构体数组元素进行了赋值，后面未被赋值的元素，其成员若是数值型则初始化为 0，若是字符型则初始化为′\0′。另外，当对全部结构体数组元素进行初始化时也可以不指定数组长度。

例如：

```
struct student
{
    int id;
    char name[10];
    char sex[3];
    char class_name[50];
```
｝stu[]＝｛｛2019201901,"张三","男","计算机科学与技术 2019－1"｝,｛2019201902,"李四","男","计算机科学与技术 2019－1"｝｝；

上述代码定义了一个长度为 2 的结构体数组 stu。

10.2.3　结构体数组的引用

结构体数组的每个元素都相当于一个结构体变量，因此可以对结构体数组元素中的成员进行引用，其语法格式如下：

结构体数组名称[下标].成员名

例如：

stu[0].id＝2019201901；

stu[0].name＝"张三"；

例 10－5　编写程序，定义一个结构体类型 student，利用该类型定义一个结构体数组 stu[3]并初始化，最后输出学生信息。

```
#include "stdafx.h"
int main(int argc, char *argv[])
{
    int i＝0;
    struct student
    {
        int id;
        char name[10];
```

```
        char sex[3];
        char class_name[50];
    } stu[3] = {2019201901,"张三","男","计算机科学与技术 2019 - 1",2019201902,"李
四","男","计算机科学与技术 2019 - 1",2019201903,"王五","男","计算机科学与技术 2019 -
1"};
    printf("学生信息如下:\n");
    for(i = 0;i < 3;i ++)
    {
        printf("学号:% d\n",stu[i].id);
        printf("姓名:% s\n",stu[i].name);
        printf("性别:% s\n",stu[i].sex);
        printf("班级:% s\n",stu[i].class_name);
    }
    return 0;
}
```

上述代码运行结果如图 10 - 5 所示。

图 10 - 5　例 10 - 5 运行结果

10.2.4　结构体数组作为函数参数

在 C 语言中,结构体数组也可以作为函数参数。与结构体变量作为函数参数不同,结构体数组作为函数传递时,仅传递数组首地址,而不是传递整个结构体数组,因此传递结构体数组不会产生额外的系统开销。

例 10 - 6　编写程序,将结构体数组作为函数参数进行传递。

```
#include "stdafx.h"
struct student
{
    int id;
    char name[10];
    char sex[3];
    char class_name[50];
};
void function(struct student stu[]);
```

```
int main(int argc, char * argv[])
{
    struct student stu[2] = {2019201906,"周八","男","计算机科学与技术 2019 - 1",
2019201907,"吴九","男","计算机科学与技术 2019 - 1"};
    function(stu);
    return 0;
}
void function(struct student stu[])
{
    int i = 0;
    for(i = 0;i < 2;i ++ )
    {
        printf("学生信息如下:\n");
        printf("学号:% d\n",stu[i].id);
        printf("姓名:% s\n",stu[i].name);
        printf("性别:% s\n",stu[i].sex);
        printf("班级:% s\n",stu[i].class_name);
    }
}
```

上述代码运行结果如图 10 - 6 所示。

图 10 - 6　例 10 - 6 运行结果

10.3　结构体指针

与基本类型变量类似,也可以定义指向结构体类型变量的指针变量,该指针变量的值是结构体变量的地址。当然,该指针变量也可以指向结构体数组,此时该指针变量的值是结构体数组的首地址。

10.3.1　指向结构体变量的指针

指向一个结构体变量的指针变量称为结构体指针变量,与一般指针变量类似,在使用之前需要先定义。定义结构体指针变量的语法格式如下:

结构体类型说明符 * 结构体指针变量名称

例如：

```
struct student stu = {2019201901,"张三","男","计算机科学与技术 2019 - 1"}
struct student *p = &stu;
```

上述代码定义了一个 student 类型的结构体指针变量 p,并将结构体变量 stu 的地址赋值给该结构体指针变量 p,使得结构体指针变量 p 指向结构体变量 stu。

当定义了结构体指针变量并初始化后,就可以通过"指针名 - >成员名"或"(* 指针名).成员名"的方式访问结构体变量中的成员。

例如：

```
p - >id 或者( * p).id
```

其中," - >"为结构体成员指向运算符,一般称为箭头,可以理解为" * "运算符和"."运算符的组合,表示先定位指针所指向的结构体变量再选择结构体成员。(* p)表示 p 指向的结构体变量,(* p).id 代表 p 所指向的结构体变量中的成员 id。值得注意的是,结构体指针变量只能指向结构体变量,而不能指向其成员。

例 10 - 7 编写程序,使用指向结构体变量的指针访问结构体变量的成员。

```
#include "stdafx.h"
int main(int argc, char *argv[])
{
    struct student
    {
        int id;
        char name[10];
        char sex[3];
        char class_name[50];
    };
    struct student stu = {2019201908,"郑十","男","计算机科学与技术 2019 - 1"};
    struct student *p = &stu;
    printf("学生信息如下:\n");
    printf("学号:% d\n",( * p).id);
    printf("姓名:% s\n",( * p).name);
    printf("性别:% s\n",p - >sex);
    printf("班级:% s\n",p - >class_name);
    return 0;
}
```

上述代码运行结果如图 10 - 7 所示。

图 10 - 7 例 10 - 7 运行结果

10.3.2　指向结构体数组的指针

指向结构体数组的指针变量的定义方式与指向结构体变量的指针变量的定义方式类似。

例如：

```
struct student stu[3];
struct student *p;
p = stu;
```

或者：

```
p = &stu[0];
```

上述代码定义了一个结构体数组 stu，然后定义了一个指向结构体数组的指针变量 p，最后将结构体数组 stu 的首地址赋值给指针变量 p，使得指针变量 p 指向结构体数组 stu。此时，与指向结构体变量的指针类似，可以用"p - > id"或"(* p). id"访问数组第一个元素 stu[0] 的相关成员。若想利用指针访问结构体数组的后续元素，可以执行"p ++ "操作，则可以用"p - > id"或"(* p). id"访问数组 stu[1] 的相关成员，依此类推，可以访问结构体数组的全部元素。

例 10 - 8　编写程序，使用指向结构体数组的指针变量访问结构体数组中每个元素的相关成员。

```
#include "stdafx.h"
int main( int argc, char  * argv[])
{
    int i = 0;
    struct student
    {
        int id;
        char name[10];
        char sex[3];
        char class_name[50];
    };
    struct student stu[2] = {2019201907,"吴九","男","计算机科学与技术 2019 - 1",
2019201908,"郑十","男","计算机科学与技术 2019 - 1"};
    struct student *p = stu;
    printf("学生信息如下:\n");
    for( i = 0;i < 2;i ++ ,p ++ )
    {
        printf("学号:% d\n",( * p).id);
        printf("姓名:% s\n",( * p).name);
        printf("性别:% s\n",p - > sex);
        printf("班级:% s\n",p - > class_name);
    }
    return 0;
}
```

上述代码运行结果如图 10 - 8 所示。

图 10 - 8　例 10 - 8 运行结果

10.3.3　结构体指针作为函数参数

结构体指针变量用于存放结构体变量的首地址,因此将结构体指针变量作为函数参数传递时,传递的就是结构体变量的首地址。

例 10 - 9　编写程序,使用结构体指针作为函数参数进行传递。

```c
#include "stdafx.h"
struct student
{
    int id;
    char name[10];
    char sex[3];
    char class_name[50];
};
void function(struct student * p);
int main(int argc, char * argv[])
{
    struct student stu = {2019201909,"刘一","男","计算机科学与技术 2019 - 1"};
    function(&stu);
    return 0;
}
void function(struct student * p)
{
    printf("学生信息如下:\n");
    printf("学号:% d\n",( * p).id);
    printf("姓名:% s\n",( * p).name);
    printf("性别:% s\n",p - >sex);
    printf("班级:% s\n",p - >class_name);
}
```

上述代码运行结果如图 10 - 9 所示。

图 10 - 9　例 10 - 9 运行结果

10.4　共　用　体

通过前面的介绍,我们知道结构体是一种包含若干个相同或不同类型的构造类型。在 C 语言中,还有另外一种和结构体非常相似的构造类型,叫作共用体。共用体是一种由若干个相同或不同类型成员组织在一起共同占有同一段存储空间的构造数据类型,又称为联合体。

10.4.1　共用体类型的声明

共用体的声明格式如下:

```
union 共用体名
{
类型说明符 成员1;
类型说明符 成员2;
类型说明符 成员3;
……
类型说明符 成员n;
};
```

例如:

```
union data
{
    int i;
    char c;
    float f;
};
```

上述代码定义了一个共用体类型 data,包含有 int 类型、char 类型和 float 类型等 3 个成员。

10.4.2　共用体变量的定义、初始化及引用

1. 共用体变量的定义

与结构体变量的定义方式类似,共用体变量的定义方式也有 3 种。

(1)先定义共用体类型再定义共用体变量。

例如:

```
union data
{
    int i;
    char c;
    float f;
};
union data d;
```

(2)定义共用体类型的同时定义共用体变量。

例如:

```
union data
{
```

```
    int i;
    char c;
    float f;
} d;
```

（3）直接定义共用体变量。

例如：

```
union
{
    int i;
    char c;
    float f;
} d;
```

值得注意的是，结构体变量所占的存储空间是结构体成员的和，而共用体变量不同，其所占的存储空间大小由占存储空间最大的共用体成员决定，且共用体变量各成员不能同时使用这段存储空间。因此，我们要清楚地认识到共用体是一种变量类型，用来修饰变量，在某一时刻只能存放一个成员。

2.共用体变量的初始化

与结构体变量的初始化不同，对共用体变量的初始化只能在定义时对第一个共用体成员初始化，而不能对所有共用体成员初始化。

例如，正确的写法如下：

```
union data
{
    int i;
    char c;
    float f;
} d = {5};
```

错误的写法如下：

```
union data
{
    int i;
    char c;
    float f;
} d = {5,'c'};
```

值得注意的是，共用体使用覆盖技术实现存储空间的共用，由于共用体成员共用同一地址，因此共用体变量中存储数据的成员是最后一次被赋值的成员，之前已经存储的成员会被覆盖。

例如：

```
d.i = 5;
d.c = 'c';
d.f = 3.14;
```

上述代码最终有效的只有"d.f = 3.14"，d.i 和 d.c 都已经被覆盖了。另外，共用体变量不能用运算符 = = 或! = 来进行比较，也不能作为函数参数或函数的返回值。

3.共用体变量的引用

共用体变量的引用方式与结构体变量类似，不能直接引用共用体变量，而只能引用共用体变量的成员,可以使用"."或"->"运算符来进行访问。

例 10-10　编写程序,定义一个共用体类型 data,再定义一个共用体变量 d,对其成员分别进行赋值并输出结果。

```c
#include "stdafx.h"
int main(int argc, char *argv[])
{
    union data
    {
        int i;
        char c;
        float f;
    };
    union data d;
    d.i = 97;
    printf("d.i=97 时共用体各成员输出结果如下:\n");
    printf("d.i 为:% d\n",d.i);
    printf("d.c 为:% c\n",d.c);
    printf("d.f 为:% f\n",d.f);
    d.c = 'a';
    printf("d.c='a'时共用体各成员输出结果如下:\n");
    printf("d.i 为:% d\n",d.i);
    printf("d.c 为:% c\n",d.c);
    printf("d.f 为:% f\n",d.f);
    d.f = 97;
    printf("d.f=97 时共用体各成员输出结果如下:\n");
    printf("d.i 为:% d\n",d.i);
    printf("d.c 为:% c\n",d.c);
    printf("d.f 为:% f\n",d.f);
    return 0;
}
```

上述代码运行结果如图 10-10 所示。

图 10-10　例 10-10 运行结果

10.5　枚举数据类型

在实际编程中,经常遇到具有少量可能值的变量,例如一周有七天、季节有 4 种(春夏秋冬)和一年有十二个月等,这些都有有限个可能取值,可以一一被列举出来。为了编码方便,C 语言为具有少量可能值的变量提供了一种专用数据类型,即枚举数据类型。

10.5.1　枚举类型的定义

枚举类型的定义语法格式如下:

```
enum 枚举名
{
    枚举数据列表
};
```

例如:

```
enum week_days
{
    MON = 1, TUE, WED, THU, FRI, SAT, SUN
};
```

上述代码定义了一个枚举类型"enum week_days"。

10.5.2　枚举变量的定义

与结构体变量的定义方式类似,枚举类型变量也有 3 种定义方式,下面分别介绍。

1. 先定义枚举类型再定义枚举变量

例如:

```
enum week_days
{
    MON = 1, TUE, WED, THU, FRI, SAT, SUN
};
enum week_days yesterday,today,tomorrow;
```

2. 定义枚举类型的同时定义枚举变量

例如:

```
enum week_days
{
    MON = 1, TUE, WED, THU, FRI, SAT, SUN
} yesterday,today,tomorrow;
```

3. 先使用 typedef 关键字为枚举类型定义别名,再利用该别名定义枚举变量

例如:

```
typedef enum week_days
{
    MON = 1, TUE, WED, THU, FRI, SAT, SUN
} day;
```

```
day yesterday,today,tomorrow;
```

上述代码中的 week_days 可以省略。

例如：

```
typedef enum
{
    MON = 1, TUE, WED, THU, FRI, SAT, SUN
} day;
day yesterday,today,tomorrow;
```

也可以：

```
typedef enum day
{
    MON = 1, TUE, WED, THU, FRI, SAT, SUN
};
day yesterday,today,tomorrow;
```

上述代码先利用 typedef 定义了该枚举类型的别名 day，再利用别名 day 定义了 3 个枚举类型变量 yesterday、today 和 tomorrow。值得注意的是，在同一个程序中不允许定义同名的枚举类型，也不允许定义同名的枚举成员。另外，枚举类型还有以下优点：

（1）枚举利用描述性的名称表示整数值，从而使得代码更加清晰。

（2）枚举提升了代码的键入速度，很多 IDE 会弹出列表框让我们选择。

（3）枚举有助于保证给变量赋值的合法性，使得代码维护变得更容易。

10.5.3　有关枚举型数据的操作

枚举型变量和其他变量一样可以参与各种运算，只不过枚举变量的赋值仅限于大括号中指定的值。

例 10－11　编写程序，定义枚举类型 months，再定义枚举类型变量 month，最后输出 2019 年每月的天数。

```
#include "stdafx.h"
enum months
{
    January = 1, February, March, April, May, June, July, August, Septemper,
October,November,December
};
int main(int argc, char * argv[])
{
    enum months month;
    char * month_name[12] = {"一月","二月","三月","四月","五月","六月","七月",
"八月","九月","十月","十一月","十二月"};
    int day_count[12] = {31,28,31,30,31,30,31,31,30,31,30,31};
    printf("2019 年每月天数如下:\n");
    for(month = January;month < = December;month ++ )
    {
        printf("% s\t% d 天\n",month_name[month - 1],day_count[month - 1]);
```

```
    }
    return 0;
}
```

上述代码运行结果如图 10 - 11 所示(注意,上述代码在 C Free 中可以运行,VC6.0 不支持枚举类型的自增及自减等运算)。

图 10 - 11　例 10 - 11 运行结果

10.6　typedef 的使用

在 C 语言中,可以利用 typedef 关键字为数据类型取别名,例如基本数据类型和构造类型等。使用 typedef 关键字的语法格式如下:

```
typedef 数据类型说明符 别名;
```

例如:

```
typedef unsinged int U8;
```

上述代码定义了一个无符号整型的别名 U8,系统会将 U8 当作“unsigned int”的同义词,以后就可以用 U8 来定义变量了。

例如:

```
U8 sum = 5;
```

typedef 的使用主要包括以下几个方面:

(1)类型名替换。

```
typedef int INTERGER;
INTERGER i = 6;
```

(2)定义一个别名代表结构体类型。

```
typedef struct student
{
    int id;
    char name[10];
    char sex[3];
} STU;
STU stu;
```

(3)定义一个别名代表一个数组类型。

```
typedef int ARRAY[5];
ARRAY array;
```

10.7　基本能力上机实验

10.7.1　实验目的

(1)掌握结构体类型的定义,掌握结构体数组的使用。
(2)掌握共用体类型的定义,掌握共用体变量的使用。
(3)掌握枚举类型的定义,掌握枚举类型变量的使用。

10.7.2　实验内容

1.编写程序,定义结构体类型 student,再定义结构体数组 stu[4]用于存储4 位学生的学号、姓名、性别和5 门课成绩,最后输出学生成绩单。

```
#include "stdafx.h"
int main( int argc, char * argv[ ])
{
    int i =0,j =0;
    struct student
    {
        int id;
        char name[10];
        char sex[3];
        int score[5];
    } stu[4] = {
    {2019201901,"张三","男",{83,85,79,90,86}},
    {2019201902,"李四","男",{75,88,69,91,92}},
    {2019201903,"王五","男",{92,86,78,93,84}},
    {2019201904,"赵六","男",{68,82,74,87,77}}
    };
    printf("                学生成绩单\n");
    printf("   学号    姓名 性别 思政 高数 英语 导论 体育\n");
    for( i =0;i <4;i ++ )
    {
        printf("% d ",stu[i].id);
        printf("% s ",stu[i].name);
        printf(" % s ",stu[i].sex);
        for( j =0;j <5;j ++ )
        {
            printf("  % d ",stu[i].score[j]);
        }
        printf("\n");
```

```
    }
    return 0;
}
```

上述代码运行结果如图 10 - 12 所示。

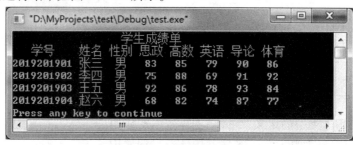

图 10 - 12　运行结果 1

2. 编写程序,定义一个共用体类型 data,再定义一个共用体变量 d 和共用体指针变量 p,并对其成员分别进行赋值,最后输出共用体地址及存储内容。

```
#include "stdafx.h"
int main(int argc, char *argv[])
{
    union data
    {
        int i;
        char c;
        float f;
    };
    union data d, *p;
    p = &d;
    d.i = 99;
    printf("当 d.i = 99 时共用体存储地址及内容如下:\n");
    printf("d.i 的地址为:%p,存储内容为:%d\n", &d.i, d.i);
    printf("p 的地址为:%p,存储内容为:%d\n", p, *p);
    printf("d.c 的地址为:%p,存储内容为:%c\n", &d.c, d.c);
    printf("d.f 的地址为:%p,存储内容为:%f\n", &d.f, d.f);
    d.c = 99;
    printf("当 d.c = 99 时共用体存储地址及内容如下:\n");
    printf("d.i 的地址为:%p,存储内容为:%d\n", &d.i, d.i);
    printf("p 的地址为:%p,存储内容为:%d\n", p, *p);
    printf("d.c 的地址为:%p,存储内容为:%c\n", &d.c, d.c);
    printf("d.f 的地址为:%p,存储内容为:%f\n", &d.f, d.f);
    d.f = 99;
    printf("当 d.f = 99 时共用体存储地址及内容如下:\n");
    printf("d.i 的地址为:%p,存储内容为:%d\n", &d.i, d.i);
    printf("p 的地址为:%p,存储内容为:%d\n", p, *p);
    printf("d.c 的地址为:%p,存储内容为:%c\n", &d.c, d.c);
    printf("d.f 的地址为:%p,存储内容为:%f\n", &d.f, d.f);
    return 0;
```

}

　　上述代码运行结果如图 10 - 13 所示。

图 10 - 13　运行结果 2

　　3. 编写程序,定义枚举类型 week_days,再定义枚举变量和数组 day 及 date[30],最后输出 2019 年 9 月日历。

```c
#include "stdafx.h"
enum week_days
{
    MON = 1,TUE,WED,THU,FRI,SAT,SUN
};
int main(int argc, char *argv[])
{
    int i = 0;
    enum week_days day,date[30];
    day = SUN;
    for(i = 1;i < =30;i ++)
    {
        date[i] = day;
        day ++;
        if(day >7)day =1;
    }
    printf("2019 年 9 月日历");
    for(i = 1;i < =30;i ++)
    {
        printf("\n2019 年 9 月%02d 日 ",i);
        switch(date[i]){
        case MON:
        printf("星期一");
        break;
        case TUE:
        printf("星期二");
        break;
```

```
        case WED:
        printf("星期三");
        break;
        case THU:
        printf("星期四");
        break;
        case FRI:
        printf("星期五");
        break;
        case SAT:
        printf("星期六");
        break;
        case SUN:
        printf("星期日");
        break;
        }
    }
    return 0;
}
```

　　上述代码运行结果如图 10 – 14 所示(注意,上述代码在 C Free 中可以运行,VC6.0 不支持枚举类型的自增及自减等运算)。

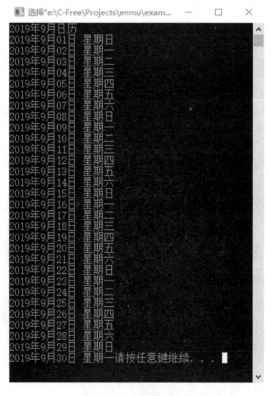

图 10 – 14　运行结果 3

10.8　拓展能力上机实验

10.8.1　实验目的

(1)熟悉指向结构体变量的指针变量的使用。
(2)熟悉指向结构体数组的指针变量的使用。
(3)熟悉结构体类型的指针作为函数参数。

10.8.2　实验内容

1.编写程序,利用指向结构体变量的指针对学生信息进行输入和输出。

```
#include "stdafx.h"
int main(int argc, char *argv[])
{
    struct student
    {
        int id;
        char name[10];
        char sex[3];
        char class_name[50];
    };
    struct student stu, *p;
    p = &stu;
    printf("请录入一位学生信息(用空格隔开)\n");
    printf("  学号    姓名 性别 班级\n");
    scanf("%d%s%s%s",&p->id,p->name,p->sex,p->class_name);
    printf("您录入的学生信息如下:\n");
    printf("学号:%d\n",(*p).id);
    printf("姓名:%s\n",(*p).name);
    printf("性别:%s\n",p->sex);
    printf("班级:%s\n",p->class_name);
    return 0;
}
```

上述代码运行结果如图 10 - 15 所示。

图 10 - 15　运行结果 4

2. 编写程序,利用指向结构体数组的指针变量实现根据学生姓名查询学生信息并输出。

```c
#include "stdafx.h"
#include <string.h>
int main(int argc, char *argv[])
{
    int i = 0;
    struct student
    {
        int id;
        char name[10];
        char sex[3];
        char class_name[50];
    };
    truct student stu[4] = {
        {2019201901,"张三","男","计算机科学与技术 2019 - 1"},
        {2019201902,"李四","男","计算机科学与技术 2019 - 1"},
        {2019201903,"王五","男","计算机科学与技术 2019 - 1"},
        {2019201904,"赵六","男","计算机科学与技术 2019 - 1"}
    };
    struct student *p = stu;
    char string[10];
    printf("请输入要查询的学生姓名:\n");
    scanf("% s",string);
    for(i = 0;i < 4;i ++ ,p ++ )
    {
        if(strcmp(string,p - > name) = = 0)
        {
            printf("查询到该学生的相关信息如下:\n");
            printf("学号:% d\n",( *p).id);
            printf("姓名:% s\n",( *p).name);
            printf("性别:% s\n",p - > sex);
            printf("班级:% s\n",p - > class_name);
            break;
        }
    }
    if(i = = 4)
    {
        printf("没查询到该学生的相关信息! \n");
    }
    return 0;
}
```

上述代码运行结果如图 10 - 16 所示。

图 10 - 16　运行结果 5

3. 编写程序,利用结构体类型的指针作为函数参数实现每位学生平均成绩的计算。

```c
#include "stdafx.h"
struct student
{
    int id;
    char name[10];
    char sex[3];
    int score[5];
};
void average(struct student *p,int count1,int count2);
int main(int argc, char *argv[])
{
    int i = 0;
    struct student stu[4] = {
        {2019201901,"张三","男",{83,85,79,90,86}},
        {2019201902,"李四","男",{75,88,69,91,92}},
        {2019201903,"王五","男",{92,86,78,93,84}},
        {2019201904,"赵六","男",{68,82,74,87,77}}
    };
    struct student *p = stu;
    average(p,4,5);
    return 0;
}
void average(struct student *p,int count1,int count2)
{
    int i,j;
    float sum = 0;
    printf("                学生成绩单\n");
    printf("   学号    姓名 性别 思政 高数 英语 导论 体育 平均分\n");
    for(i = 0;i < count1;i ++,p ++)
    {
        printf("% d ",(*p).id);
        printf("% s ",(*p).name);
```

```
        printf(" % s ",p - > sex);
        for(j = 0;j < count2;j ++ )
        {
            sum = sum + p - > score[j];
            printf("  % d ",p - > score[j]);
        }
        printf("  % .2f \n",sum/count2);
        sum = 0;
    }
}
```

上述代码运行结果如图 10 - 17 所示。

图 10 - 17　运行结果 6

10.9　习　　题

1. 选择题

(1)在 C 语言中,关于系统为一个结构体变量分配内存的说法正确的是　　　　　(　　)

A. 第一个成员所需要的内存量

B. 内存需求最大的成员的内存量

C. 最后一个成员所需要的内存量

D. 各成员所需的内存总和

(2)下面程序的输出结果为　　　　　　　　　　　　　　　　　　　　(　　)

```
#include "stdafx.h"
int main(int argc, char  * argv[])
{
    union data
    {
        int a;
        char b;
        int c;
    }d = {9};
    d.b = 'b';
    d.c = 100;
    printf("% c\n",d.b);
```

```
    return 0;
}
```

A. 0   B. 9

C. b   D. d

（3）以下能够定义别名的关键字是   （   ）

A. struct   B. union

C. enum   D. typedef

2. 填空题

（1）_____关键字用来定义结构体。

（2）_____关键字用来定义共用体。

（3）_____关键字用来定义枚举。

3. 简答题

（1）简述访问结构体变量成员时应注意的事项。

（2）简述枚举的优点。

4. 编程题

（1）编写程序，利用结构体数组存储 3 位同学的学号、姓名、性别、班级和联系电话等信息并输出。

（2）编写程序，实现通讯录，要求能够录入姓名和电话等信息，并能够按照姓名查询。

（3）编写程序，利用结构体及共用体实现校园卡教工及学生信息的录入和输出，其中教工卡含有卡号、姓名和部门等信息，学生卡含有卡号、姓名和班级等信息。

第 11 章　位运算

位运算是 C 语言的低级语言特性，广泛应用于对底层硬件、外围设备的状态检测和控制。在系统软件中，常常需要处理二进制位的问题。C 语言程序设计的一个主要特点就是可以对计算机硬件进行操作，其操作主要是通过位运算实现的。位运算很适合编写系统软件的需要，是 C 语言的重要特色。在计算机用于检测和控制领域中要用到位运算的知识。所谓位运算就是指进行二进制的运算。对于更多紧凑的数据，C 程序可以用独立的位或多个组合在一起的位来存储信息。文件访问许可就是一个常见的应用案例。位运算符允许对一个字节或更大的数据单位中独立的位做处理：可以清除、设定，或者倒置任何位或多个位，也可以将一个整数的位模式(bit pattern)向右或向左移动。

11.1　位逻辑运算符

程序中的所有数在计算机内存中都是以二进制的形式存储的。位运算就是直接对整数在内存中的二进制位进行操作。C 语言提供了 6 个位操作分别是："按位与"运算(&)、"按位或"运算(|)、"异或"运算(^)、"取反"运算(~)、左移运算(<<)、右移运算(>>)。

11.1.1　取反运算符

"取反"运算符：(~)。

含义：用于求整数的二进制反码，即分别将操作数各二进制位上的 1 变为 0，0 变为 1。它是一元运算符，具有右结合性。

例如：~9 的运算为

　　　~ (0 000 000 000 001 001)

结果为：1 111 111 111 110 110

~运算符的优先级别比算术运算符、关系运算符、逻辑运算符和其他位运算符都高，例如：~a&b，先进行 ~a 运算，然后进行 & 运算。

例 11 - 1　取反的使用举例。

```
#include<stdio.h>
main()
{
    int a=077;
    printf("% d",~a);
}
```

11.1.2　按位与运算符

"按位与"运算符:(&)。

含义:按位与是指参加运算的两个数据,按二进制位进行"与"运算。如果两个相应的二进制位都为 1,则该位的结果值为 1,否则为 0。这里的 1 可以理解为逻辑中的 true,0可以理解为逻辑中的 false。按位与其实与逻辑上"与"的运算规则一致。逻辑上的"与"要求运算数全真,结果才为真。若 A = true,B = true,则 A∩B = true。

例如:3&5。3 的二进制编码是 11,将 11 补足成一个字节,则是 00000011。5 的二进制编码是 101,将其补足成一个字节,则是 00000101。

按位与运算:

$$
\begin{array}{r}
00000011\\
(\&)\,00000101\\
\hline
00000001
\end{array}
$$

由此可知 3&5 = 1。

按位与的用途:

(1)清零。

若想对一个存储单元清零,即使其全部二进制位为 0,只要找一个二进制数,其中各个位符合以下条件:原来的数中为 1 的位,新数中相应位为 0。然后使二者进行 & 运算,即可达到清零目的。

例如:原数为 43,即 00101011,另一个数为 148,即 10010100,将两者按位与运算00101011&10010100 的结果为:00000000。

(2)取一个数中某些指定位。

若有一个整数 a,想要取其中的低字节,只需要将 a 与 8 个 1 按位与即可。

$$
\begin{array}{r}
00101100\ 10101100\\
(\&)\,00000000\ 11111111\\
\hline
00000000\ 10101100
\end{array}
$$

(3)保留指定位。

与一个数进行"按位与"运算,此数在该位取 1。

例如:有一数 84,即 01010100,想把其中从左边算起的第 3、4、5、7、8 位保留下来,01010100&00111011 的结果为:00010000。即:a = 84,b = 59,c = a&b = 16。

例 11 - 2　位运算符 & 使用举例。

```c
#include < stdio.h >
main()
{
    int a =9,b =5,c;
        c =a&b;
        printf("a =% d,b =% d,c =% d\n",a,b,c);
}
```

运行结果:

a =9,b =5,c =1

按位与运算符可与赋值运算符一起,构成复合赋值运算符:& = 。

例如:a& = b 相当于 a = a&b。

11.1.3　按位或运算符

"按位或"运算符:(|)。

含义:两个相应的二进制位中只要有一个为 1,该位的结果值为 1。借用逻辑学中或运算的话来说就是,一真为真。

例如:将八进制 60 与八进制 17 进行按位或运算。

```
      00110000
( | ) 00001111
      ────────
      00111111
```

按位或的用途:按位或运算常用来对一个数据的某些位定值为 1。

例如:如果想使一个数 a 的低 4 位改为 1,则只需要将 a 与二进制的 00001111 进行按位或运算即可。

例 11 - 3　按位或运算使用举例。

```c
#include < stdio.h >
main( )
{
    int a = 9,b = 5,c;
    c = a|b;
    printf("a = % d,b = % d,c = % d\n",a,b,c);
}
```

运行结果:

a = 9,b = 5,c = 13

按位或运算符可与赋值运算符一起,构成复合赋值运算符:| = 。

例如:a| = b 相当于 a = a|b。

11.1.4　异或运算符

"异或"运算符:(^),也称 XOR 运算符。

含义:若参加异或运算的两个二进制位值相同则为 0(假),不同为 1(真)。即 $0 \wedge 0 = 0, 0 \wedge 1 = 1, 1 \wedge 0 = 1, 1 \wedge 1 = 0$。"异或"的意思是判断两个相应的位值是否为"异",为"异"(值不同)就取真(1),否则为假(0)。

例如:

```
      00111001
( ^ ) 00101010
      ────────
      00010011
```

异或的应用:

(1)使特定位翻转。

设有数 01111010,想使其低 4 位翻转,即 1 变 0,0 变 1. 可以将其与 00001111 进行"异或"运算,即:

```
  01111010
(^)00001111
  01110101
```

运算结果的低 4 位正好是原数低 4 位的翻转。可见,要使哪几位翻转就将与其进行∧运算的该几位置为 1 即可。

(2)与 0 相"异或",保留原值。

例如:012^00 = 012

```
  00001010
(^)00000000
  00001010
```

因为原数中的 1 与 0 进行异或运算得 1,0^0 得 0,故保留原数。

(3)交换两个值,不用临时变量。

例如:a = 3,即 11;b = 4,即 100。想将 a 和 b 的值互换,可以用以下赋值语句实现:a = a^b;b = b^a;a = a^b。

```
  a = 011
(^)b = 100
  a = 111
```

a^b 的结果,a 已变成 7 即 111。

```
  b = 100
(^)a = 111
  b = 011
```

b^a 的结果,b 已变成 3 即 011。

```
  a = 111
(^)b = 011
  a = 100
```

a^b 的结果,a 已变成 4 即 100。

以上操作等效于以下两步:

①执行前两个赋值语句:a = a^b 和 b = b^a,相当于 b = b^(a^b)。

②再执行第三个赋值语句:a = a^b。由于 a 的值等于(a^b),b 的值等于(b^a^b),因此,相当于 a = a^b^b^a^b,即 a 的值等于 a^a^b^b^b,等于 b。

例 11 - 4　异或运算符 ^ 使用举例。

```c
#include < stdio.h >
main()
{
    int a = 9,b = 5,c;
    c = a^b;
    printf("a = % d,b = % d,c = % d\n",a,b,c);
}
```

运行结果:

a = 9,b = 5,c = 12

异或运算符可与赋值运算符一起,构成复合赋值运算符:^ = 。

例如:a^ = b 相当于 a = a^b。

11.2　移位运算符

数据在计算机中以二进制补码形式进行存储,移位运算就是将二进制数据进行向左或向右移动若干位的运算。移位运算分为左移和右移两种,均为双目运算符。

1. 左移运算符:(< <)

含义:左移运算符是用来将一个数的各二进制位左移若干位,移动的位数由右操作数指定(右操作数必须是非负值),其右边空出的位用 0 填补,高位左移溢出则舍弃该高位。

例如:将 a 的二进制数左移 2 位,右边空出的位补 0,左边溢出的位舍弃。若 a = 15,即 00001111,左移 2 位得 00111100。

C 语言代码:

```
#include < stdio.h >
main( )
{
    int a = 15;
    printf("% d",a < <2);
}
```

左移的应用:左移 1 位相当于该数乘以 2,左移 2 位相当于该数乘以 $2 * 2 = 4$,$15 < < 2 = 60$,即乘了 4。但此结论只适用于该数左移时被溢出舍弃的高位中不包含 1 的情况。假设以一个字节(8 位)存一个整数,若 a 为无符号整型变量,则 a = 64 时,左移一位时溢出的是 0,而左移 2 位时,溢出的高位中包含 1。左移比乘法运算快得多,有些 C 编译程序自动将乘 2 的运算用左移一位来实现,将乘 2^n 的幂运算处理为左移 n 位。

2. 右移运算符:(> >)

含义:右移运算符是用来将一个数的各二进制位右移若干位,移动的位数由右操作数指定(右操作数必须是非负值),移到右端的低位被舍弃,对于无符号数,高位补 0。对于有符号数,某些机器将对左边空出的部分用符号位填补,即"算术移位"。而另一些机器则对左边空出的部分用 0 填补,即"逻辑移位"。

注意:对于无符号数,右移时左边高位移入 0;对于有符号的值,如果原来符号位为 0(该数为正),则左边也是移入 0。如果符号位原来为 1(即负数),则左边移入 0 还是 1,要取决于所用的计算机系统。有的系统移入 0,有的系统移入 1。移入 0 的称为"逻辑移位",即简单移位;移入 1 的称为"算术移位"。

例如:a 的值是八进制数 113755。

a:1001011111101101(a 的二进制)

a > >1:0100101111110110(逻辑右移时)

a > >1:1100101111110110(算术右移时)

在有些系统中 a > > 1 得八进制数 045766,而在另一些系统上可能得到的是 145766。Visual C ++ 6.0 和其他一些 C 编译采用的是算术右移,即对有符号数右移时,如果符号位原来为 1,左面移入高位的是 1。

移位运算符可与赋值运算符一起,构成复合赋值运算符: < < = 、> > = 。

例如:a < < = 2 相当于 a = a < < 2。

11.3　位　　段

有些数据在存储时并不需要占用一个完整的字节,只需要占用一个或几个二进制位即可。例如开关只有通电和断电两种状态,用 0 和 1 表示即可,也就是用一个二进位。正是基于这种考虑,C 语言又提供了一种叫作位段(或位域)的数据结构。

位段(bit – field)是以位为单位来定义结构体(或联合体)中的成员变量所占的空间。含有位段的结构体(联合体)称为位段结构。采用位段结构既能够节省空间,又便于操作。

位段的定义格式为

```
type [var]: digits
```

其中,type 只能为 int、unsigned int 和 signed int 三种类型(int 型能不能表示负数视编译器而定,比如 VC 中 int 就默认是 signed int,能够表示负数)。位段名称 var 是可选参数,即可以省略。digits 表示该位段所占的二进制位数。

1.使用位段的注意事项

(1)位段的类型只能是 int、unsigned int 和 signed int 三种类型,不能是 char 型或者浮点型;

(2)位段占的二进制位数不能超过该基本类型所能表示的最大位数,比如在 VC 中 int 占 4 个字节,那么最多只能是 32 位;

(3)无名位段不能被访问,但是会占据空间;

(4)不能对位段进行取地址操作;

(5)若位段占的二进制位数为 0,则这个位段必须是无名位段,下一个位段从下一个位段存储单元(这里的位段存储单元经测试在 VC 环境下是 4 个字节)开始存放;

(6)若位段出现在表达式中,则会自动进行整型升级,自动转换为 int 型或者unsigned int;

(7)对位段赋值时,最好不要超过位段所能表示的最大范围,否则可能造成意想不到的结果;

(8)位段不能出现数组的形式。

2.对于位段结构,编译器会自动进行存储空间优化的主要原则

(1)如果一个位段存储单元能够容纳位段结构中的所有成员,那么位段结构中的所有成员只能放在一个位段存储单元中,不能放在两个位段存储单元中;如果一个位段存储单元不能容纳位段结构中的所有成员,那么剩余的位段从下一个位段存储单元开始存放。(在 VC 中位段存储单元的大小是 4 字节)。

(2)如果一个位段结构中只有一个占有 0 位的无名位段,则只占 1 或 0 字节的空间(C 语言中是占 0 字节,而 C ++ 中占 1 字节);否则其他任何情况下,一个位段结构所占的空间至少是一个位段存储单元的大小。

例 11 - 5　位段的使用举例。

```
#include<stdio.h>
main()
{
    struct bs{
        unsigned m;
        unsigned n:4;
        unsigned char ch:6;
    }
    a = { 0xad, 0xE, 'MYM'};                    //第一次输出
    printf("% #x, % #x, % c\n", a.m, a.n, a.ch);  //更改值后再次输出
    a.m = 0xb8901c;
    a.n = 0x2d;
    a.ch = 'z';
    printf("% #x, % #x, % c\n", a.m, a.n, a.ch);
}
```

运行结果：

0xad, 0xe, $

0xb8901c, 0xd

对于 n 和 ch,第一次输出的数据是完整的,第二次输出的数据是残缺的。

第一次输出时,n、ch 的值分别是 0xE、0x24('MYM' 对应的 ASCII 码为 0x24),换算成二进制是 1110、100100,都没有超出限定的位数,能够正常输出。

第二次输出时,n、ch 的值变为 0x2d、0x7a('z' 对应的 ASCII 码为 0x7a),换算成二进制分别是 101101、1111010,都超出了限定的位数,超出部分被直接截去,剩下的 1101、111010,换算成十六进制为 0xd、0x3a(0x3a 对应的字符是 :)。

11.4　基本能力上机实验

11.4.1　实验目的和要求

(1)掌握按位运算的概念和方法,学会使用位运算符。

(2)学会通过位运算实现对某些位的操作。

11.4.2　实验内容和步骤

1. 取一个整数 a 从右端开始的 4 ~ 7 位。

(1)先使 a 右移 4 位:a > > 4。

(2)设置一个低 4 位全是 1,其余全是 0 的数 ~ (~0 < <4)。

即　0:0 000……000 000

　　 ~　　0:1 111……111 111

~0 < < 4:1 111……110 000

~（~0 < < 4):0 000……001 111

（3）将上面的两个数进行 & 运算:(a> >4)& ~（~0 < < 4)。

程序实现如下:

```
main()
{
    unsigned a,b,c,d;
    scanf("% o",&a);
    b=a> >4;
    c= ~( ~0 < < 4 );
    d=b&c;
    printf("% o,% d,% o,% d\n",a,b,c,d);
}
```

2.循环右移。

分析:要求将 a 进行循环移动,即进行如下操作。

（1）将 a 的右端 n 位先放到 b 中的高 n 位中。

b=a< <(16-n)

（2）将 a 右移 n 位,其左面高位补0。

c=a> >n

（3）将 c 和 b 进行按位或运算。

c=c|b

程序如下:

```
main()
{
    unsigned a,b,c;
    int   n;
    scanf( "% o,% d",&a,&n);
    b=a< <(16-n);
    c=a> >n;
    c=c|b;
    printf("% o,% o",a,c);
}
```

11.5　拓展能力上机实验

1.编写一个函数,对一个 16 位的二进制数取出它的奇数位(即从左边起第 1,3, 5,…,15 位)。

```
#include < stdio.h >
void main( )
{
    unsigned short getbits(unsigned short);
    unsigned short int a;
```

```
    printf("\ninput an octal number:");
    scanf("% o",&a);
    printf("result:% o\n",getbits(a));
}
unsigned short getbits(unsigned short value)
{
    int i,j;
    unsigned short int z,a,q;
    z=0;
    for(i=1;i<=15;i+=2)
    {
        q=1;
        for(j=1;j<=(16-i-1)/2;j++)
        q=q*2;
        a=value>>(16-i);
        a=a<<15;
        a=a>15;
        z=z+a*q;
    }
    return(z);
}
```

2. 设计一个函数,使给出一个数的原码,能得到该数的补码。

```
#include<stdio.h>
void main( )
{
    unsigned short int a;
    unsigned shrot int getbits(unsignedshort);
    printf("\ninput an octal number: ");
    scanf("% o",&a);
    printf("result:% o/n",getbits(a));
}
unsigned shout int getbits(unsigned short value)    /*求一个二进制的补码函数*/
{
    unsigned int short z;
    z=value&0100000;
    if(z= =0100000)
    z=~value+1;
    else
    z=value;
    return(z);
}
```

11.6　习　　题

1.填空题

(1)位运算是指对一个数据的某些_____进行的运算。

(2)位运算的运算对象只能是_____或_____数据,而不可以是其他类型的数据。

(3)C 语言还提供了一种比较简单的结构体,这种结构体以位为单位来指定其成员所占内存的长度,这种以位为单位的成员称为_____。

(4)如果在定义位域时,不提供位域成员的名,这种位域称为_____。

(5)当输入 666 时,下面程序的运行结果是_____。

```
#include<stdio.h>
main()
{
  unsigned  a;
  scanf("%o",&a);
  printf("%d\n", ~a>>4&~(~0<<4);
}
```

2.选择题

(1)有定义 int a1 =7,a2 =1,xx;,进行如下操作 xx =(a1<<1)& ~(a2<<2)后 xx 的值为　　　　　　　　　　　　　　　　　　　　　　　　　(　　)

A.0　　　　　　　　　　　　　　B.1

C.10　　　　　　　　　　　　　 D.以上都错

(2)对于 int a,要使((1<<2>>1)|a) =a;,则 a 可以是　　　　　　　　(　　)

A.2　　　　　　　　　　　　　　B.6

C.10　　　　　　　　　　　　　 D.以上都对

(3)若 x =2,y =3,则 x&y 的结果是　　　　　　　　　　　　　　　(　　)

A.0　　　　　　　　　　　　　　B.2

C.3　　　　　　　　　　　　　　D.5

(4)设有下列语句,则 z 的二进制值是　　　　　　　　　　　　　　(　　)

A.00010100　　　　　　　　　　B.00011011

C.00011100　　　　　　　　　　D.00011000

(5)在位运算中,操作数每左移一位,其结果相当于　　　　　　　　(　　)

A.操作数乘以 2　　　　　　　　 B.操作数除以 2

C.操作数乘以 4　　　　　　　　 D.操作数除以 4

(6)按位运算符的优先级从高到低进行排列,正确的是　　　　　　　(　　)

A. ~ | & << >> ^　　　　　B. << >> | & ~ ^

C.& << >> ~ | ^　　　　　 C. ~ << >> & ^ |

第12章 文   件

12.1 文件概述

文件是指一组存储在外存上的相关数据的有序集合,是计算机永久存储信息的方式,一般常驻外存。操作系统以文件的形式对数据进行管理,如果需要访问这些数据,首先根据文件的存储路径和文件名找到相应的文件,然后将其调入内存进行访问,最后将改动后的文件保存到外存。文件有不同的分类方法,下面分别介绍。

1.普通文件和设备文件

从用户的角度可以将文件分为普通文件和设备文件。

普通文件泛指存储在外存上的数据文件,例如 C 语言源程序等。

设备文件是指操作系统为了统一对硬件设备的操作将不同设备当作一个个文件来进行管理。例如把键盘当作标准输入文件,scanf( ) 函数就是从这个文件读取数据;又如把显示器当作标准输出文件,printf( ) 函数就是向这个文件输出。

2.二进制文件和文本文件

从文件编码的角度可以将文件分为二进制文件和文本文件。

二进制文件以数据在内存中的形式直接存储到外存。例如,短整型数 1024 以二进制存储为“0000010000000000”,占 2 个字节。二进制存储方式的优点是节省存储空间和转换时间,缺点是难以读懂且不能直接输出或编辑。C 语言的目标文件和可执行文件都属于二进制文件。

文本文件又称为 ASCII 文件,即以 ASCII 码的形式存储文件。文本文件一个字节代表一个字符,因此这种存储方式便于字符的处理和输出,但占用的存储空间较二进制文件多。例如利用文本文件存储 1024,则需要分别存储 1、0、2 和 4 的 ASCII 码,即“00110001001100000011001000110100”,占 4 个字节。文本存储方式的优点是无须任何转换即可看到其内容,缺点是占存储空间较大且加载速度比二进制文件慢。C 语言的源程序是以文本文件形式存储的,我们可以利用记事本等文本编辑工具打开、浏览、修改和保存其内容。

C 语言在处理这些文件时,并不区分具体的文件类型,而是将文件内容当作是字符流,按字节逐一处理。这样,不管是外存中的普通文件,还是设备文件,都可以当作一种流的源和目的,读写操作就是数据的流入和流出。根据数据形式,输入输出流可以分为二进制流和文本流。二进制流中输入输出的是一系列字节,不能直接修改。文本流中输入输出的数据是字符或字符串,可以被修改。

3.缓冲文件系统和非缓冲文件系统

从系统处理文件方式的角度可以将文件分为缓冲文件系统和非缓冲文件系统。

为了加快外存文件读取速度,系统不仅读取所需数据,而且读取一批数据至内存某个区域。当写入外存时也采用这种方式,先将数据写入内存某个区域,当写满该区域时再整体写入外存。这个内存区域是外存与内存数据交换的缓冲区域,称为文件缓冲区。

C 语言早期规定了两种形式创建文件缓冲区,即缓冲文件系统和非缓冲文件系统。缓冲文件系统的缓冲区由系统自动设定。非缓冲文件系统不自动设置缓冲区,需要用户在程序中自己设置文件缓冲区。由于缓冲文件系统操作较为简单,因此"ANSI C"规定仅采用缓冲文件系统来读写文件,用户可使用 C 语言提供的标准读写函数读写文件,此时系统会自动设置文件缓冲区。

12.2　文件指针

C 语言提供了标准文件操作函数来进行文件操作,这些函数都涉及对 FILE 类型指针的使用。因此,如果要对文件进行操作,必须先定义 FILE 类型的指针,然后利用 FILE 类型的指针完成对文件的操作。这个 FILE 类型的指针被称为文件指针,定义文件指针的语法格式如下:

```
FILE *指针变量标识符;
```

其中,FILE 必须大写,因为 FILE 实际上是系统定义的一个结构体,该结构体拥有文件名和文件状态等成员。值得注意的是,不同 C 语言编译系统的 FILE 结构体的内容不完全相同,用户不用关心 FILE 结构体的细节,因为对文件的所有操作都是通过标准文件操作函数实现的。若要操作某个文件,首先要定义一个 FILE 类型的指针变量,例如:

```
FILE *fp;
```

上述代码定义了一个 FILE 类型的指针变量 fp,fp 就是一个文件指针,但该指针目前还未指向任何具体文件,当利用 fp 与某文件建立联系后,就可以通过 fp 对其进行各种文件操作。值得注意的是,若要访问几个文件,就要定义几个文件指针,即文件与指针分别对应。另外,C 语言中的设备文件是由系统控制的,会自动打开和关闭,用户只要直接使用系统命名的指向设备文件指针即可对设备文件进行操作,无须自己定义。C 语言提供了 3 个常用的 FILE 类型的设备文件指针,分别为:

(1)操作键盘的标准输入文件指针是 stdin。

(2)操作显示器的标准输出文件指针是 stdout。

(3)操作显示器的标准错误输出文件指针是 stderr。

12.3　文件的打开和关闭

在进行文件操作之前需要将文件打开,在使用之后需要将文件关闭。所谓文件打开,实际上就是将文件指针与文件进行关联。所谓文件关闭,实际上就是将文件指针与文件的关联断开。在 C 语言中,文件的打开与关闭都是由库函数来完成的,下面分别介绍。

1. 文件的打开

在 C 语言中,一般通过调用 fopen( )函数打开文件,其调用格式如下:

```
FILE *指针变量标识符;
指针变量标识符 = fopen( "文件名","文件使用方式");
```

其中,"指针变量标识符"必须为 FILE 类型的指针变量;"文件名"是指要打开的文件的文件名称,可以包含路径;"文件使用方式"是指文件的访问模式,文件的访问模式见表 12 - 1。

表 12 - 1　文件的访问模式

文件访问模式		含义	文件存在	文件不存在
文本文件	二进制文件			
r	rb	只读模式	正常打开	出错
w	wb	只写模式	覆盖	建立新文件
a	ab	追加模式	尾部追加	建立新文件
r +	rb +	打开读写模式	正常打开	出错
w +	wb +	创建读写模式	覆盖	建立新文件
a +	ab +	追加读写模式	尾部追加	建立新文件

若文件正常打开,则 fopen( )函数返回指向被打开的文件的指针。若文件打开失败,则 fopen( )函数返回 NULL。因此,为了保证程序的健壮性,可以利用判空操作判断文件是否打开成功,例如:

```
FILE *fp;
fp = fopen( "C:\\test.txt","w + ");
if( fp! = NULL)
{
    printf( "文件打开成功! \n");
}
else
{
    printf( "文件打开失败! \n");
}
```

上述代码首先定义了一个文件指针变量 fp,然后调用 fopen( )函数以创建读写模式打开 C 盘下的"test. txt"文件,最后通过判断 fp 是否为 NULL 来确定文件是否打开成功。值得注意的是,其中,"\"为转义字符标志,因此要在字符串中表示"\"需要用"\\"表示;"w"表示写;" +"表示既可读又可写。

2. 文件的关闭

打开文件之后就可以对文件进行文件操作了,在操作完成之后应对文件缓冲区等资源进行释放,即关闭文件。否则随着文件打开数量的逐步增加,可能会慢慢耗尽系统资源。在 C 语言中,一般通过调用 fclose( )函数关闭文件,其函数原型如下:

```
int fopen(FILE *fp);
```

其中,fopen( )函数的参数 fp 表示指向待关闭的文件的文件指针。fopen( )函数返回值类型为 int 类型,若关闭成功则返回 0,若关闭失败则返回 EOF。fclose( )函数的调用格式如下:

```
fclose(指针变量标识符);
```

例如:

```
FILE * fp;
fp = fopen("C:\\test.txt","w + ");
……
fclose(fp);
```

上述代码调用 fopen( )函数打开文件,在完成文件操作后调用 fclose( )函数关闭文件。值得注意的是,应该养成在文件操作完成后关闭文件的习惯,若不关闭文件可能会造成数据丢失。这是由于系统在执行写文件操作时,先将数据发送至缓冲区,待缓冲区数据充满后才真正写入文件,若未执行关闭文件操作,可能导致存于缓冲区的那一部分文件内容丢失。另外,在正常关闭文件后,该文件指针可以指向其他文件。

12.4　文件的顺序读写

在文件打开成功后,就可以对打开的文件进行文件读写操作。在 C 语言中,文件读写分为顺序读写和随机读写,本节将介绍文件的顺序读写。

12.4.1　单字符读写

单字符读写即每次从文件读取一个字符,或者向文件写入一个字符。C 语言提供了 fgetc( )函数和 fputc( )函数实现对文件的单字符顺序读写。

1. fgetc( )函数

fgetc( )函数用于读取文件的单个字符,其函数原型如下:

```
int fgetc(FILE * fp);
```

其中,参数 fp 表示指向被打开文件的文件指针。该函数返回值为 int 类型,若读取成功则返回被读取字符的 ASCII 码值,若读取失败或文件结束则返回 EOF(文件结束标志,系统常量,其值为 - 1)。

例如:

```
FILE * fp;
char ch;
fp = fopen("C:\\test.txt","r + ");
ch = fgetc(fp);
printf("读取到的内容为:% c\n",ch);
fclose(fp);
```

上述代码首先定义了一个文件指针变量 fp 和一个字符变量 ch,其次利用 fopen( )函数打开了 C 盘下的文件"test. txt",然后利用 fgetc( )函数读取了该文件的第一个字符并将其输出,最后利用 fclose( )函数关闭了所打开的文件。这样只能读取该文件的一个字符,若想读取更多的内容可以利用循环来实现。

例如：

```
ch = fgetc(fp);
while(ch! = EOF)
{
    printf("% c",ch);
    ch = fgetc(fp);
}
```

上述代码利用循环按字符顺序读取整个文件的内容并将其输出。

2. fputc( )函数

fputc( )函数用于向文件写入单个字符,其函数原型如下:

```
int fputc(char ch,FILE * fp);
```

其中,参数 fp 表示指向被打开文件的文件指针。该函数返回值为 int 类型,若写入成功则返回写入字符的 ASCII 码值,若写入失败则返回 EOF。值得注意的是,每次成功写入一个字符,文件指针自动向后移动一个字节,即指向下一个将要写入的位置。

例如：

```
FILE * fp;
fp = fopen("C:\\test.txt","r + ");
fputc('a',fp);
fclose(fp);
```

上述代码利用 fputc( )函数向文件写入了一个字符,该字符将替换文件原来的第一个字符。若要向文件写入多个字符,可以利用循环实现。

例如：

```
FILE * fp;
char ch[14] = "Hello C Free!";
fp = fopen("C:\\test.txt","r + ");
for(i = 0;i < 14;i ++ )
fputc(ch[i],fp);
fclose(fp);
```

上述代码利用循环实现了将字符串"Hello C Free!"写入 C 盘下的"test. txt"文件中。

3. feof( )函数

feof( )函数用于判断文件指针是否指向文件尾,其函数原型如下:

```
int feof(FILE * fp);
```

其中,参数 fp 表示指向被打开文件的文件指针。该函数返回值为 int 类型,若文件指针指向文件尾则返回一个非零值,若文件指针没有指向文件尾则返回 0 值。

例如：

```
FILE * fp;
char ch;
fp = fopen("C:\\test.txt","r + ");
while(! feof(fp))
{
    ch = fgetc(fp);
    printf("% c",ch);
```

```
}
fclose(fp);
```

上述代码利用 feof( )函数判断是否进入循环,实现按字符顺序读取整个文件的内容并将其输出。值得注意的是,在对二进制文件进行文件操作时,由于二进制数据可能为 -1,恰好为 EOF 的值,因此 EOF 不适合做二进制文件的文件结束标志。而 feof( )函数没有此限制,因此既适用于文本文件又适用于二进制文件。

12.4.2　字符串读写

fgetc( )函数和 fputc( )函数每次只能读写一个字符,速度较慢,为了提高文件的读取速度,C 语言提供了字符串读写函数——fgets( )函数和 fputs( )函数,可以进行按行或固定长度的文件读写操作。

1. fgets( )函数

fgets( )函数用于读取一行或者固定长度的字符串,其函数原型如下:

```
char * fgets(char * str,int n,FILE * fp);
```

其中,参数 str 用于存储从文件中读取的字符串;参数 n 表示每次读取的字符串长度;参数 fp 为指向被读取文件的文件指针。该函数返回值为存储所读取文件内容的首地址,即 str 的地址。另外,fgets( )函数每次最多读取 n – 1 个字符,第 n 个字符为′\0′。

例如:

```
FILE * fp;
char str[100];
fp = fopen("C:\\test.txt","r + ");
fgets(str,50,fp);
printf("文件内容为:% s",str);
fclose(fp);
```

上述代码在打开 C 盘下的文本文件"test. txt"后,利用 fgets( )函数读取了长度为 50 的字符串,最后将其存入数组 str 并显示输出。值得注意的是,fgets( )函数在读取过程中,若遇到换行符′\n′则读取结束,即使读取到的字符串长度没达到指定值也停止读取;若制定读取的字符串长度没达到一行,则读取指定长度的字符串后停止读取,只不过下次会继续读取该行未读取的字符串。当然,遇到文件结束标志也会停止读取。

2. fputs( )函数

fputs( )函数的功能是将指定的字符串写入到文件中,其函数原型如下:

```
int fputs(char * str,FILE * fp);
```

其中,参数 str 为指向要写入的字符串的指针;参数 fp 表示指向要写入文件的文件指针。值得注意的是,该函数将字符串写入文件,直到遇到′\0′结束,且′\0′不会写入文件。另外,fputs( )函数若写入成功则返回 0,若发生错误则返回 EOF。

例如:

```
FILE * fp;
fp = fopen("C:\\test.txt","r + ");
fputs("Hello C Free!",fp);
fclose(fp);
```

上述代码实现了将字符串"Hello C Free!"写入 C 盘下的文本文件"test. txt"中。

12.4.3　二进制数据块读写

C 语言还提供了二进制数据块读写函数——fread( )函数和 fwrite( )函数,我们可以利用这两个函数方便地以二进制数据块的形式读写文件。

1. fread( )函数

fread( )函数以二进制数据块的形式从文件中读取数据,其函数原型如下:

```
int fread(void * buffer,int size,int count,FILE * fp);
```

其中,参数 buffer 是用于存储读取数据的一块存储空间的首地址;参数 size 表示每个数据块的字节数;参数 count 表示要读取的数据块的个数;fp 为指向被读取文件的文件指针。该函数的返回值为读取数据的字节数。另外,fread( )函数是以二进制形式读取文件的,在读取过程中对数据不加任何转换,因此不会因为文件存储数据中的一些特殊字符而停止读取,例如'\n'和'\0'等。

例如:

```
FILE * fp;
char buffer[100];
fp = fopen("C:\\test.txt","r + ");
fread(buffer,2,10,fp);
printf("读取的内容为:% s\n",buffer);
fclose(fp);
```

上述代码利用 fread( )函数以二进制数据块的形式从 C 盘下“test. txt”文件中读取数据,读取每块数据大小为 2 个字节,一次读取 10 个数据块,最后将读取内容存入 buffer 并显示输出。

2. fwrite( )函数

fwrite( )函数以二进制数据块的形式向文件写入数据,其函数原型如下:

```
int fwrite(void * buffer,int size,int count,FILE * fp);
```

其中,各参数与 fread( )函数各参数的意义相同。

例如:

```
FILE * fp;
char buffer[] = "Hello C Free!";
fp = fopen("C:\\test.txt","r + ");
fwrite(buffer,2,7,fp);
fclose(fp);
```

上述代码利用 fwrite( )函数以二进制数据块的形式将字符串“Hello C Free!”写入 C 盘下的文本文件“test. txt”中。

12.4.4　格式化读写

类似格式化输入输出函数 scanf( )和 printf( ),C 语言还提供了对外存文件进行格式化读写的函数 fscanf( )和 fprintf( )。

1. fscanf( )函数

fscanf( )函数用于按指定格式从文件中读取数据,其调用形式如下:

```
fscanf(FILE *p,格式控制串,变量地址列表);
```

例如:

```
FILE * fp;
int a = 0, b = 0, c = 0;
fp = fopen("C:\\test.txt","r + ");
fscanf(fp,"% d % d % d",&a,&b,&c);
fclose(fp);
printf("% d % d % d\n",a,b,c);
```

上述代码利用格式化读函数 fscanf( )读取了 C 盘下文本文件"test. txt"中的内容,并显示输出。值得注意的是,该函数若读取成功则返回读取的数据个数,若读取失败或文件结束则返回 EOF。

2. fprintf( )函数

fprintf( )函数用于按指定格式将数据写入文件,其调用形式如下:

```
fprintf(FILE * p,格式控制串,输出列表);
```

例如:

```
FILE * fp;
int a = 4, b = 5, c = 6;
fp = fopen("C:\\test.txt","r + ");
fprintf(fp,"% d % d % d",a,b,c);
fclose(fp);
```

上述代码利用格式化读函数 fprintf( )向 C 盘下文本文件"test. txt"写入数据。值得注意的是,该函数若写入成功则返回写入文件的字符总数,若写入失败则返回 EOF。

12.5　文件的随机读写

前面介绍的文件读写方式都是顺序读写,但有些时候需要读写文件中的某一指定部分,为了解决这一问题,C 语言提供了随机读写的相关函数 ftell( )、fseek( )和 rewind( )。利用以上几个函数,可以实现将指向文件内部位置的指针移动到需要读写的位置,然后进行读写操作,这种读写操作被称为随机读写。

1. ftell( )函数

ftell( )函数用于获取文件指针的当前位置,其函数原型如下:

```
long ftell(FILE * fp);
```

其中,参数 fp 为文件指针。该函数返回值为 long 类型,表示文件指针距离文件首的字符数。若该函数调用成功则返回指针位置,若调用失败则返回 -1L。

例如:

```
FILE * fp;
long position;
fp = fopen("C:\\test.txt","r + ");
position = ftell(fp);
printf("当前位置为:% ld\n",position);
fclose(fp);
```

上述代码利用 ftell( )函数输出了指向文件内部位置的指针的当前位置。

2. fseek( )函数

fseek( )函数用于将指向文件内部位置的指针移动到指定位置,其调用格式如下:

```
fseek(FILE * fp,指针移动的偏移量,起点);
```

其中,参数 fp 为文件指针;参数"指针移动的偏移量"为 long 类型,表示以起点为基准使指向文件内部位置的指针移动的偏移量;参数"起点"表示指向文件内部位置的指针的起始位置,可以有 3 种取值,指向文件内部位置的指针定位的起点常量见表 12 – 2。

表 12 – 2　指向文件内部位置的指针定位的起点常量

起点	常量符号	数值
文件首	SEEK_SET	0
当前位置	SEEK_CUR	1
文件尾	SEEK_END	2

例如:

```
FILE * fp;
long position;
fp = fopen("C:\\test.txt","r + ");
position = ftell(fp);
printf("刚打开文件时,指针的当前位置为:% ld\n",position);
fseek(fp,100,SEEK_SET);
position = ftell(fp);
printf("在调用 fseek()函数后,指针的当前位置为:% ld\n",position);
fclose(fp);;
```

上述代码利用 fseek( )函数实现了指向文件内部位置的指针的移动操作,并输出了移动前后的指针位置。值得注意的是,该函数的返回值为 int 类型,若调用成功则返回 0,若调用失败则返回 – 1。另外,该函数可以与前面介绍的任何一种读写函数配合使用,但由于访问文本文件需要进行字符转换可能出现对位置计算不准的现象,因此该函数更多用于二进制文件。

3. rewind( )函数

rewind( )用于将指向文件内部位置的指针复位至文件首,其函数原型如下:

```
void rewind(FILE * fp);
```

其中,fp 为文件指针。该函数没有返回值。

例如:

```
FILE * fp;
long position;
fp = fopen("C:\\test.txt","r + ");
fseek(fp,100,SEEK_SET);
position = ftell(fp);
printf("在调用 fseek()函数后,指针的当前位置为:% ld\n",position);
rewind(fp);
position = ftell(fp);
```

```
printf("在调用 rewind()函数后,指针的当前位置为:% ld\n",position);
fclose(fp);
```
上述代码利用 rewind()函数实现了将指向文件内部位置的指针复位至文件首。

12.6 基本能力上机实验

12.6.1 实验目的

(1)掌握单字符顺序读写文件的方法。
(2)掌握字符串顺序读写文件的方法。

12.6.2 实验内容

1.编写程序,实现单字符顺序读写文件,将 26 个大写英文字母写入文件,再读取文件内容并输出。

```
#include "stdafx.h"
int main(int argc, char * argv[])
{
    FILE * fp;
    char ch ='A';
    int i =0;
    fp = fopen("C:\\test.txt","w + ");
    if(fp! = NULL)
    {
        printf("文件打开成功! \n");
        for(i =0;i <26;i ++ )
        {
            fputc(ch,fp);
            ch ++ ;
        }
        printf("文件写入成功! \n");
        fclose(fp);
        fp = fopen("C:\\test.txt","r + ");
        if(fp! = NULL)
        {
            printf("文件打开成功! \n");
            printf("文件内容为:\n");
            for(i =0;i <26;i ++ )
            {
                ch = fgetc(fp);
                printf("% c",ch);
            }
            fclose(fp);
```

```
            printf("\n 文件已关闭!");
        }
        else
        {
            printf("文件打开失败! \n");
        }
    }
    else
    {
        printf("文件打开失败! \n");
    }
    return 0;
}
```

上述代码运行结果如图 12 – 1 所示。

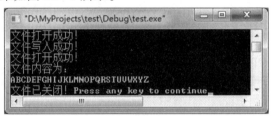

图 12 – 1　运行结果 1

2. 编写程序,实现字符串顺序读写文件,从键盘输入三行字符串写入文件,再读取输出。

```
#include "stdafx.h"
int main(int argc, char * argv[])
{
    FILE * fp;
    char str[100];
    int i = 0;
    fp = fopen("C:\\test.txt","w + ");
    if(fp! = NULL)
    {
        printf("文件打开成功! \n");
        for(i = 0;i < 3;i ++ )
        {
            scanf("% s",str);
            fputs(str,fp);
            fputc('\n',fp);
        }
        printf("文件写入成功! \n");
        fclose(fp);
        fp = fopen("C:\\test.txt","r + ");
        if(fp! = NULL)
        {
```

```
        printf("文件打开成功! \n");
        printf("文件内容为:\n");
        for(i =0;i <3;i ++ )
        {
            fgets(str,100,fp);
            printf("% s",str);
        }
        fclose(fp);
        printf("\n 文件已关闭!");
    }
    else
    {
        printf("文件打开失败! \n");
    }
}
else
{
    printf("文件打开失败! \n");
}
return 0;
}
```

上述代码运行结果如图 12 -2 所示。

图 12 -2　运行结果 2

12.7　拓展能力上机实验

12.7.1　实验目的

(1)熟悉文件加密存取。

(2)熟悉文件随机存取。

12.7.2　实验内容

1.编写程序,实现文件加密存取,将字符串"Hello C Free!"中的每个字符与密码"123"做异或运算加密后写入文件,再读入、解密和显示输出。

```c
#include "stdafx.h"
int main(int argc, char *argv[])
{
    FILE *fp;
    char str1[14] = "Hello C Free!";
    char str2[14];
    int i = 0;
    fp = fopen("C:\\test.txt","w+");
    if(fp! = NULL)
    {
        printf("文件打开成功! \n");
        for(i = 0;i < 14;i ++)
        {
            fputc(str1[i]^123,fp);
        }
        printf("加密成功! \n");
        fclose(fp);
        fp = fopen("C:\\test.txt","r+");
        if(fp! = NULL)
        {
            printf("文件打开成功! \n");
            printf("加密文件内容为:\n");
            for(i = 0;i < 14;i ++)
            {
                str2[i] = fgetc(fp);
                printf("% c",str2[i]);
            }
            printf("\n 解密文件内容为:\n");
            for(i = 0;i < 14;i ++)
            {
                printf("% c",str2[i]^123);
            }
            fclose(fp);
            printf("\n 文件已关闭!");
        }
        else
        {
            printf("文件打开失败! \n");
        }
```

```
    }
    else
    {
        printf("文件打开失败! \n");
    }
    return 0;
}
```

上述代码运行结果如图 12 - 3 所示。

图 12 - 3 运行结果 3

2. 编写程序,实现文件随机存取,将 3 位同学的学号、姓名、性别和班级等信息存入二进制文件,再从该文件中读取最后一位同学的相关信息并显示输出。

```
#include "stdafx.h"
int main(int argc, char * argv[])
{
    FILE * fp;
    typedef struct
    {
        int id;
        char name[10];
        char sex[3];
        char class_name[50];
    } student;
    long length = sizeof(student);
    student stu[3] = {
        {2019201901,"张三","男","计算机科学与技术 2019 - 1"},
        {2019201902,"李四","男","计算机科学与技术 2019 - 1"},
        {2019201903,"王五","男","计算机科学与技术 2019 - 1"}
    },stu1;
    fp = fopen("C:\\test.dat","w + ");
    if(fp! = NULL)
    {
        printf("文件打开成功! \n");
        fwrite(stu,length,3,fp);
        printf("文件写入成功! \n");
        rewind(fp);
        fseek(fp,2 * length,SEEK_SET);
```

```
        fread(&stu1,length,1,fp);
        printf("            学生信息表\n");
        printf("    学号    姓名 性别 班级\n");
        printf("%d %s  %s  %s\n",stu1.id,stu1.name,stu1.sex,stu1.class_
    name);
        fclose(fp);
        printf("文件已关闭! \n");
    }
    else
    {
        printf("文件打开失败! \n");
    }
    return 0;
}
```

上述代码运行结果如图 12 - 4 所示。

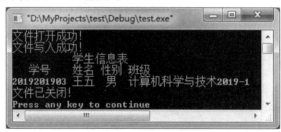

图 12 - 4　　运行结果 4

12.8　习　　　题

1. 选择题

(1)在 C 语言中,关于文件指针的说法正确的是　　　　　　　　　　　　　　　　　(　　)

A. 同时访问多个文件可以共用一个文件指针

B. 同时访问多个文件需要多个文件指针

C. 定义文件指针使用的 FILE 无须大写

D. C 语言没提供标准设备文件的文件指针,需要用户自己定义

(2)以下能够定义文件指针的语句是　　　　　　　　　　　　　　　　　　　　　　(　　)

A. file * fp;　　　　　　　　　　　　　　B. FILE * fp;

C. struct file * fp;　　　　　　　　　　　　D. 以上都不对

(3)如果 fp 是指向某文件的文件指针变量,且已经读到文件尾,那么 feof(fp)的结果

是　　　　　　　　　　　　　　　　　　　　　　　　　　　　　　　　　　　　(　　)

A. 非零值　　　　　　　　　　　　　　　B. - 1

C. NULL　　　　　　　　　　　　　　　　D. EOF

2.填空题

（1）_____是操作键盘的标准输入文件指针。

（2）_____是操作显示器的标准输出文件指针。

（3）_____是操作显示器的标准错误输出文件指针。

3.简答题

（1）简述文件的分类。

（2）简述如何实现文件的随机读写。

4.编程题

（1）编写程序,利用 fwrite( )函数将学生基本信息存入文件中。

（2）编写程序,在一个文件的末尾追加数据。

（3）编写程序,以单行读写的方式复制文件。

第13章 项目实战——学生成绩管理系统

前面章节介绍了 C 语言程序设计的基本概念和基础知识,本章将介绍学生成绩管理系统的分析、设计与实现,旨在加深读者对 C 语言的理解,让读者了解真实 C 语言项目的开发流程,进一步启发读者以 C 语言为工具解决实际问题。

13.1 项目分析

在学生成绩管理系统开发之前,应对其进行需求分析,以明确该项目要实现的功能。对于一个简易的学生成绩管理系统来说,要实现以下功能:
(1)功能菜单及提示信息。
(2)导入已保存的学生信息文件。
(3)添加学生信息。
(4)显示学生信息。
(5)修改学生信息。
(6)删除学生信息。
(7)根据学号查询学生信息。
(8)显示输出按成绩降序排序结果。
(9)将学生信息保存至文件。
(10)退出系统。

13.2 项目设计

1. 功能模块设计
按照模块化程序设计思想将该项目划分为 9 个模块,分别为文件导入、添加记录、显示记录、修改记录、删除记录、查询记录、降序排序、文件保存和系统退出等。学生成绩管理系统功能模块图如图 13 – 1 所示。

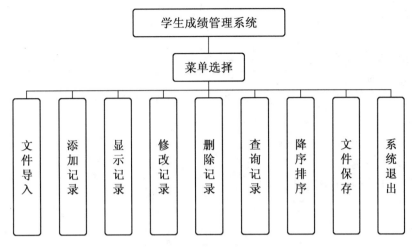

图 13-1　学生成绩管理系统功能模块图

2. 数据结构设计

根据系统需求,为了存储每个学生的学号、姓名、性别和 4 门课成绩等相关信息,设计结构体如下:

```
typedef struct
{
int id;
char name[10];
char sex[3];
int score[4];
}student;
```

3. 函数功能设计

根据学生成绩管理系统功能模块设计以下函数:

(1)main()函数。

该函数负责整个学生成绩管理系统的控制。

(2)menu()函数。

该函数的功能为显示菜单和提示信息。

(3)import_file()函数。

该函数的功能为导入已有的学生信息文件。

(4)add()函数。

该函数的功能为添加学生记录。

(5)show_one()函数。

该函数的功能为显示一条记录。

(6)show_all()函数。

该函数的功能为显示所有记录。

(7)modify()函数。

该函数的功能为修改记录。

(8)delete_one()函数。

该函数的功能为删除记录。

（9）query( )函数。

该函数的功能为按学号查询学生信息。

（10）sort( )函数。

该函数的功能为根据平均成绩降序排序,并显示输出排序结果。

（11）save( )函数。

该函数的功能为将学生信息保存至文件。

（12）quit( )函数。

该函数的功能为系统退出。

13.3　项目实现

"main. c"源程序代码如下：

```c
#include "stdafx.h"
#include <stdlib.h>
typedef struct
{
    int id;
    char name[10];
    char sex[3];
    float score[6];
}student;
long length;
student stu[100];
static int count =0;
void menu();
void import_file(student stu[]);
void add(student stu[]);
void show_one(student stu[],int);
void show_all(student stu[]);
void modify(student stu[]);
void delete_one(student stu[]);
void query(student stu[]);
void sort(student stu[]);
void save(student stu[]);
void quit();
int main(int argc, char *argv[])
{
    int select;
    length = sizeof(student);
    while (1)
```

```c
    {
        menu();
        scanf("% d", &select);
        switch (select)
        {
            case 1:
            import_file(stu);
            break;
            case 2:
            add(stu);
            break;
            case 3:
            show_all(stu);
            break;
            case 4:
            modify(stu);
            break;
            case 5:
            delete_one(stu);
            break;
            case 6:
            query(stu);
            break;
            case 7:
            sort(stu);
            break;
            case 8:
            save(stu);
            break;
            case 0:
            quit();
            break;
            default:
            printf("输入无效,请输入菜单序号(0-8)! \n");
            break;
        }
        printf("按任意键返回主菜单! \n");
        getchar();
        getchar();
    }
    return 0;
}
void menu()
{
```

```c
    system("cls");
    printf("                学生成绩管理系统\n");
    printf("欢迎使用学生成绩管理系统,请输入菜单序号并按回车!\n");
    printf("     1 = 文件导入(导入已有学生信息文件)\n");
    printf("     2 = 添加记录(添加学生的相关信息)\n");
    printf("     3 = 显示记录(显示所有学生的相关信息)\n");
    printf("     4 = 修改记录(修改已添加的学生的相关信息\n");
    printf("     5 = 删除记录(根据学号、姓名删除一位学生)\n");
    printf("     6 = 查询记录(根据学号、姓名查询一位学生信息并显示输出)\n");
    printf("     7 = 降序排序(根据学生的平均成绩降序排序并显示输出)\n");
    printf("     8 = 文件保存(将学生信息保存至文件)\n");
    printf("     0 = 退出系统\n");
    printf("请输入菜单序号(0 - 8):");
}
void import_file(student stu[])
{
    FILE * fp;
    long length_file = 0;
    fp = fopen("C:\\test.dat","r + ");
    if(fp! = NULL)
    {
        printf("文件打开成功!\n");
        fseek(fp,0,SEEK_END);
        length_file = ftell(fp);
        count = length_file/length;
        rewind(fp);
        fread(stu,length,count,fp);
        printf("已读取% d 条记录!\n",count);
        fclose(fp);
    }
    else
    {
        printf("文件打开失败!\n");
    }
}
void add(student stu[])
{
    int i =0, id = 0;
    printf("学号:");
    scanf("% d", &id);
    for (i = 0; i < count; i ++ )
    {
        if (id = = stu[i].id)
        {
```

```
            printf("该学号已被使用,请录入其他学号! \n");
            return;
        }
    }
    stu[i].id = id;
    printf("姓名:");
    scanf("% s", &stu[i].name);
    printf("性别:");
    scanf("% s", &stu[i].sex);
    printf("思政成绩:");
    scanf("% f", &stu[i].score[0]);
    printf("高数成绩:");
    scanf("% f", &stu[i].score[1]);
    printf("英语成绩:");
    scanf("% f", &stu[i].score[2]);
    printf("导论成绩:");
    scanf("% f", &stu[i].score[3]);
    printf("体育成绩:");
    scanf("% f", &stu[i].score[4]);
    stu[i].score[5] = (stu[i].score[0] + stu[i].score[1] + stu[i].score[2] +
stu[i].score[3] + stu[i].score[4])/5;
    count ++ ;
    printf("添加成功! \n");
}
void show_one(student stu[], int i)
{
    printf("% d", stu[i].id);
    printf("\t% s", stu[i].name);
    printf("\t % s", stu[i].sex);
    printf("\t% .1f ", stu[i].score[0]);
    printf("\t% .1f ", stu[i].score[1]);
    printf("\t% .1f ", stu[i].score[2]);
    printf("\t% .1f ", stu[i].score[3]);
    printf("\t% .1f ", stu[i].score[4]);
    printf("\t % .1f\n", stu[i].score[5]);
}
void show_all(student stu[])
{
    int i;
    printf("   学号 \t 姓名\t 性别\t 思政\t 高数\t 英语\t 导论\t 体育\t 平均分 \n");
    for (i = 0; i < count; i ++ )
    {
        show_one(stu, i);
    }
```

```
}
void modify(student stu[])
{
    int i = 0, id = 0;
    char ch;
    printf("请输入要修改信息的学生的学号:");
    scanf("% d", &id);
    for (i = 0; i < count; i ++)
    {
        if (id = = stu[i].id)
    }
    getchar();
    printf("找到学号为% d 的学生记录为:\n",id);
    printf("  学号 \t 姓名\t 性别\t 思政\t 高数\t 英语\t 导论\t 体育\t 平均分\n");
    show_one(stu, i);
    printf("是否修改? (y /n)\n");
    scanf("% c", &ch);
    if (ch = = 'y')
    {
        getchar();
        printf("姓名:");
        scanf("% s", &stu[i].name);
        printf("性别:");
        scanf("% s", &stu[i].sex);
        printf("思政成绩:");
        scanf("% f", &stu[i].score[0]);
        printf("高数成绩:");
        scanf("% f", &stu[i].score[1]);
        printf("英语成绩:");
        scanf("% f", &stu[i].score[2]);
        printf("导论成绩:");
        scanf("% f", &stu[i].score[3]);
        printf("体育成绩:");
        scanf("% f", &stu[i].score[4]);
        stu[i].score[5] = (stu[i].score[0] + stu[i].score[1] + stu[i].score[2]
    + stu[i].score[3] + stu[i].score[4]) /5;
        printf("修改完毕。\n");
    }
    return;
    }
    }
    printf("没找到学号为% d 的学生记录! \n",id);
}
void delete_one(student stu[])
```

```c
{
    int i =0,id =0;
    char ch;
    printf("请输入要删除的学生的学号:");
    scanf("% d", &id);
    for (i = 0; i < count; i ++)
    {
        if (id = = stu[i].id)
        {
            getchar();
            printf("找到学号为% d 的学生记录为:\n",id);
            printf("    学号 \t 姓名\t 性别\t 思政\t 高数\t 英语\t 导论\t 体育\t 平均分
        \n");
            show_one(stu, i);
            printf("确定删除吗? (y/n)\n");
            scanf("% c", &ch);
            if (ch = = 'y')
            {
                for (; i < count; i ++)
                stu[i] = stu[i + 1];
                count - -;
                printf("删除成功!");
            }
            return;
        }
    }
    printf("没找到学号为% d 的学生记录! \n",id);
}
void query(student stu[])
{
    int i =0,id =0;
    printf("请输入要查询信息的学生的学号:");
    scanf("% d", &id);
    for (i = 0; i < count; i ++)
    {
        if (id = = stu[i].id)
        {
            printf("找到学号为% d 的学生记录为:\n");
            printf("    学号 \t 姓名\t 性别\t 思政\t 高数\t 英语\t 导论\t 体育\t 平均分
        \n");
            show_one(stu, i);
            return;
        }
    }
```

```c
        printf("没找到学号为% d的学生记录! \n",id);
}
void sort(student stu[])
{
    int i, j;
    student * p[10];
    for(i = 0;i < count;i ++ )
    {
        p[i] = &stu[i];
    }
    for (i = 0; i < count - 1; i ++ )
    {
        student * temp;
        for (j = 0; j < count - 1 - i; j ++ )
        {
            if (p[j] - > score[5] < p[j +1] - > score[5])
            {
                temp = p[j];
                p[j] = p[j +1];
                p[j +1] = temp;
            }
        }
    }
    printf("按平均分降序排序的结果为:\n");
    printf("   学号 \t 姓名\t 性别\t 思政\t 高数\t 英语\t 导论\t 体育\t 平均分\n");
    for (i = 0; i < count; i ++ )
    {
        printf("% d", p[i] - > id);
        printf("\t% s", p[i] - > name);
        printf("\t % s", p[i] - > sex);
        printf("\t% .1f ", p[i] - > score[0]);
        printf("\t% .1f ", p[i] - > score[1]);
        printf("\t% .1f ", p[i] - > score[2]);
        printf("\t% .1f ", p[i] - > score[3]);
        printf("\t% .1f ", p[i] - > score[4]);
        printf("\t % .1f\n", p[i] - > score[5]);
    }
}
void save(student stu[])
{
    FILE * fp;
    int i = 0;
    fp = fopen("C:\\test.dat","w + ");
    if(fp! = NULL)
```

```
    {
        printf("文件打开成功! \n");
        fwrite(stu,length,count,fp);
        printf("文件写入成功! \n");
        fclose(fp);
    }
    else
    {
        printf("文件打开失败! \n");
    }
}
void quit()
{
    exit(0);
}
```

习题参考答案

第 1 章

1.(1)√　(2)√　(3)√　(4)√

2.(1)C　(2)A　(3)C　(4)D　(5)D

第 2 章

1.(1)D　(2)B　(3)C　(4)D　(5)D　(6)C　(7)C　(8)C　(9)D　(10)D

2.(1)字符　(2)7　(3)−32767,33769　(4)常量　变量　(5)分号

3.(1)98765.346　(2)46,106,70,％c　(3)1,2,34　(4)a+u=22,b+u=−14

　　(5)x=3

第 3 章

1.(1)％d123　(2)−16　(3)赋值语句　(4)putchar()　(5)表达式语句　复合语句

　　(6)空语句

2.(1)B　(2)D　(3)B　(4)D　(5)C　(6)D　(7)A　(8)D　(9)D　(10)A

第 4 章

1.(1)1,0　(2)a==b||a<c　x>4||x<−4　(3)3　2　2

2.(1)A　(2)A　(3)D　(4)C

3.略

第 5 章

1.(1)无　(2)−1　(3)11

2.(1)C　(2)B　(3)C　(4)C　(5)B

第 6 章

1.(1)A　(2)C　(3)A　(4)A　(5)C　(6)C　(7)C　(8)C

2.(1)00　(2)sum=11　(3)b=4　(4)＊＊＊＊＊＊＊＊＊＊　(5)8,17

　　　　　　sum=13　　　　　　　　欢迎使用 C 语言

　　　　　　sum=15　　　　　　　　＊＊＊＊＊＊＊＊＊＊

3.略

第 7 章

1.(1)0　4　(2)1001　(3)a[i]>a[i+1]

2.(1)C　(2)B　(3)D　(4)B　(5)A

3.略

第 8 章

1.(1)D　(2)D　(3)B

2.(1) *   (2)&   (3)多重指针或多级指针或二级指针

3. 略

4.(1)

```c
#include "stdafx.h"
int main(int argc, char *argv[])
{
    int array[5];
    int *p = array;
    int i, j, temp;
    printf("请输入 5 个整数:\n");
    for (i = 0; i < 5; i ++)
        scanf("% d", &array[i]);
    for (i = 0; i < 4; i ++)
    {
        for (j = 0; j < 4; j ++)
        {
            if (*(p + j) > *(p + j + 1))
            {
                temp = *(p + j);
                *(p + j) = *(p + j + 1);
                *(p + j + 1) = temp;
            }
        }
    }
    printf("\n 排序结果为:\n");
    for (i = 0; i < 5; i ++)
        printf("% d  ", array[i]);
    return 0;
}
```

(2)

```c
#include "stdafx.h"
int main(int argc, char *argv[])
{
    int array1[4][5] = {{1,2,3,4,5},{6,7,8,9,10},{11,12,13,14,15},{16,17,18,19,20}};
    int array2[5][4];
    int (*p1)[5] = array1, (*p2)[4] = array2;
    int i, j;
    printf("转置前:\n");
    for (i = 0; i < 4; i ++)
    {
        for (j = 0; j < 5; j ++)
            printf("% 3d", array1[i][j]);
        printf("\n");
```

```
        }
    for ( i = 0; i < 4; i ++ )
        for ( j = 0; j < 5; j ++ )
    p2[j][i] = p1[i][j];
        printf( "\n 转置后:\n" );
      for ( i = 0; i < 5; i ++ )
    for ( j = 0; j < 4; j ++ )
    {
        for ( j = 0; j < 4; j ++ )
          printf( "% 3d", array2[i][j] );
        printf( "\n" );
    }
        return 0;
}
```

（3）

```
#include "stdafx.h"
float average1( float ( * p )[5],int );
float average2( float *,int,int );
int main( int argc, char * argv[] )
{
    float array[20][5] = {
        {80,75,86,92,86},{82,73,86,90,85},{71,72,65,88,87},{65,75,80,70,90},
        {91,85,82,83,89},{82,78,94,71,82},{60,65,70,81,91},{69,72,78,85,81},
        {75,83,66,84,73},{75,66,91,74,73},{76,87,69,85,80},{79,71,89,70,66},
        {92,80,87,83,81},{87,70,98,70,85},{65,69,70,80,91},{89,76,69,90,66},
        {93,79,80,82,86},{84,76,92,78,88},{86,67,89,72,92},{64,73,75,83,76}
    };
    int i = 0;
    for( i = 0;i < 20;i ++ )
    {
        printf( "第% d 位学生的平均分为:% 2.2f\n",i + 1,average1( array + i,5 ) );
    }
    for( i = 0;i < 5;i ++ )
    {
        printf( "第% d 门课程的平均分为:% 2.2f\n",i + 1,average2( array[0] + i,20,5 ) );
    }

    return 0;
}
float average1( float ( * p )[5],int count_student )
{
    int i;
    float sum = 0,average = 0;
    for( i = 0;i < count_student;i ++ )
```

```
    {
        sum = sum + *( *p + i);
    }
    average = sum/count_student;
    return average;
}
float average2(float *p,int count_student,int count_course)
{
    int i = 0;
    float sum = 0,average = 0;
    for(i = 0;i < count_student;i ++ )
    {
        sum = sum + *p;
        p = p + count_course;
    }
    average = sum/count_student;
    return average;
}
```

第9章

1.(1)D　(2)D　(3)C

2.(1)#ifdef　(2)calloc()　(3)realloc()

3.略

4.(1)
```
#include "stdafx.h"
#define PI 3.14
#define C(r) PI *2 * r
#define S(r) PI * r * r
int main(int argc, char *argv[])
{
    printf("% .2f\n",C(10));
    printf("% .2f\n",S(10));
return 0;
}
```
(2)
```
#include "stdafx.h"
#define CAPS 1
int main(int argc, char *argv[])
{
    char string[14] = "Hello C Free!",temp;
    int i = 0;
    for(i = 0;i < 14;i ++ )
    {
        temp = string[i];
```

```
    #if CAPS = =1
    if(temp > ='a' && temp < ='z')
    temp = temp -32;
    #else
    if(temp > ='A' && temp < ='Z')
    temp = temp +32;
    #endif
    printf("% c",temp);
    }
    return 0;
}
```

（3）

```
#include "stdafx.h"
#include < stdlib.h >
#define DEBUG 1
int main(int argc, char * argv[])
{
    float * p;
    int count,i;
    printf("请输入学生人数(1 - 10 之间):\n");
    scanf("% d",&count);
    p = ( float * )malloc(count * sizeof(float));
    char * string[8];
    for ( i =0;i < count;i ++ )
    {
        string[i] = ( char * )malloc(sizeof(char) * 10);
    }
    if(p! = NULL)
    {
        #if DEBUG = =1
        printf("动态申请存储空间成功! \n");
        #endif
        printf("请输入% d 个学生姓名及成绩(姓名与成绩用空格隔开):\n",count);
        for(i =0;i < count;i ++ )
        {
            scanf("% s % f",string[i],p + i);
        }
        printf("不及格名单如下:\n");
        for(i =0;i < count;i ++ )
        {
            if ( * (p + i) <60)
        }
        printf("% s 成绩为:% .2f\n",string[i], * (p + i));
        }
```

```
    }
    for ( i =0 ; i < count ; i ++ )
    {
        free( string[ i ] );
    }
    free( p );
}
    else
    {
        #if DEBUG = = 1
        printf( "动态申请存储空间失败! \n" );
        #endif
    }
    return 0 ;
}
```

第 10 章

1.(1) D   (2) D   (3) D

2.(1) struct   (2) union   (3) enum

3. 略

4.(1)

```
#include "stdafx.h"
int main( int argc, char ∗ argv[ ] )
{
    int i =0 , j =0 ;
    struct student
    {
        int id;
        char name[ 10 ];
        char sex[ 3 ];
        char class_name[ 10 ];
        char tel[ 12 ];
    } stu[ 3 ] = {
        {2019201901, "张三", "男", "2019 − 1 班", "13613613601"},
        {2019201902, "李四", "男", "2019 − 1 班", "13613613602"},
        {2019201903, "王五", "男", "2019 − 1 班", "13613613603"}
    };
    printf( "                学生名单\n" );
    printf( "  学号    姓名 性别    班级        电话\n" );
    for( i =0 ; i < 3 ; i ++ )
    {
        printf( "% d ", stu[ i ].id );
        printf( "% s ", stu[ i ].name );
        printf( " % s ", stu[ i ].sex );
```

```
            printf(" % s ",stu[i].class_name);
            printf(" % s ",stu[i].tel);
            printf("\n");
        }
        return 0;
}
```

(2)
```
#include "stdafx.h"
#include < string.h >
#include < stdlib.h >
struct student
{
    char name[10];
    char tel[12];
};
struct student stu[10];
char string[10];
int count =0;
void add(student stu[]);
void query(student stu[]);
int main(int argc, char * argv[])
{
    int select =0;
    while(1)
    {
        printf("欢迎使用通讯录,请输入菜单序号并按回车! \n");
        printf("1 =新增\n");
        printf("2 =查找\n");
        printf("0 =退出\n");
        printf("请输入菜单序号(0 -2):");
        scanf("% d", &select);
        switch (select)
        {
            case 1:
            add(stu);
            break;
            case 2:
            query(stu);
            break;
            case 0:
            exit(0);
            break;
            default:
            printf("输入无效,请输入菜单序号(0 -2)! \n");
```

```c
            break;
        }
        printf("按任意键返回主菜单! \n");
        getchar();
        getchar();
    }
    return 0;
}
void add(student stu[])
{
    printf("姓名:");
    scanf("% s", &stu[count].name);
    printf("电话:");
    scanf("% s", &stu[count].tel);
    count ++ ;
    printf("添加成功! \n");
}
void query(student stu[])
{
    int i =0;
    printf("请输入要查询的姓名:\n");
    scanf("% s",string);
    for(i =0;i < count;i ++ )
    {
        if(strcmp(string,stu[i].name) = =0)
        {
            printf("查询结果如下:\n");
            printf("姓名:% s\n",stu[i].name);
            printf("电话:% s\n",stu[i].tel);
            return;
        }
    }
    printf("没查询到该学生的相关信息! \n");
}
```

(3)

```c
#include "stdafx.h"
#include < string.h >
#include < stdlib.h >
int count;
struct student
{
    char id[11];
    char name[10];
    union data
```

```
        }
            char class_name[20];
            char dept[20];
        } d;
} stu[10];
void add(student stu[]);
void show(student stu[]);
int main(int argc, char *argv[])
{
    int select =0;
    while(1)
    {
        printf("欢迎使用通讯录,请输入菜单序号并按回车! \n");
        printf("1 = 新增\n");
        printf("2 = 输出\n");
        printf("0 = 退出\n");
        printf("请输入菜单序号(0 - 2):");
        scanf("% d", &select);
        switch (select)
        {
            case 1:
            add(stu);
            break;
            case 2:
            show(stu);
            break;
            case 0:
            exit(0);
            break;
            default:
            printf("输入无效,请输入菜单序号(0 - 2)! \n");
            break;
        }
        printf("按任意键返回主菜单! \n");
        getchar();
        getchar();
    }
    return 0;
}
void add(student stu[])
{
    printf("卡号:");
    scanf("% s", &stu[count].id);
    printf("姓名:");
```

```
        scanf("% s", &stu[count].name);
        if(strlen(stu[count].id) < =6)
        {
            printf("部门:");
            scanf("% s", &stu[count].d.dept);
        }
        else if(strlen(stu[count].id) > =8)
        {
            printf("班级:");
            scanf("% s", &stu[count].d.class_name);
        }
        count ++ ;
        printf("添加成功! \n");
}
void show(student stu[])
{
    int i =0;
    printf("           校园卡名单\n");
    printf("  卡号\t\t 姓名\t\t 部门(班级)\n");
    for(i =0;i < count;i ++ )
    {
        if(strlen(stu[count].id) < =6)
        {
            printf("% 10s",stu[i].id);
            printf("% 10s",stu[i].name);
            printf("% 20s",stu[i].d.dept);
        }
        else if(strlen(stu[count].id) > =8)
        {
            printf("% 10s",stu[i].id);
            printf("% 10s",stu[i].name);
            printf("% 20s",stu[i].d.class_name);
        }
        printf("\n");
    }
}
```

第 11 章

1.(1)二进制位　(2)整型　字符型　(3)位段或位域　(4)匿名位域　(5)4

2.(1)C　(2)D　(3)B　(4)B　(5)A　(6)D

第 12 章

1.(1)B　(2)B　(3)A

2.(1)stdin　(2)stdout　(3)stderr

3.略

4.（1）

```c
#include "stdafx.h"
int main( int argc, char * argv[])
{
    FILE * fp;
    typedef struct
    {
        char id[11];
        char name[10];
        char sex[3];
        char class_name[50];
    } student;
    long length = sizeof( student);
    student stu[3] = {
        {"2019201901","张三","男","计算机科学与技术 2019 - 1"},
        {"2019201902","李四","男","计算机科学与技术 2019 - 1"},
        {"2019201903","王五","男","计算机科学与技术 2019 - 1"}
    },stu1;
    fp = fopen( "C:\\test.txt","w + ");
    if( fp! = NULL)
    {
        printf("文件打开成功! \n");
        fwrite(stu,length,3,fp);
        printf("文件写入成功! \n");
        fclose(fp);
        printf("文件已关闭! \n");
    }
    else
    {
        printf("文件打开失败! \n");
    }
    return 0;
}
```

（2）

```c
#include "stdafx.h"
int main( int argc, char * argv[])
{
    FILE * fp;
    char str[50];
    fp = fopen( "C:\\test.txt","a + ");
    if( fp! = NULL)
    {
        printf("文件打开成功! \n");
        printf("请输入要追加的内容:\n");
```

```
        scanf("% s",str);
        fputs(str,fp);
        printf("文件写入成功! \n");
        fclose(fp);
        printf("文件已关闭! \n");
    }
    else
    {
        printf("文件打开失败! \n");
    }
    return 0;
}
```

(3)

```
#include "stdafx.h"
int main(int argc, char * argv[])
{
    FILE * fp1, * fp2;
    char str[50];
    fp1 = fopen("C:\\test1.txt","r + ");
    fp2 = fopen("C:\\test2.txt","w + ");
    if(fp1! = NULL && fp2! = NULL)
    {
        printf("文件打开成功! \n");
        while(fgets(str,49,fp1)! = NULL)
        fputs(str,fp2);
        printf("文件复制成功! \n");
        fclose(fp1);
        fclose(fp2);
        printf("文件已关闭! \n");
    }
    else
    {
        printf("文件打开失败! \n");
    }
    return 0;
}
```

参考文献

[1] 韦娜. C 语言程序设计[M]. 2 版. 北京:清华大学出版社,2019.
[2] 于延. C 语言程序设计与实践[M]. 北京:清华大学出版社,2018.
[3] 李绍华. C 语言程序设计基础[M]. 北京:清华大学出版社,2018.
[4] 李学刚. C 语言程序设计[M]. 2 版. 北京:高等教育出版社,2017.
[5] 苏小红. C 语言程序设计[M]. 4 版. 北京:高等教育出版社,2019.
[6] 黄维通. C 语言程序设计[M]. 3 版. 北京:高等教育出版社,2018.
[7] 沈涵飞. C 语言程序设计[M]. 北京:机械工业出版社,2019.
[8] 辛向丽. C 语言程序设计基础教程[M]. 北京:机械工业出版社,2019.
[9] 樊秋月. 新编 C 语言案例教程[M]. 北京:机械工业出版社,2019.
[10] 胡成松. C 语言程序设计[M]. 北京:机械工业出版社,2019.
[11] 彭琦伟. C 语言程序设计项目化教程[M]. 北京:中国水利水电出版社,2018.
[12] 明日学院. C 语言从入门到精通(项目案例版)[M]. 北京:中国水利水电出版社,2017.
[13] 朱立华. C 语言程序设计[M]. 北京:人民邮电出版社,2019.
[14] 梁义涛. C 语言从入门到精通[M]. 北京:人民邮电出版社,2019.
[15] 杨曙贤. C 语言程序设计实验指导[M]. 北京:人民邮电出版社,2017.
[16] 贾宗璞. C 语言程序设计[M]. 2 版. 北京:人民邮电出版社,2019.
[17] 侯小毛. C 语言项目实训教程[M]. 北京:人民邮电出版社,2017.
[18] 张春芳. C 语言案例教程[M]. 北京:科学出版社,2017.
[19] 韩海. C 语言与程序设计[M]. 北京:科学出版社,2015.
[20] 闫会昌. C 语言程序设计[M]. 北京:北京理工大学出版社,2015.